高等院校产品设计专业系列教材

产品设计制图规范与表达

潘弢 赵振基 编著

Design

Standards and Practices for Product Design Drawing and Representation

清华大学出版社
北京

内容简介

本书以图文结合的形式，从产品设计制图的基础知识开始，由浅入深，详细讲解了产品设计制图中涉及的基本规范、表达方式与视图分析等理论知识，并结合具体案例进行阐述，旨在帮助读者快速掌握产品设计制图的核心要点。全书共分为 10 章，内容包括产品设计制图概述、产品设计制图基本规范、投影理论、立体的投影、组合体图样绘制、制图的常用表达方法、产品零件图和常用零件、产品装配图、轴测图，以及产品设计的制图表达与案例分析。

本书可作为高等院校产品设计、工业设计等专业的教材，也可作为产品设计师、工业设计师及设计爱好者的参考手册。

图书在版编目（CIP）数据

产品设计制图规范与表达 / 潘弢，赵振基编著 .

北京 : 清华大学出版社 , 2025. 2. -- (高等院校产品设计专业系列教材).

ISBN 978-7-302-67950-9

Ⅰ . TB472

中国国家版本馆 CIP 数据核字第 2025MR5347 号

责任编辑：李　磊

装帧设计：陈　侃

版式设计：恒复文化

责任校对：成凤进

责任印制：沈　露

出版发行：清华大学出版社

网　　址：https://www.tup.com.cn，https://www.wqxuetang.com

地　　址：北京清华大学学研大厦A座　　邮　　编：100084

社 总 机：010-83470000　　邮　　购：010-62786544

投稿与读者服务：010-62776969，c-service@tup.tsinghua.edu.cn

质 量 反 馈：010-62772015，zhiliang@tup.tsinghua.edu.cn

印 装 者：三河市龙大印装有限公司

经　　销：全国新华书店

开　　本：185mm×260mm　　印　　张：15.25　　字　　数：370千字

版　　次：2025年4月第1版　　印　　次：2025年4月第1次印刷

定　　价：69.80元

产品编号：099129-01

编委会

序

设计，时时事事处处都伴随着我们。我们身边的每一件物品都被有意或无意地设计过或设计着，离开设计的生活是不可想象的。

2012年，中华人民共和国教育部修订的本科教学目录中新增了“艺术学-设计学类-产品设计”专业。该专业虽然设立时间较晚，但发展趋势非常迅猛。

从2012年的“普通高等学校本科专业目录新旧专业对照表”中，我们不难发现产品设计专业与传统的工业设计专业有着非常密切的关系，新目录中的“产品设计”对应旧目录中的“艺术设计(部分)”“工业设计(部分)”，从中也可以看出艺术学下开设的“产品设计专业”与工学下开设的“工业设计专业”之间的渊源。

因此，我们在学习产品设计前就不得不重点回溯工业设计。工业设计起源于欧洲，有超过百年的发展历史，随着人类社会的不断发展，工业设计也发生了翻天覆地的变化：设计对象从实体的物慢慢过渡到虚拟的物和事，设计方法越来越丰富，设计的边界越来越模糊和虚化。可见，从语源学的视角且在不同的语境下厘清设计、工业设计、产品设计等相关概念，并结合对围绕着我们的“被设计”的事、物和现象的观察，无疑可以帮助我们更深刻地理解工业设计的内涵。工业设计的综合性、交叉性和边缘性决定了其外延是广泛的，从艺术、文化、经济和技术等不同的视角对工业设计进行解读或许可以更全面地还原工业设计的本质，有利于人们进一步理解它。从时代性和地域性的视角对工业设计的历史进行解读并不仅仅是为了再现其发展的历程，更是为了探索工业设计发展的动力，并以此推动工业设计的进一步发展。人类基于经济、文化、技术、社会等宏观环境的创新，对产品的物理环境与空间环境的探索，对功能、结构、材料、形态、色彩、材质等产品固有属性及产品物质属性的思考，以及对人类自身的关注，都是工业设计不断发展的重要基础与动力。

工业设计百年的发展历程为人类社会的进步做出了哪些贡献？工业发达国家的发展历程表明，工业设计带来的创新，不但为社会积累了极大的财富，也为人类创造了更加美好的生活，更为经济的可持续发展提供了源源不断的动力。 在这一发展进程中，工业设计教育也发挥着至关重要的作用。

随着我国经济结构的调整与转型，从“中国制造”走向“中国智造”已是大势所趋，这种巨变将需要大量具有创新设计和实践应用能力的工业设计人才。党的二十大报告为我国坚定推进教育高质量发展指出了明确的方向。艺术设计专业的教育工作应该深入贯彻落实党的二十大精神，不断创新、开拓进取，积极探索新时代基于数字化环境的教学和实践模式，实现艺术设计的可持续发展，培养具备全球视野、能够独立思考和具有实践探索能力的高素质人才。

未来，工业设计及教育，以及产品设计及教育在我国的经济、文化建设中将发挥越来越重要的作用。因此，如何构建具有创新驱动能力的产品设计人才培养体系，成为我国高校产品设计教育相关专业面临的重大挑战。党的二十大精神及相关要求，对于本系列教材的编写工作有着重要的指导意义，也进一步激励我们为促进世界文化多样性的发展做出积极的贡献。

由于产品设计与工业设计之间的渊源，且产品设计专业开设的时间相对较晚，那么针对产品设计专业编写的系列教材，在工业设计与艺术设计专业知识体系的基础上，应当展现产品设计的新理念、新潮流、新趋势。

本系列教材的出版适逢我院产品设计专业荣获“国家级一流专业建设单位”称号，我们从全新的视角诠释产品设计的本质与内涵，同时结合院校自身的资源优势，充分发挥院校专业人才培养的特色，并在此基础上建立符合时代发展要求的人才培养体系。我们也充分认识到，随着我国经济的转型及文化的发展，对产品设计人才的需求将不断增加，而产品设计人才的培养在服务国家经济、文化建设方面必将起到非常重要的作用。

结合国家级一流专业建设目标，通过教材建设促进学科、专业体系健全发展，是高等院校专业建设的重点工作内容之一，本系列教材的出版目的也在于此。本系列教材有两大特色：第一，强化人文、科学素养，注重中国传统文化的传承，吸收世界多元文化，注重启发学生的创意思维能力，以培养具有国际化视野的创新与应用型设计人才为目标；第二，坚持“科学与艺术相融合、创新与应用相结合”，以学、研、产、用一体化的教学改革为依托，积极探索国家级一流专业的教学体系、教学模式与教学方法。教材中的内容强调产品设计的创新性与应用性，增强学生的创新实践能力与服务社会能力，进一步凸显了艺术院校背景下的专业办学特色。

相信此系列教材对产品设计专业的在校学生、教师，以及产品设计工作者等均有学习与借鉴作用。

天津美术学院国家级一流专业(产品设计)建设单位负责人、教授

前言

党的二十大报告为我国坚定推进教育高质量发展指出了明确的方向。在此背景下，本教材编写组以“加快推进教育现代化，建设教育强国，办好人民满意的教育”为目标，以“强化现代化建设人才支撑”为动力，以“为实现中华民族伟大复兴贡献教育力量”为指引，进行了满足新时代新需求的创新性教材编写尝试。

“产品设计制图规范与表达”是产品设计、工业设计专业不可或缺的一门必修课程。该课程侧重讲授产品设计制图的表现方法与技巧，旨在使学生全面理解并掌握产品设计制图的基本规范，从而为后续的产品完整设计流程打下坚实的制图基础。

随着产品设计学科的发展和科学技术的进步，特别是计算机辅助设计技术得到广泛应用，设计图的绘制过程已实现高效化与便捷化。但我们必须清醒地认识到，无论采用手工绘制还是计算机辅助制图的方式，都必须严格遵循制图规范的要求，因此掌握制图规范是产品设计师必备的核心技能之一。

本书采用图文并茂和分解步骤的方式，详细阐释了产品设计制图规范与表达技巧，旨在确保学生在学习过程中的每个阶段都能深入理解、精准把握并严格遵循产品设计制图的各项规范。这不仅有助于学生在当前课程中的学习，更为其后续学习产品设计专业的核心课程奠定了坚实的基础，起到了良好的铺垫作用。

本书特色

突出专业特点　本书根据产品设计专业的特点，融合作者多年积累的教学实践经验，精心编纂而成。书中内容既包含产品设计制图的理论知识，又充分展现了实践操作的可行性、技术应用的先进性和规范执行的严谨性。

思维训练　本书从投影理论入手，围绕产品设计制图过程中三维空间形态向二维平面图形、二维平面图形向三维空间实体转化的思维方法，进行分析、归纳、总结和训练，旨在提升读者的产品设计制图的思维能力。

案例丰富　本书借助丰富的案例，帮助读者熟练掌握产品设计制图的原理，并应用于实际的绘制中。全书秉持规范与实例并重、理论与实践深度融合的编写理念，旨在全方位培养读者的制图能力。

本书内容

本书共分为10章，具体内容如下。

第1章　产品设计制图概述，介绍产品设计制图的作用、制图要求，以及设计制图的三种表达方式。

第2章 产品设计制图基本规范，介绍了图纸幅面、标题栏、字体、比例、图线、尺寸标注的类别和使用方法，以及如何按照制图规范的要求标注图样。

第3章 投影理论，重点介绍投影法的基本知识、正投影法的特点、常用的投影图，以及三视图的投影规律和绘制方法。

第4章 立体的投影，本章在第3章的基础上，进行更加深入的知识介绍，讲解了基本体的投影及其表面上的点，以及立体表面交线的绘制方法。

第5章 组合体图样绘制，着重介绍组合体图样绘制步骤和方法，并结合图文案例对组合体图样进行分析，以达成对该绘制方法的熟练运用。

第6章 制图的常用表达方法，介绍了产品设计制图常用的绘制方法和产品不同部位的表现形式，并结合案例对产品设计制图中的剖面图和简化画法进行讲解。

第7章 产品零件图和常用零件，主要介绍零件视图选择的要求和原则、尺寸标注、常见工艺结构、技术要求和尺寸测量，还介绍了设计制图中常见零件的绘制方法。

第8章 产品装配图，介绍产品装配图的作用和内容，以及装配图的画法、尺寸标注、零件序号和明细栏的规范要求，同时深入剖析常见的装配结构特点及其在设计中的应用。

第9章 轴测图，介绍轴测图的形成原理和分类，以及正等轴测图的绘制方法，详细讲解了平面立体的正等轴测图和曲面立体的正等轴测图的绘制技巧。

第10章 产品设计的制图表达与案例分析，通过对实际案例的讲解，介绍绘制产品设计图的方法，使学生能够熟练掌握产品设计图纸集的基本制图流程。

为便于学生学习和教师开展教学工作，本书提供立体化教学资源，包括PPT教学课件、教学大纲、教案等，读者可扫描右侧二维码获取。

教学资源

本书由潘弢、赵振基编著。天津美术学院兰玉琪教授审阅本书，并对书中内容提出了许多宝贵的意见和建议。本书在编写过程中，得到学院各位领导及同事的大力支持和帮助，在此一并表示衷心的感谢。

本书在编写过程中参考了众多相关教材和文献资料，在此对这些教材和文献的作者致以诚挚的谢意。

鉴于编者水平所限，书中难免存在疏漏之处，诚挚地邀请读者提出宝贵意见，以便我们不断改进和完善。

编 者

2025.1

目录 CONTENTS

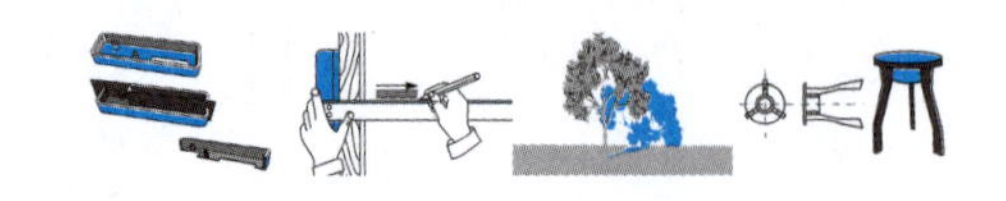

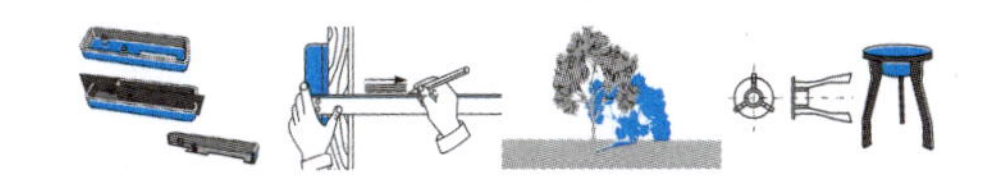

第1章

产品设计制图概述

主要内容：本章阐述了产品设计制图的作用，制图要求，以及设计制图的表达方式。

教学目标：深入理解和掌握产品设计制图的3种表达方式。

学习要点：掌握制图工具的使用方法，以及计算机辅助设计绘图系统的基本功能。

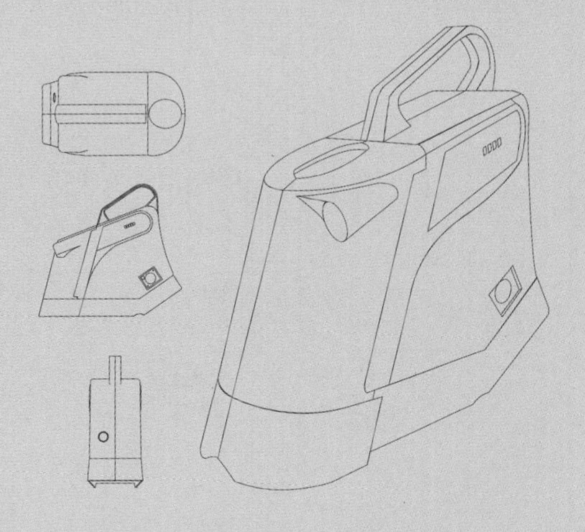

Product Design

产品设计制图是产品设计师不可或缺的专业技能，其绘制的技术图样贯穿于产品从市场调研、方案确定、设计实施、生产制造、质量检测、安装调试直至使用维修的全过程，是不可或缺的技术参考依据。

本章将详细介绍产品设计制图的作用、制图规范标准、绘图工具的操作使用，以及计算机辅助设计绘图系统的基本技能和相关知识，旨在帮助读者对产品设计制图的基本图样建立起初步的认识。

1.1 产品设计制图的作用

产品设计制图是促进科技发展与信息交流的重要工具，它遵循国家《技术制图》标准，该标准广泛适用于机械、土木、建筑、电气、地理等诸多行业领域，如图1-1～图1-5所示。在产品设计流程中，制图占据着举足轻重的地位，是设计理念的主要表达形式。设计图纸不仅是设计师将创意转化为具体视觉形象的最终展现，更是其针对产品项目在质量把控、进度安排、成本控制等多方面进行科学预判与合理规划的重要依据。

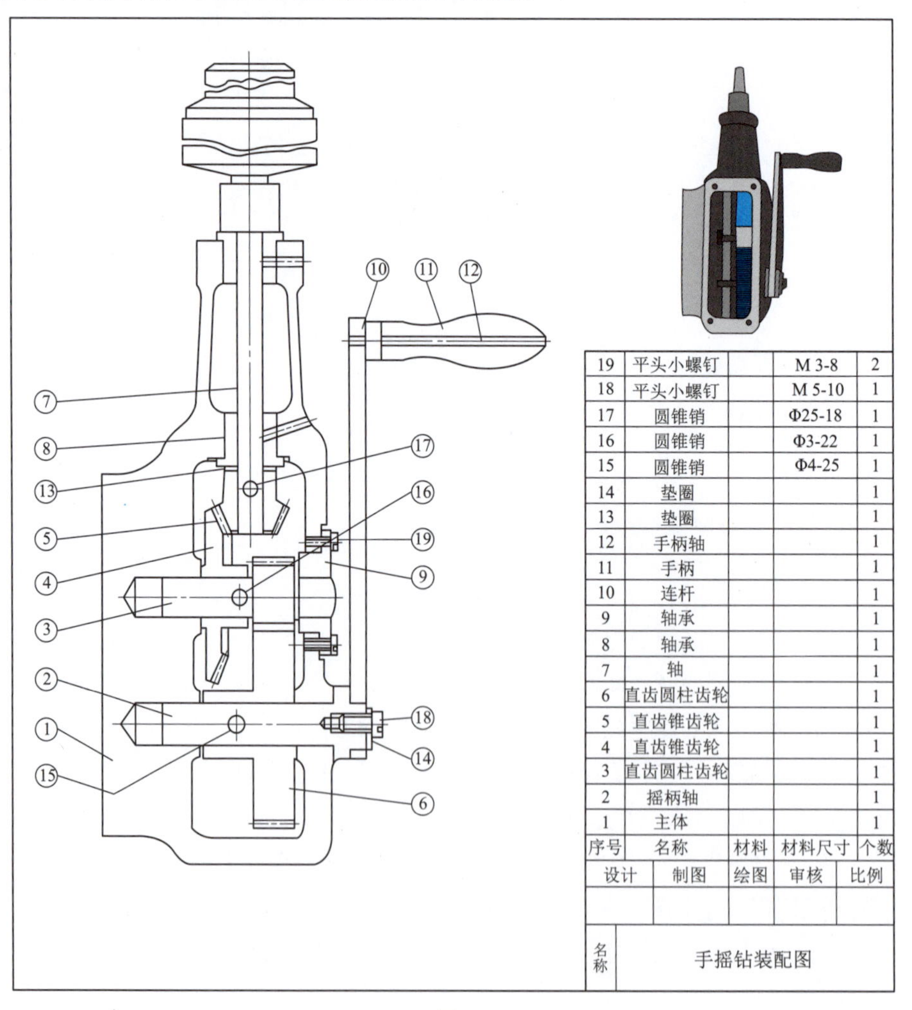

序号	名称	材料	材料尺寸	个数
19	平头小螺钉		M 3-8	2
18	平头小螺钉		M 5-10	1
17	圆锥销		Φ25-18	1
16	圆锥销		Φ3-22	1
15	圆锥销		Φ4-25	1
14	垫圈			1
13	垫圈			1
12	手柄轴			1
11	手柄			1
10	连杆			1
9	轴承			1
8	轴承			1
7	轴			1
6	直齿圆柱齿轮			1
5	直齿锥齿轮			1
4	直齿锥齿轮			1
3	直齿圆柱齿轮			1
2	摇柄轴			1
1	主体			1

设计	制图	绘图	审核	比例
名称	手摇钻装配图			

图1-1

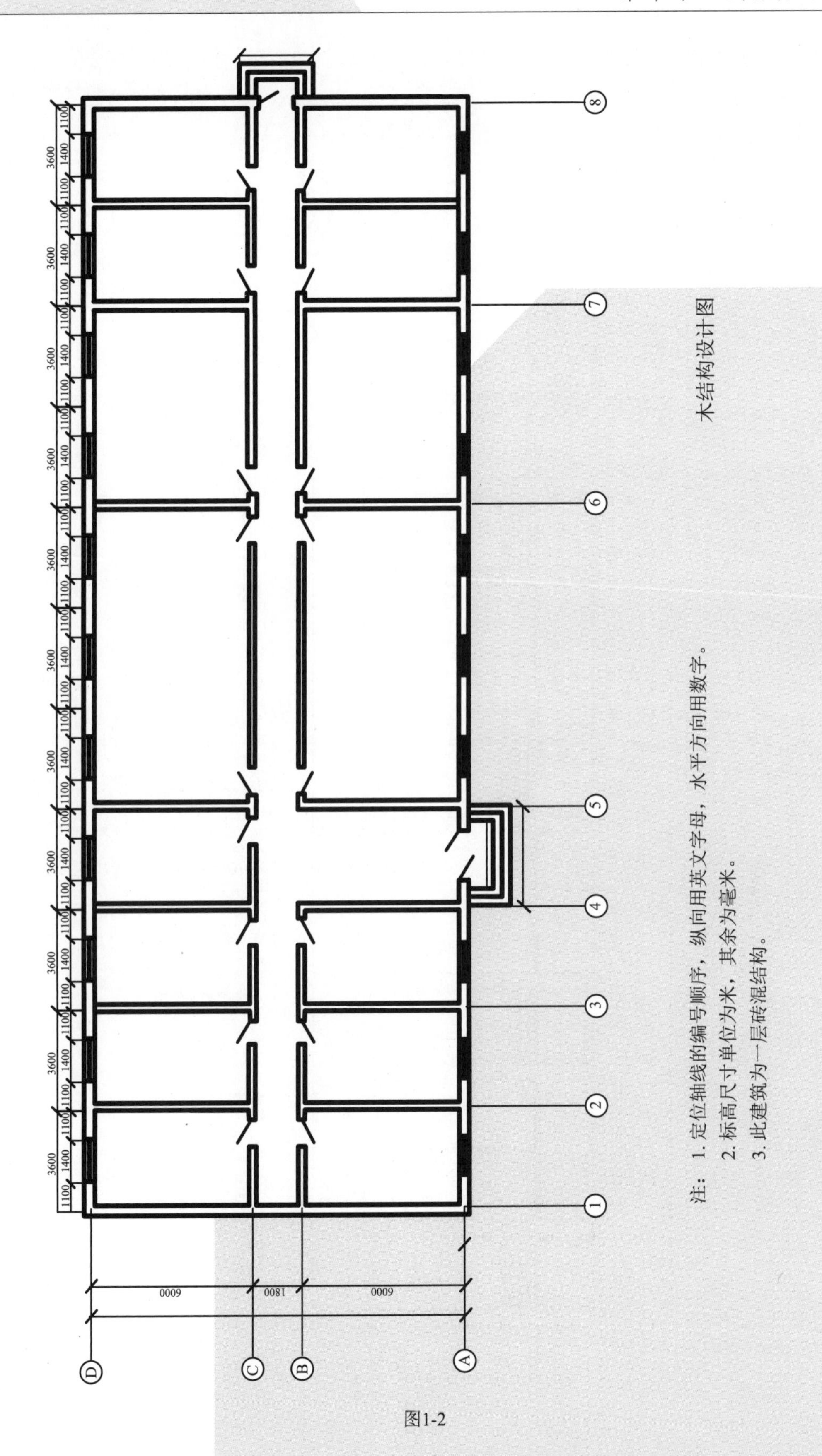

木结构设计图
注：1. 定位轴线的编号顺序，纵向用英文字母，水平方向用数字。
2. 标高尺寸单位为米，其余为毫米。
3. 此建筑为一层砖混结构。
3600
1400
1100
6000
1800
A
B
C
D
1
2
3
4
5
6
7
8

图1-2

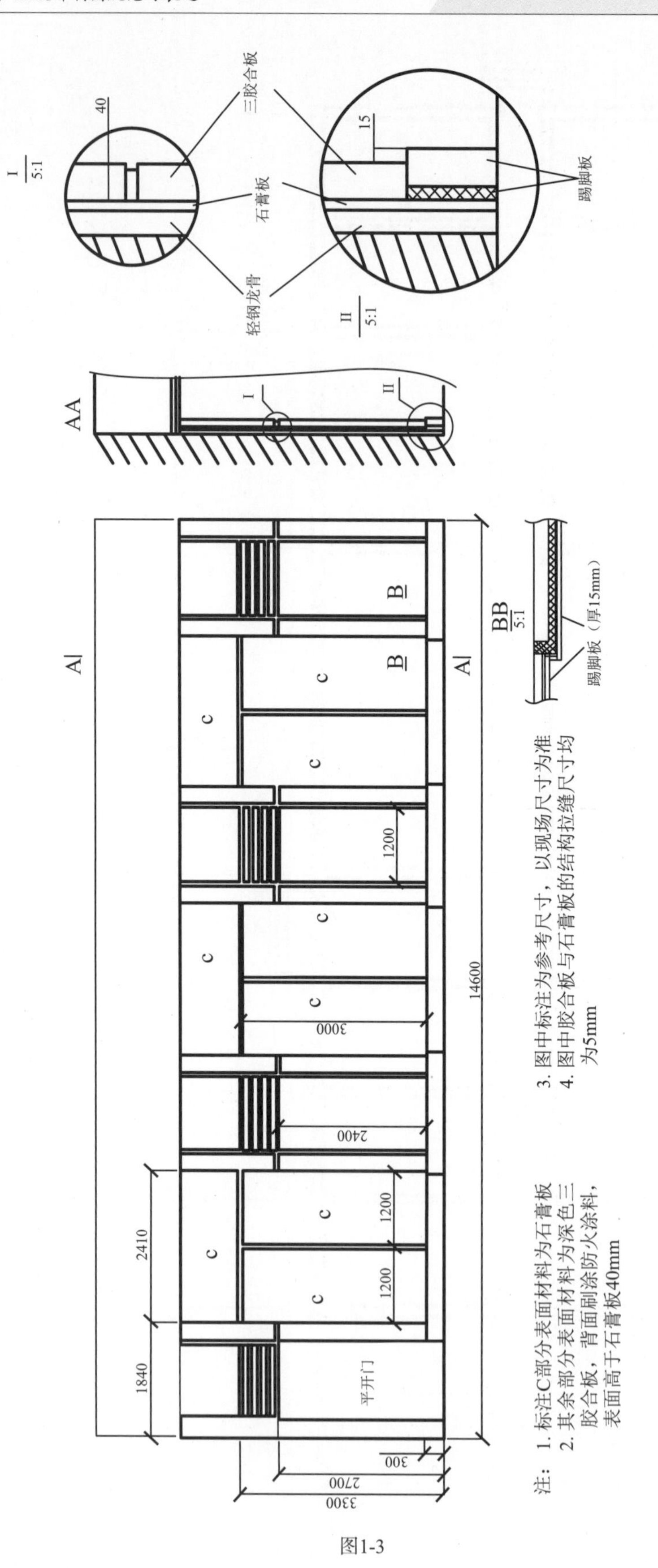
I
5:1
40
三胶合板
石膏板
轻钢龙骨
15
踢脚板
II
5:1
AA
I
II
A
A
B
B
BB
5:1
踢脚板（厚15mm）
c
1200
2410
1840
平开门
2400
3000
14600
300
2700
3300
注：1. 标注C部分表面材料为石膏板
2. 其余部分表面材料为深色三胶合板，背面刷涂防火涂料，表面高于石膏板40mm
3. 图中标注为参考尺寸，以现场尺寸为准
4. 图中胶合板与石膏板的结构拉缝尺寸均为5mm
会议室立面图

图1-3

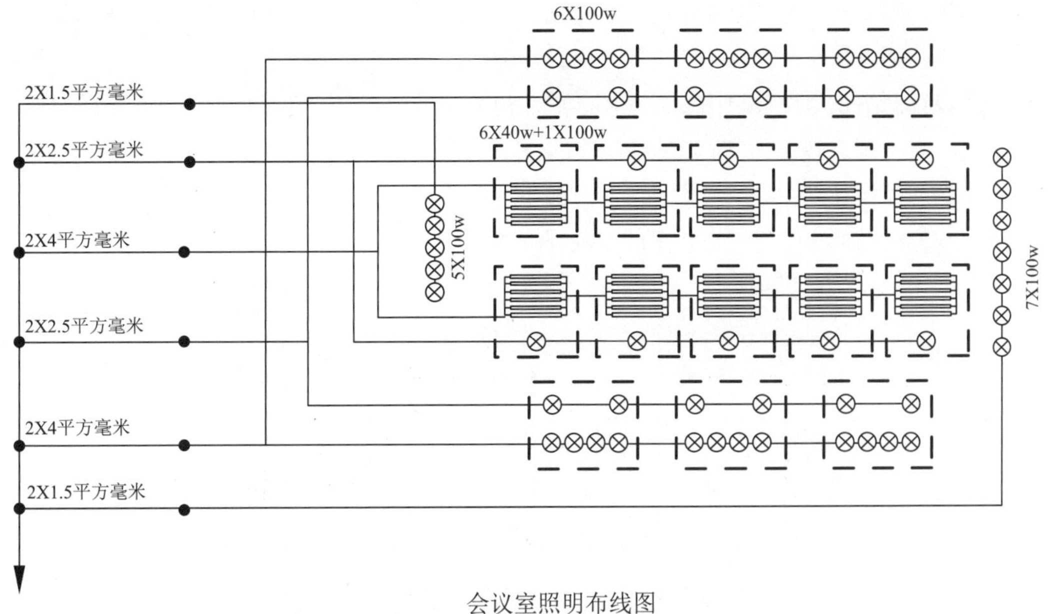

会议室照明布线图

图1-4

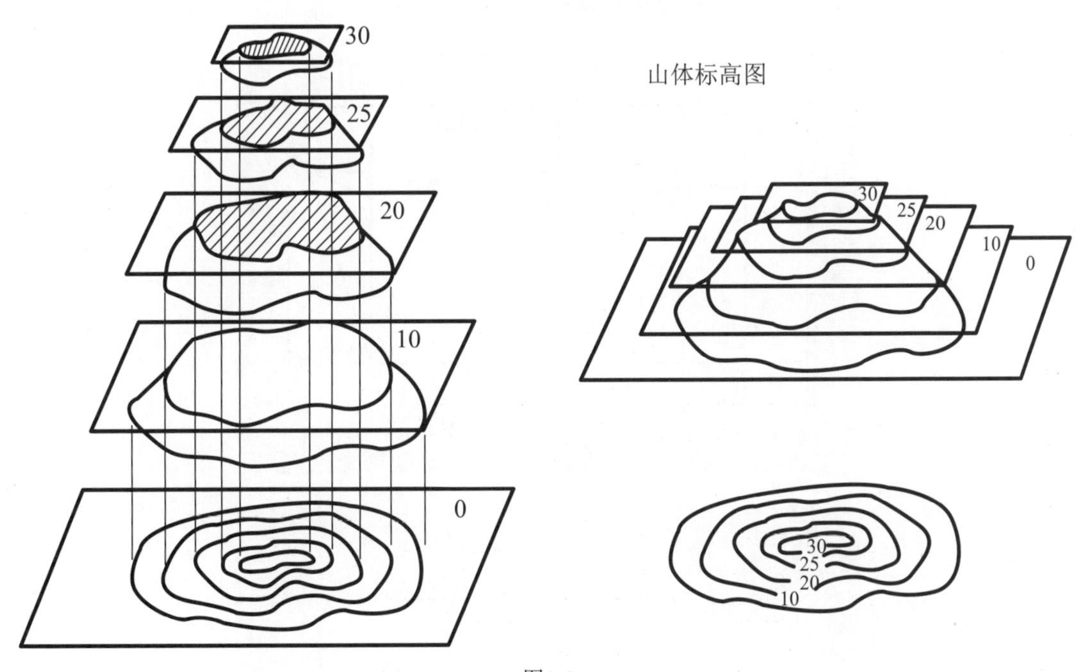

图1-5

产品设计制图与土建制图、船舶制图、电器制图等行业制图一样，均遵循各自行业特定的制图标准，这些标准虽各有其专业性和具体性，但都需与《技术制图》这一国家基础标准保持一致。随着科学技术的飞速发展，制图领域的国家标准也在不断修订和完善。因此，对于从事产品设计制图的专业人员而言，及时学习并掌握最新的国家标准显得尤为重要，这样才可确保制图工作的规范性和准确性。

产品设计图纸不仅是产品制造的直接依据，更是对制造过程进行科学、合理指导的关键。因此，设计师需以高度的责任心对待每一份设计图纸，确保其质量上乘。

产品设计制图，与设计草图、效果图、产品模型等手段并列，都是展现设计构思的有效方式，也是将设计理念转化为实际产品制造的基本途径，如图1-6～图1-8所示。尤为重要的是，符合规范的产品设计制图会成为设计师与产品生产加工技术人员之间沟通的桥梁与“语言”，它促进了双方对设计意图与制造要求的准确理解。

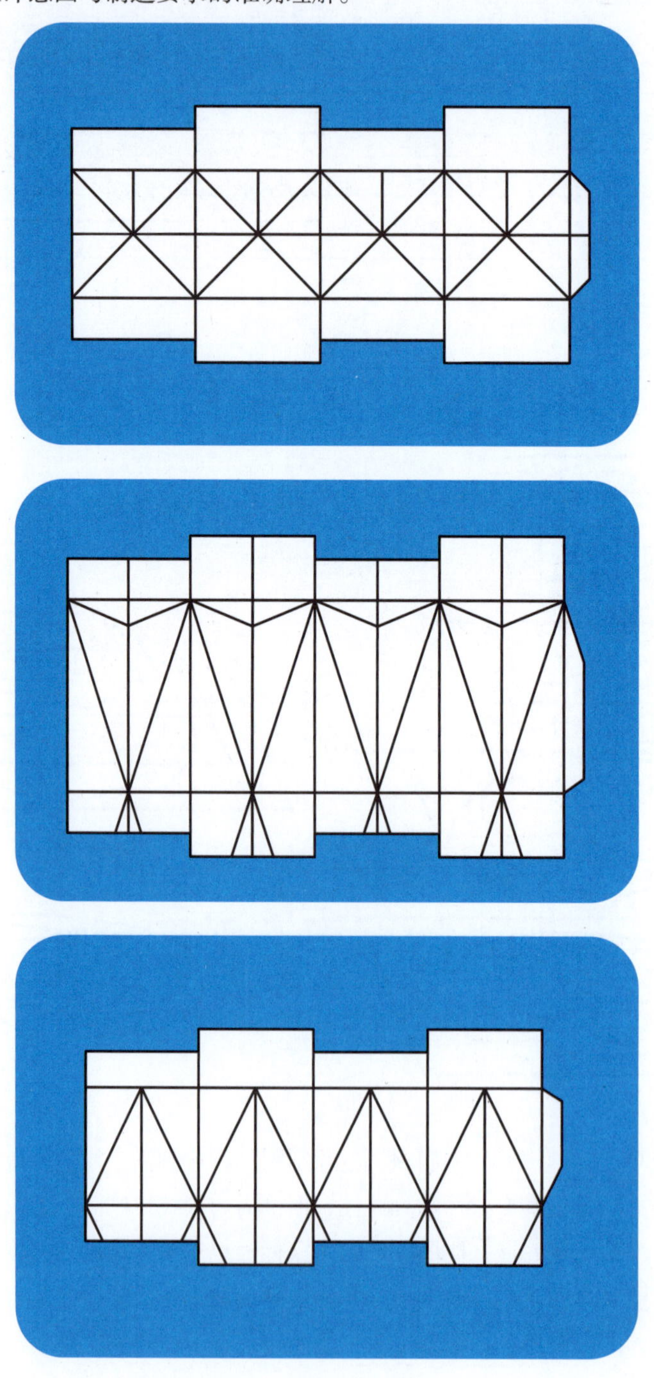

图1-6

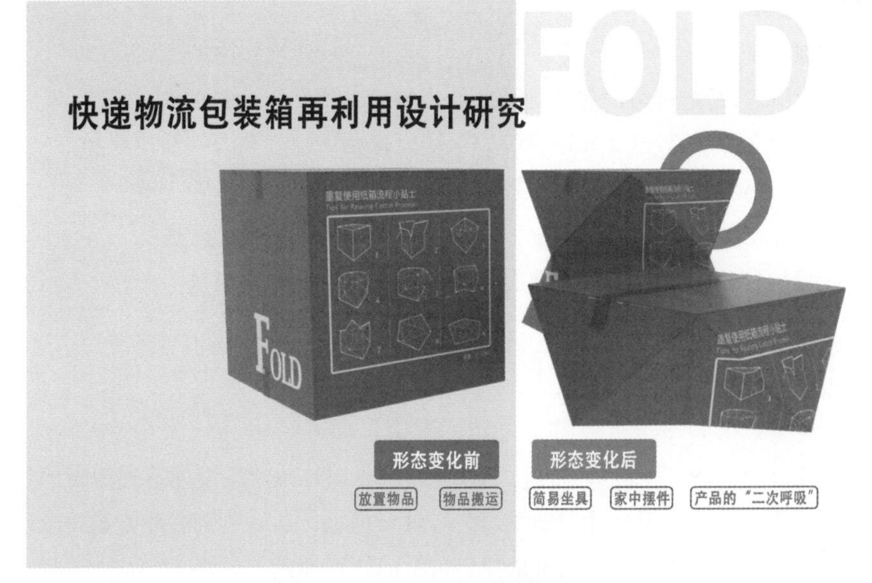

图1-7

图1-8

产品设计制图作为一门工具性学科，其遵循的参考规范源自国家标准中关于机械制图的规定。通过学习制图，我们能够直观地在图纸上把握产品的结构布局、功能特性、材料选用、尺寸规格，以及技术要求等全方位信息，并清晰准确地传达这些信息，从而对产品形成初步而全面的认识。培养识图与绘图能力的最终目标，是实现空间形体与平面图形之间的灵活转换，使学习者能够胜任中等复杂程度的平面图形绘制工作。

1.2　产品设计专业的制图要求

结合产品设计专业的特点，在学习产品设计制图的过程中，学生应逐步积累制图规范与表达技巧，最终需满足以下要求：

(1) 深入理解并掌握正投影的基本理论、应用方法，及其在实际操作中的运用；

(2) 熟悉并掌握工程图的基本规范，包括图形的恰当表达方式及图线的正确使用；

(3) 能够确保在图样上标注的尺寸既正确又完整，同时保持清晰度和合理性；

(4) 具备正确解读中等复杂程度零件图和装配图的能力；

(5) 熟练运用绘图工具及计算机图形软件，绘制出中等复杂程度的机械图样；

(6) 对轴测投影的基础知识有所了解，并掌握正等轴测图的绘制方法。

1.3 产品设计制图的表达方式

产品设计师通过绘制设计图纸，能够将自己的创意与构思以二维或三维的形式清晰地展现出来，让观察者一目了然地领略到设计师的创意理念与设计构思，从而更直观地体验到设计效果。产品设计制图并非随心所欲的创作，而是依托于科学的体系和基本内容，它以画法几何理论为基石，遵循严谨的制图理论、规律及逻辑方法，旨在将三维实体精准地转化为平面图形进行表达。

具体而言，产品设计制图是一个在平面图纸上，利用规范的图线、精确的空间尺寸标注，以及必要的文字说明，将构思中的或测绘得到的工业产品造型体或零部件形象准确无误地呈现出来的过程。在这一过程中，设计师可以采用三种主要的绘图方式：尺规绘图，以精确的测量和绘图工具实现图形的细致描绘；徒手绘图，凭借设计师的手绘技巧快速捕捉并表达设计灵感；以及计算机辅助设计绘图，利用先进的软件技术高效、精准地完成复杂设计图的绘制。

1.3.1 尺规绘图

尺规绘图作为产品制图领域的一种经典方法，以其高效与精确的特点，尤其擅长于绘制形状复杂或尺寸庞大的零件图。尽管随着计算机辅助设计技术的蓬勃发展，尺规绘图在实际工作中的应用已逐渐减少，但我们依然有必要深入理解其原理。学习尺规绘图不仅能够培养设计师细心严谨的工作态度，还能通过绘图工具的使用，使其深刻地认识和掌握制图的流程。

1. 尺规绘图的工具

尺规绘图主要依赖于圆规、分规、比例尺、曲线板，以及铅笔等一系列画线工具，并借助图板、丁字尺和三角板等绘图仪器，遵循一系列手工绘图步骤来精确绘制产品图样。接下来，我们将逐一介绍这些常用的手工绘图工具及仪器的使用方法。

1) 绘图板、三角板和丁字尺

在制图工作开始之前，需要先利用绘图板来承托并固定图纸，如图1-9所示。绘图板通常采用木质材料制成，要求边框平直、面板平整，以确保绘图的准确性。制图时，使用胶带将图纸牢牢地固定在绘图板上，以便于后续的绘制工作。

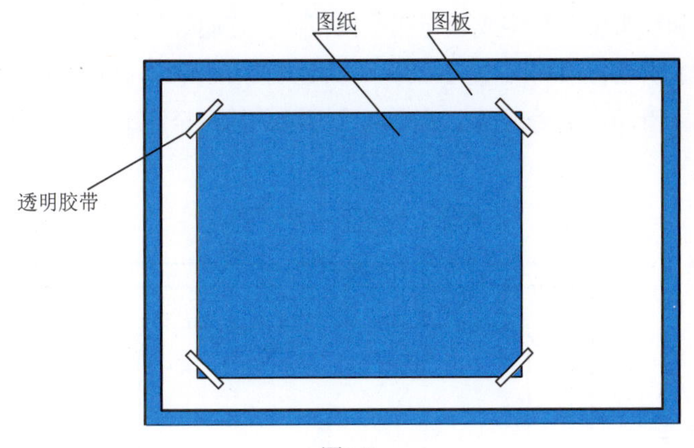

图1-9

一副三角板包含两块，其中一块是45° 角的等腰直角三角形，另一块则是拥有30° 和60° 角的直角三角形。三角板通常与丁字尺协同使用，能够方便地画出竖直线及15° 、30° 、45° 、60° 、75° 等各种角度的斜线。此外，借助三角板，还可以绘制出已知直线的平行线和垂直线，如图1-10所示。

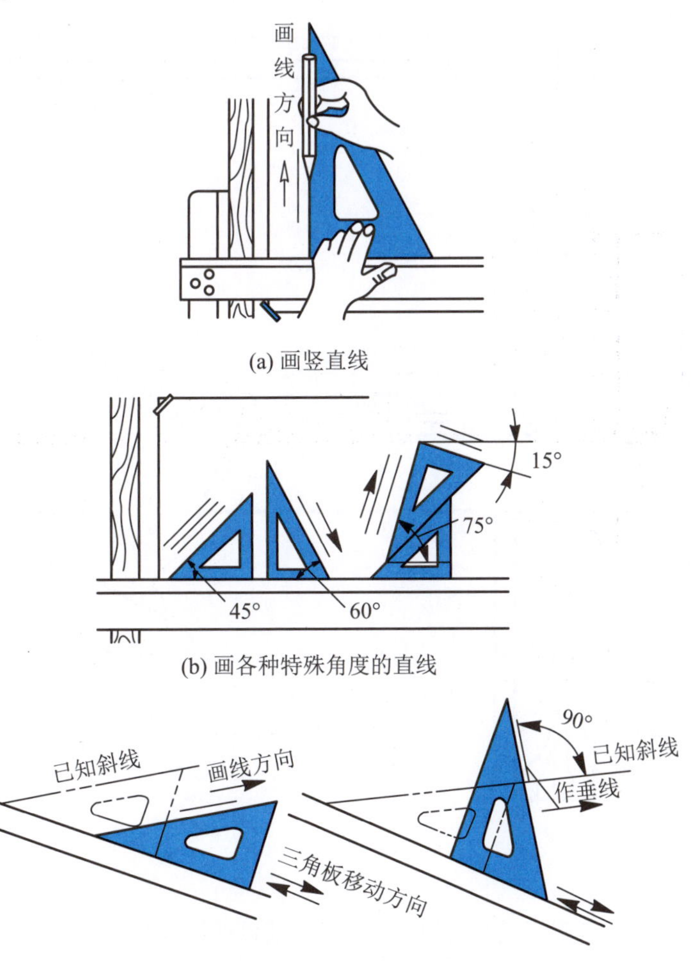

(a) 画竖直线

(b) 画各种特殊角度的直线

(c) 画已知直线的平行线和垂直线

图1-10

丁字尺由尺身和尺头两部分构成，与三角板相似。它通常与图板搭配使用，主要功能是绘制水平线。其标准使用方法如下：左手紧握尺头，确保尺头的内侧边缘紧密贴合图板的左边框，并沿着图板上下滑动；沿着尺身上的刻度线边缘，从左至右平稳地绘制出水平线，具体操作过程如图1-11和图1-12所示。

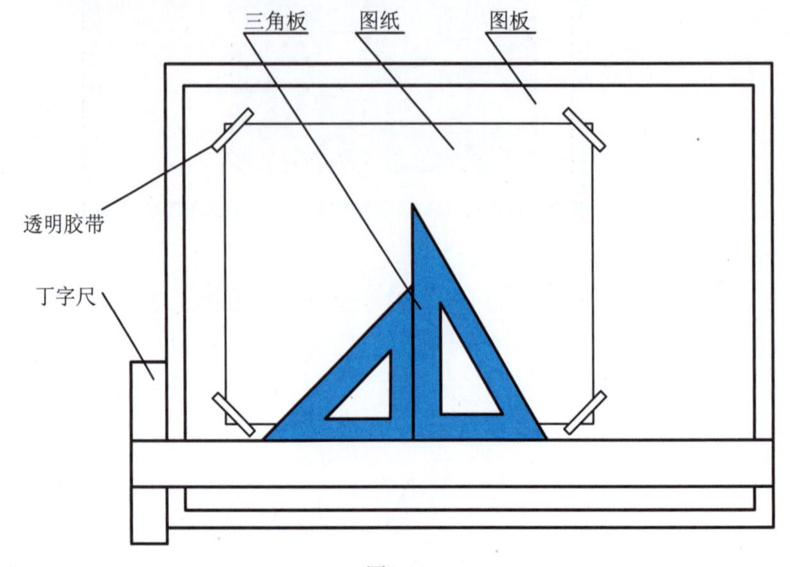

图1-11

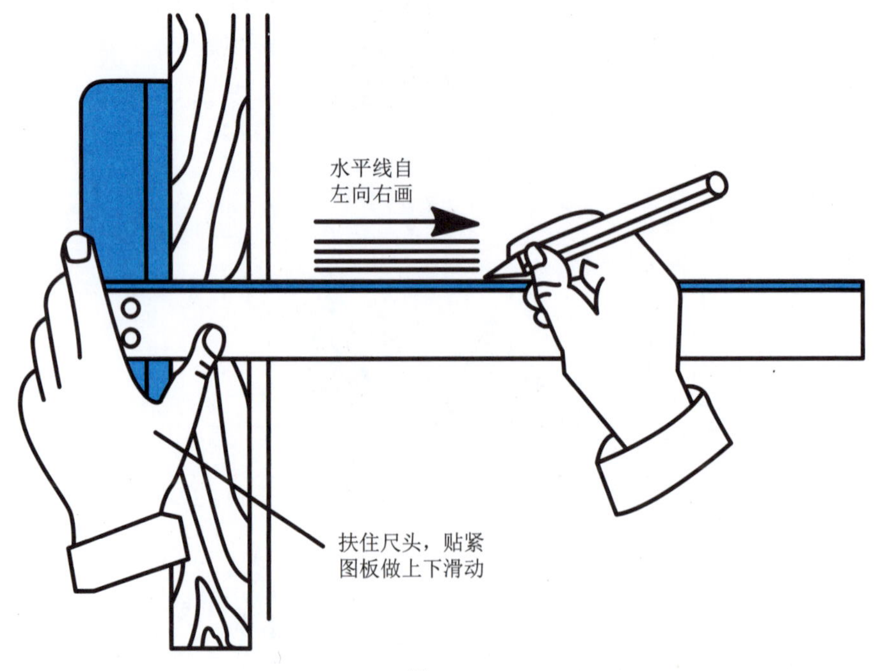

图1-12

2) 圆规和分规

圆规是用来绘制标准圆形或圆弧的绘图工具。其设计特点在于两条腿的一端汇聚于一点，其中一条腿上装有钢针，钢针的两端形态各异，一端为台阶状、一端则为锥状，而另一条腿则配备有铅芯，如图1-13所示。在使用圆规绘图时，一般建议将台阶状的一端作为圆规的固定点，而锥状针尖则用于分规操作。此外，为了确保绘图的精确性，针脚（即钢针伸出部分）的长度应略长于铅芯，以便更好地控制绘图过程。

在绘图过程中，需确保钢针与铅芯均保持垂直于纸面的状态，这一点在绘制大直径圆形或圆弧时尤为重要，以确保图形的准确性和美观性，具体如图1-14所示。

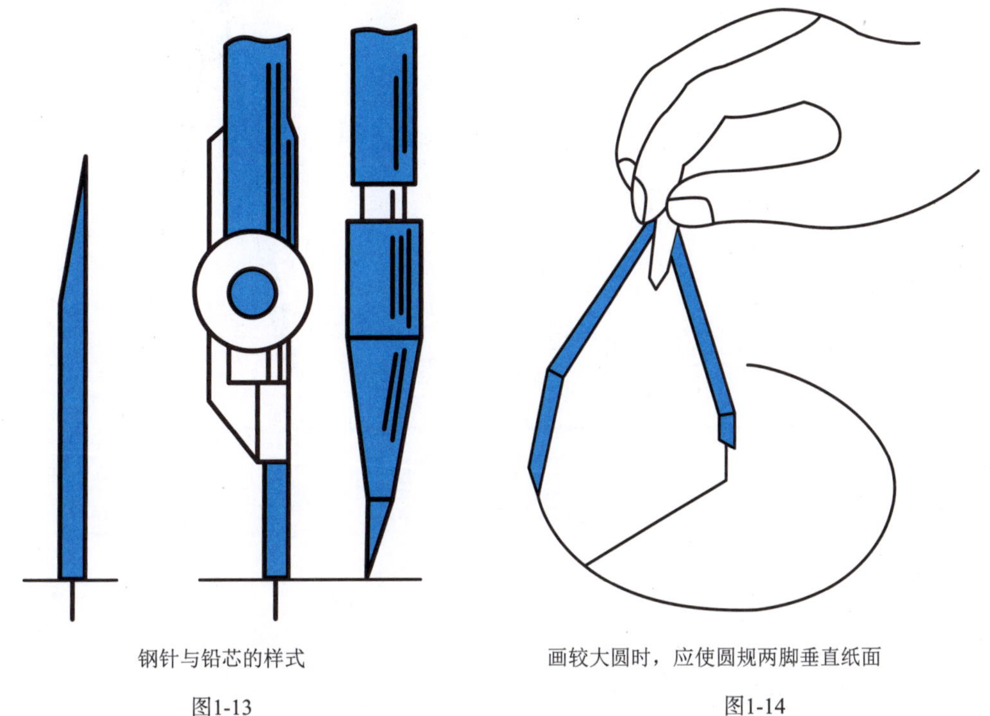

钢针与铅芯的样式

图1-13

画较大圆时，应使圆规两脚垂直纸面

图1-14

分规的主要功能是量取线段长度、等分线段，以及截取特定长度的线段，它在绘图过程中起到了精确测量和划分的作用，其样式如图1-15所示。分规的锥状针尖设计使其能够轻松地在图纸上做出标记，便于绘图者进行后续的绘制和修改工作。

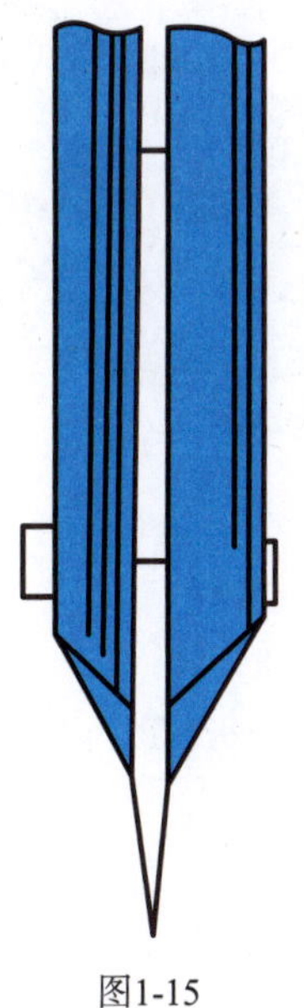

图1-15

分规的两腿末端都装有锥形钢针，在使用时，需要确保分规的两个针脚保持平齐，这样的操作能够让量取的尺寸更加精确无误，具体使用方法如图1-16所示。

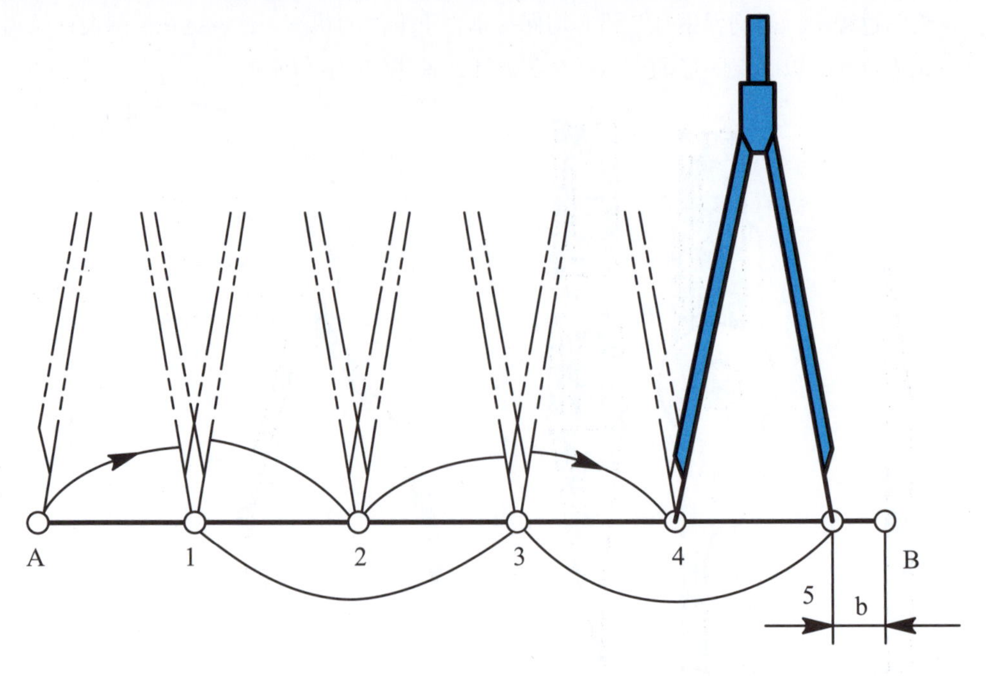

图1-16

3) 比例尺

在绘制不同比例的图样时，需要使用比例尺这一工具，如图1-17所示。比例尺上印有多种不同比例的刻度，这些刻度能够帮助我们根据需要进行尺寸的缩放，确保绘制的图样符合预定的比例要求。

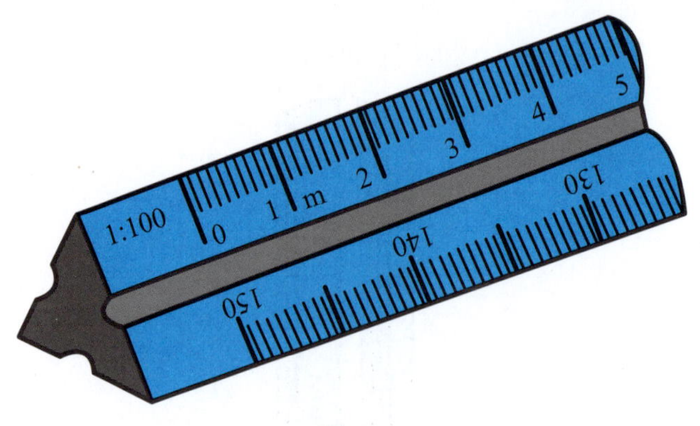

图1-17

4) 曲线板

绘制非规则圆弧或曲线时，需要借助曲线板来完成。绘图过程中，首先需轻轻地将各个沿曲线的点连接起来，作为绘制的基础，然后从第一个点出发，在曲线板上找到与所绘曲线相匹配的部分，最后沿着曲线板的轮廓，一段一段地绘制出曲线。需要注意的是，由于绘制曲线是分段进行的，因此每绘制一段时，应确保至少有三个点与曲线板上的相应部分重合，并且要与前一段已绘制的曲线有一部分的重合，以确保最终绘制的曲线是平滑且连续的。曲线板的样式及绘制过程，如图1-18所示。

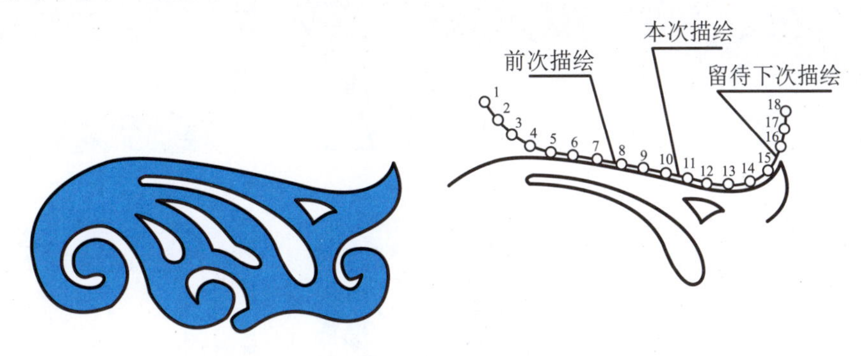

图1-18

5) 铅笔

绘制图样时，使用的铅笔分为软铅芯和硬铅芯两类，它们的软硬程度分别用B和H来表示。具体而言，B之前的数值越大，代表铅芯越软；而H之前的数值越大，则代表铅芯越硬。在进行尺规绘图时，需根据不同的图线要求来选择不同软硬程度的铅芯铅笔：

(1) B或2B铅芯，因其质地较软、消耗较快，常被用于绘制粗实线。为了方便使用和保证线条宽度，通常将铅芯的端部削成宽度较大一些的扁形或铲形，如图1-19(a)所示。

(2) 当需要书写文字或进行标注时，通常会选择HB或H铅芯。此时，笔芯的端部应削成锥形，以确保文字或标注的清晰度和准确性，如图1-19(b)所示。

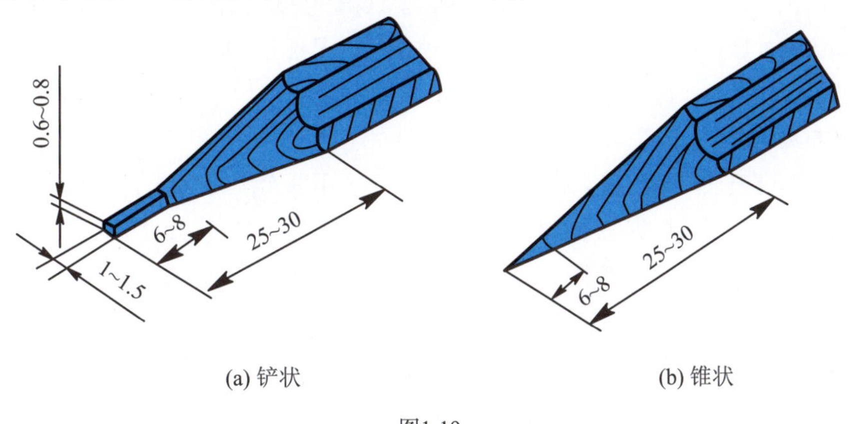

(a) 铲状　　(b) 锥状

图1-19

(3) 对于需要绘制细实线的情况，H或2H铅芯因其质地较硬而更为适用。同样地，为了保证细线的线宽与粗实线的线宽形成鲜明对比，笔芯的端部也应削成锥形。在绘图过程中，为了保持线宽的一致性，还需要及时将铅芯削细。

此外，使用尺规绘图时，还要准备小刀、橡皮、擦图片、量角器、胶带纸，以及修磨铅芯的细砂纸等，如图1-20所示。

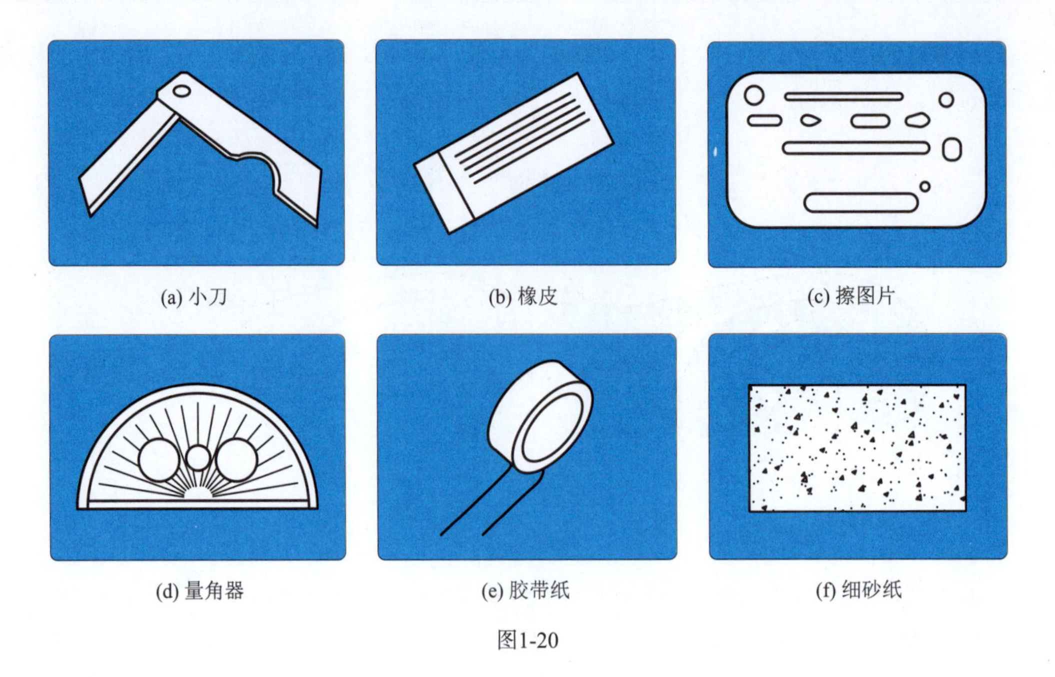

(a) 小刀　(b) 橡皮　(c) 擦图片

(d) 量角器　(e) 胶带纸　(f) 细砂纸

图1-20

2. 尺规绘图的步骤

运用尺规绘图，主要包含如下五个步骤。

1) 绘前准备

在绘制之前，需整理工作环境，削好绘图铅笔和圆规中的铅芯，准备并清洁所有必需的绘图工具和仪器，将它们放置在固定位置。同时，要认识和熟悉所绘图形的内容，根据构思好的图样大小和比例，选择适当的图幅，并将图纸固定在绘图板上的适当位置，以便于丁字尺和三角板的移动操作。

2) 美观布局

图样的布局应追求均衡与美观。首先，可在图纸上用细实线画出符合国家标准的图幅、明细栏和标题栏等。接着，根据每个图样的外轮廓尺寸，合理布置图样，并画出各图样的基准线和轴线，以确保整体布局的合理性。

3) 绘制底图

绘制底图是绘制过程中的关键环节，应使用硬铅芯的铅笔（如H或HB铅笔）准确画出底图，图线应尽量保持浅淡。绘制顺序上，应先画图框、标题栏，再绘制主要轮廓线或中心线，然后逐步细化，如绘制槽、孔、倒角、圆角等细节部分，并画出尺寸线和尺寸界限。底图完成后，需仔细校核，进行必要的更改和完善，擦去多余图线。

4) 合理加深

在加深图线时，应使用稍软铅芯的铅笔（如B或2B铅笔），并确保图线符合制图标准。加深顺序上，应先描深图线中的圆和圆弧，当多个圆弧相连时，要保证相切处光滑，从第一个圆弧开始依次描深。接着，从图样的左上方开始，顺次向下描深所有水平线，再从左到右顺次描深所有垂直线、倾斜线。最后，描深所有的虚线、点画线和细实线。此外，图框、明细栏和标题栏等也应进行加深处理。

5) 最终检查

图样完成后，需进行最终检查。检查内容包括：所有图线是否线型正确、粗细分明、光滑流畅、深浅一致；图面布局是否适中、整洁美观；字体和数字是否符合国家标准。同时，还需绘制箭头、标注尺寸数值、书写注释文字及填写标题栏的内容。最后，全面检查所有绘制内容，确保无误。

1.3.2 徒手绘图

徒手绘图是一种仅凭铅笔和橡皮，不依赖绘图仪器或量具，依靠目测进行的图样绘制方式，也被称作草图绘制。相较于尺规绘图，这种方法更为便捷，能够迅速传达产品设计的初步图样。徒手绘图主要应用于设计的起始阶段，用以展现初步的方案与设想，同时也适用于计算机辅助绘图的底稿制作、零部件的测绘工作，以及技术交流等多个场合。

1. 徒手绘图的工具

尽管徒手绘图不使用专业的绘图工具和仪器，但其绘制过程仍需遵循一定的规范，确保图样工整、图线清晰、比例匀称、关系准确，并且字体需保持工整。

在进行草图绘制时，通常推荐使用中等硬度的铅笔笔芯(如HB或B)，这样的笔芯既能保证绘制的流畅性，又易于修改。

此外，选择方格纸作为绘制草图的基础，可以显著提升绘制的质量与效率，如图1-21所示，方格纸为绘制者提供了一个直观的参考框架，有助于更好地把握图样的布局与比例。

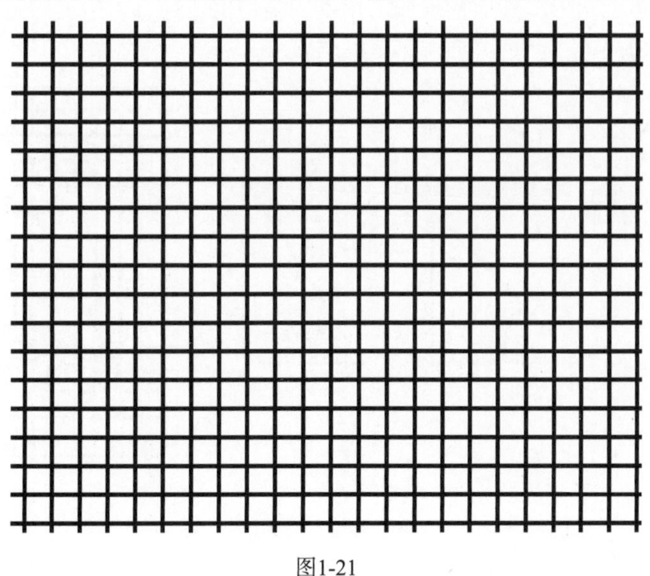

图1-21

2. 徒手绘图的步骤

徒手绘图的首要步骤是目测比例，即通过分析所绘产品的各个结构之间的相对比例关系，来大致确定每个部分的大小。在这个过程中，可以借助铅笔或手指等作为辅助工具，对所要绘制的对象进行粗略的度量。完成图形的初步绘制后，接下来需要精确地绘制尺寸界限及尺寸线，以确保图样的准确性和可读性。

1) 徒手绘直线

在方格纸上徒手绘制直线时，需要手眼协调配合。眼睛应注视画线的终点，同时握笔的手要轻轻按压纸面，并随着线条的移动而平稳前行。在此过程中，重要的是保持手腕的稳定，避免拧动或转动，维持一个固定的姿势。绘制水平直线时，应从左向右进行；绘制垂直线时，则应自上而下进行。为了绘制得更加准确和高效，应尽量利用好方格纸的线条作为参考，如图1-22所示。

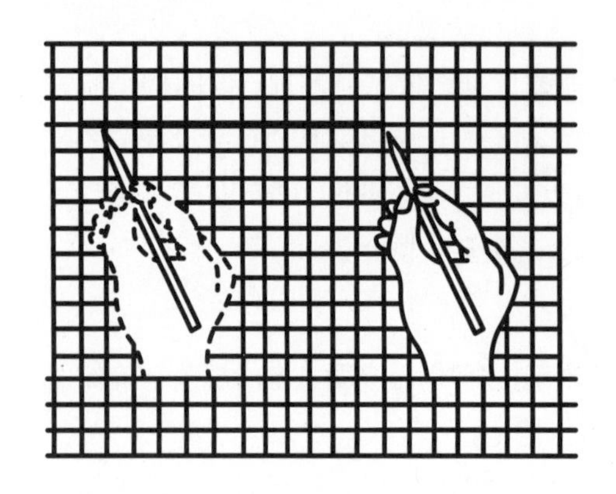

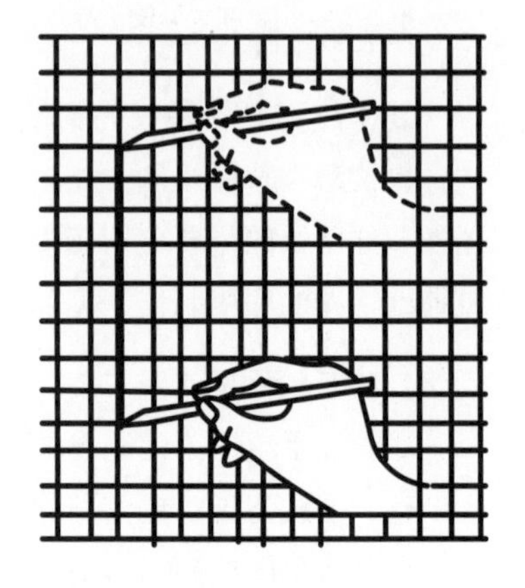

图1-22

如果需要徒手绘制30°、45°、60°等常见角度的斜线，可以借助直角三角形的性质，根据这些角度的近似正切值(3/5对应30°、1对应45°、5/3对应60°)来确定斜边的长度。具体方法是，先绘制一个直角三角形，然后根据所需角度的正切值，在直角边上确定相应的长度，最后连接直角顶点与对边的点，即可得到所需角度的斜线，如图1-23所示。

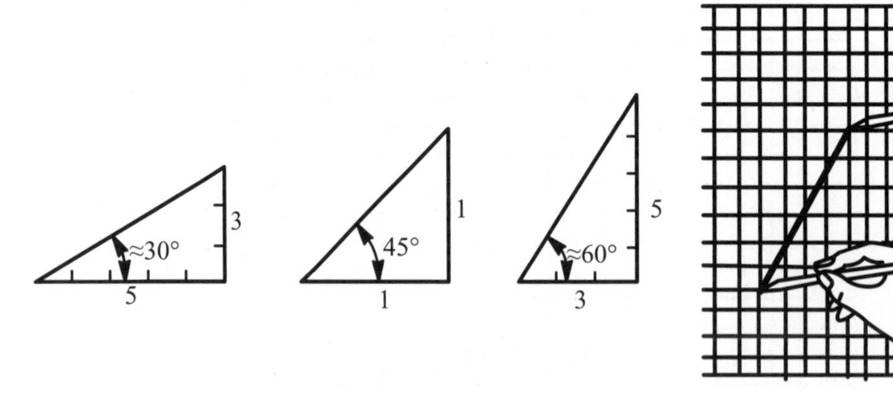

图1-23

2) 徒手绘圆

进行徒手绘圆时，首先通过目测确定圆心的位置，然后绘制两条相互垂直并交叉的中心线，其交点即为圆心所在。接着，依据所需的半径长度，通过目测在中心线的四个象限上分别标定出四个端点。最后，以流畅自然的笔触将这四个端点顺滑地连接起来，从而绘制出一个完整的圆形。具体绘制方式，如图1-24所示。

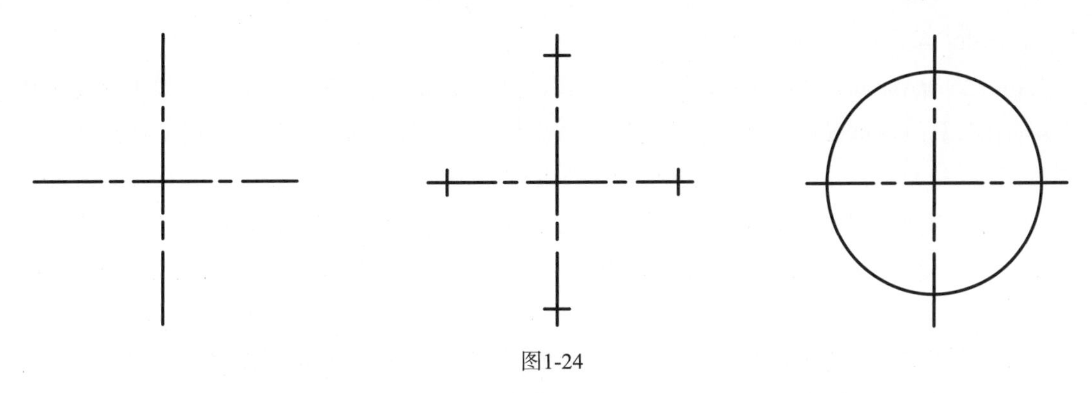

图1-24

在绘制较大直径的圆形时，为了更加顺畅地完成图线的绘制，可以在45° 的两个方向上，分别通过圆心绘制两条斜线。接着，再次利用给定的半径，在这两条斜线上通过目测确定四个额外的端点。最后，按照顺序将这八个端点(包括之前在中心线上确定的四个端点和新在斜线上确定的四个端点) 平滑且连续地连接起来，从而绘制出一个完整的圆形。这一步骤的具体操作如图1-25所示。

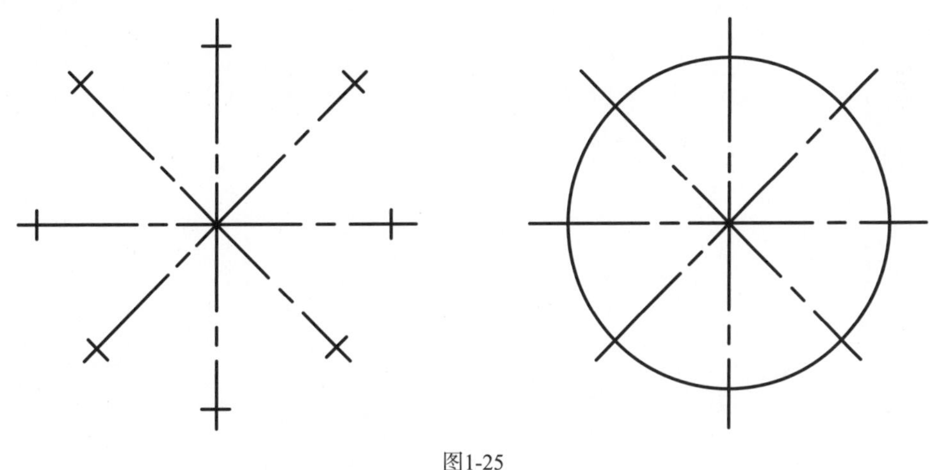

图1-25

1.3.3　计算机辅助设计软件绘图

进入数字时代，计算机的应用极大地提升了制图的效率。随着产品设计领域的不断进步，各行业对图纸的要求日益提高，不仅精度要求逐渐提升，而且复杂度也越来越高。计算机辅助设计(CAD) 绘图技术的引入，显著降低了设计人员的劳动强度，同时确保了图面的整洁性。

以往，使用手绘方式绘制产品图时，设计师常常需要频繁更换手中不同粗细的墨笔、丁字尺、三角板、曲线板等工具，一旦画错，修改起来极为烦琐，有时甚至需要从头开始，导致图面显得脏乱不堪。而采用计算机辅助设计软件绘图，设计师只需通过鼠标操作即可完成所有任务，软件内置统一的线型库和字体库，确保了图面的整洁与统一。

此外，计算机辅助设计软件提供的“撤销”(UNDO) 功能，使得设计师可以轻松地将图片恢复到画错前的状态，从而避免了因错误而导致的重复劳动。因此，熟练掌握计算机辅助设计软件制图技能，已成为现代产品设计师不可或缺的能力之一。

常用的产品设计制图软件，包括AutoCAD、Pro/Engineer和 Unigraphics NX等。

1. AutoCAD

AutoCAD(Autodesk Computer Aided Design) 是由Autodesk(欧特克) 公司于1982年首次推出的自动化计算机辅助设计软件，它广泛应用于二维绘图、详细设计、设计文档编制，以及基本三维设计等领域，并已发展成为国际上广受欢迎的绘图工具。AutoCAD拥有直观的用户界面，用户可以通过交互菜单或命令行轻松执行各种操作。其多文档设计环境使得非计算机专业人员也能迅速上手，并在不断的实践中深入掌握其各项应用和开发技巧，从而显著提升工作效率。

AutoCAD具备出色的跨平台兼容性，能够在多种操作系统支持的微型计算机和工作站上流畅运行。在平面绘图方面，AutoCAD展现了强大的功能，提供了正交、对象捕捉、捕获跟踪等便捷的绘图辅助工具，以及移动、复制、旋转、缩放、拉伸、修剪等一系列强大的图形编辑功能。此外，它还支持标注和书写文本，以及灵活的图层设置和管理功能，如图1-26所示。

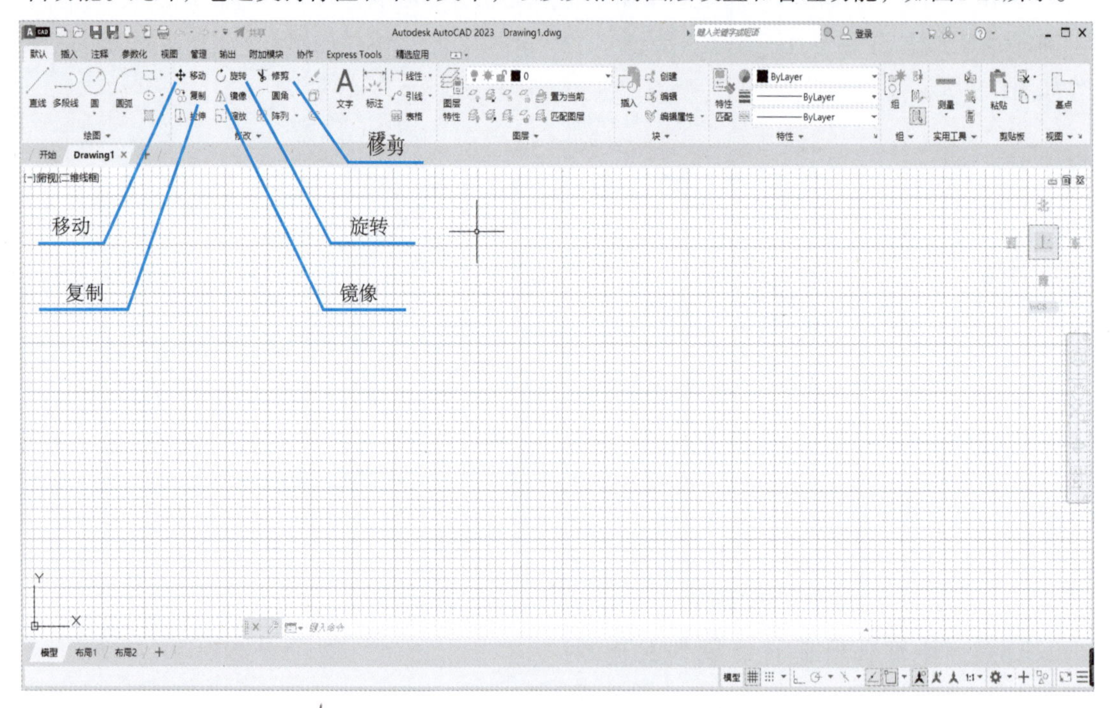

图1-26

2. Pro/Engineer

Pro/Engineer软件是一款集CAD(计算机辅助设计) /CAM(计算机辅助制造) /CAE(计算机辅助工程) 于一体的三维软件，它以参数化技术为核心，是参数化设计的先驱，也是基于特征的实体建模系统。参数化的核心理念在于，任何复杂的几何模型都可以被视为由有限数量的构成特征组合而成，而这些构成特征则可以通过有限的参数被完全约束。

利用Pro/Engineer软件，产品设计师可以依托其参数化特征功能来构建模型，如创建倒角、圆角、加强筋、抽壳等结构，也可以在二维模式下绘制草图，并轻松地调整模型。这种功能特性极大地提升了产品设计师的工作效率，使设计工作变得更加便捷和灵活，如图1-27所示。

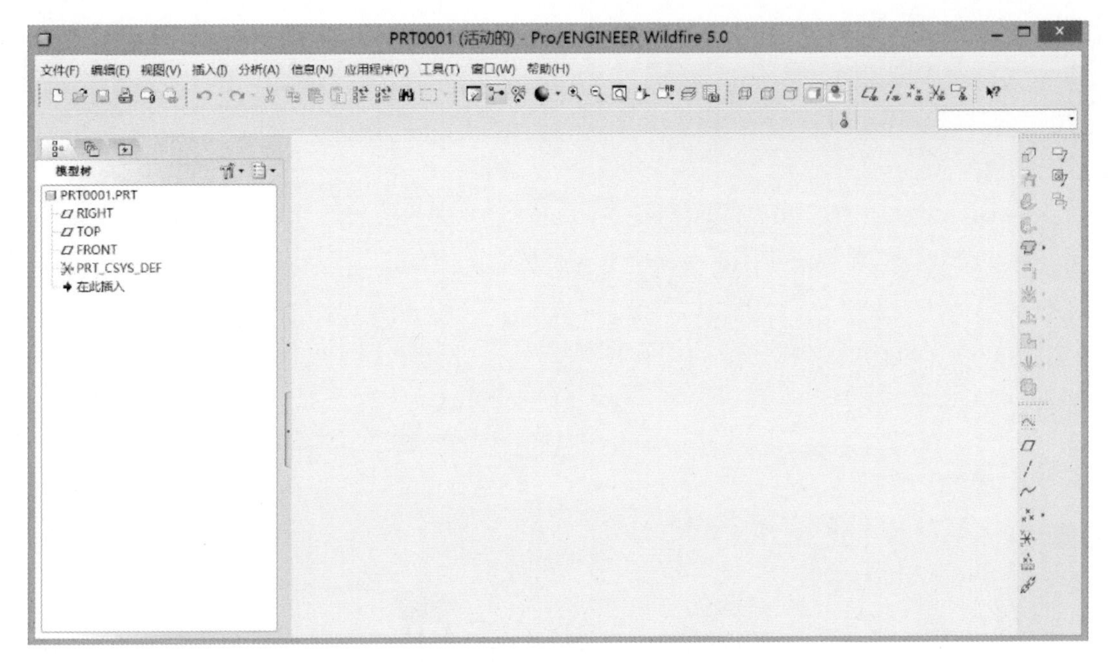

图1-27

3. Unigraphics NX

Unigraphics NX(简称UG) 软件是西门子公司研发的一款集CAD(计算机辅助设计) /CAM(计算机辅助制造) /CAE(计算机辅助工程) 功能于一体的三维软件。它针对产品开发的整个生命周期，涵盖了从概念设计、工程图绘制、产品建模到分析及制造的全过程，为产品设计师提供了一个高度灵活且综合的建模环境。

在产品设计过程中，设计师们通常会利用UG软件中的工程图模块、建模模块，以及装配模块等功能组件来完成各项设计任务，如图1-28所示。

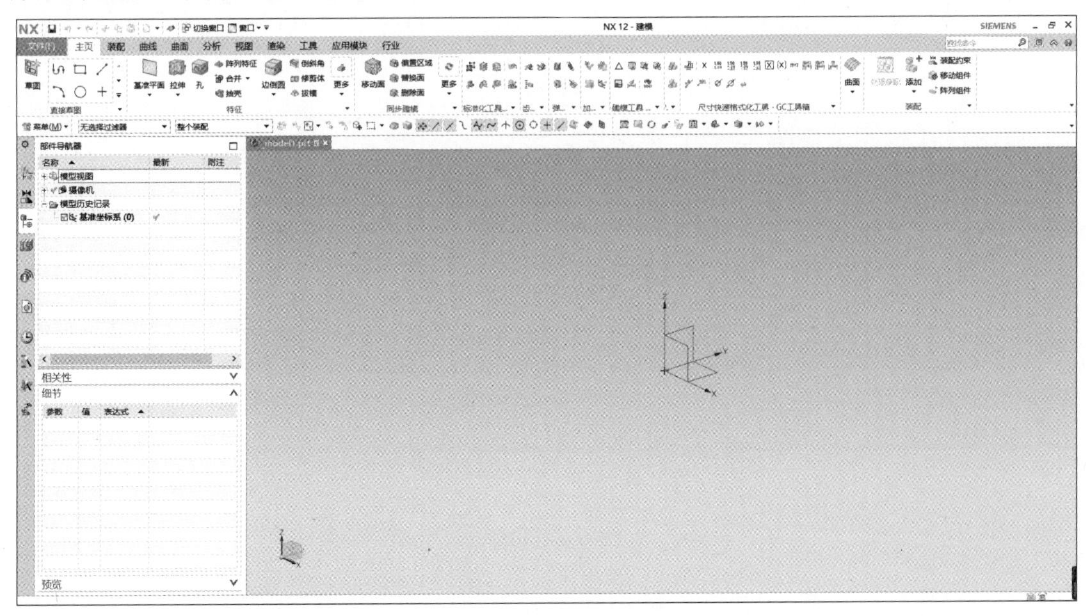

图1-28

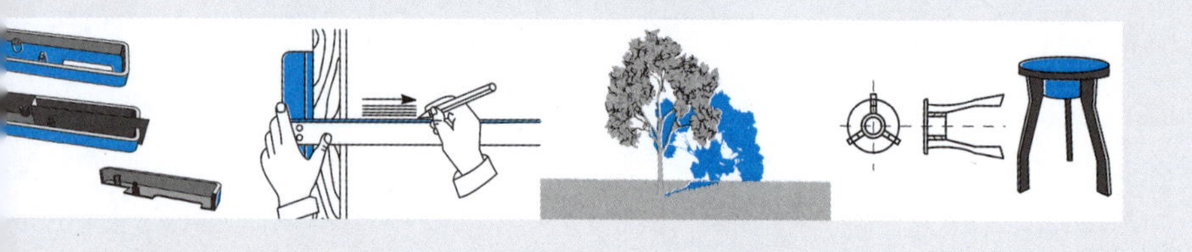

第2章

产品设计制图基本规范

主要内容：本章介绍了图纸幅面、标题栏、字体、比例、图线、尺寸标注的类别和使用方法，以及正确运用制图规范来标注图样的知识。

教学目标：了解规范的产品制图对图纸幅面、标题栏、字体、比例、图线和尺寸标注的要求，并将其综合运用到图样绘制中。

学习要点：掌握图纸幅面、标题栏和字体的使用方法，理解图线线性的表达方式及应用规定。

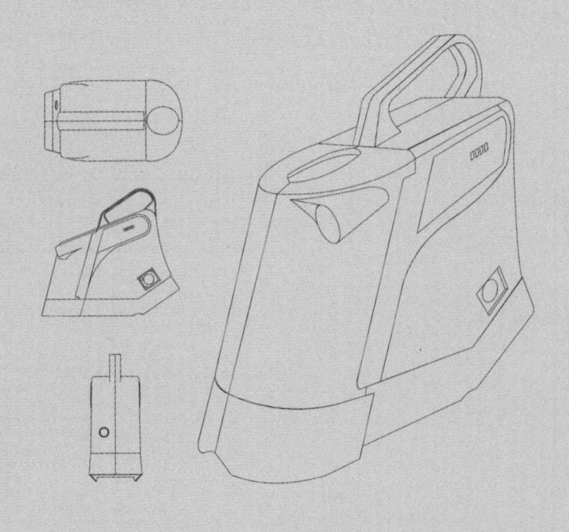

Product Design

在产品设计中，图样作为技术交流的通用媒介，必须遵循统一的规范标准。所有相关人员都应按照这一标准来进行制图和识图，否则将会导致生产流程和技术沟通中的混乱与障碍。为此，国家市场监督管理总局、国家标准化管理委员会联合发布了包括《技术制图》和《机械制图》在内的一系列制图国家标准。这些标准构成了产品设计制图绘制与应用的基准，产品设计师必须深入学习并严格遵循。

2.1 图纸制图内容解析

普通的产品设计制图的图纸，通常包含以下几个基本要素：图纸及其格式、比例尺、字体样式、图线类型，以及尺寸标注。具体示例，可参见图2-1和图2-2。

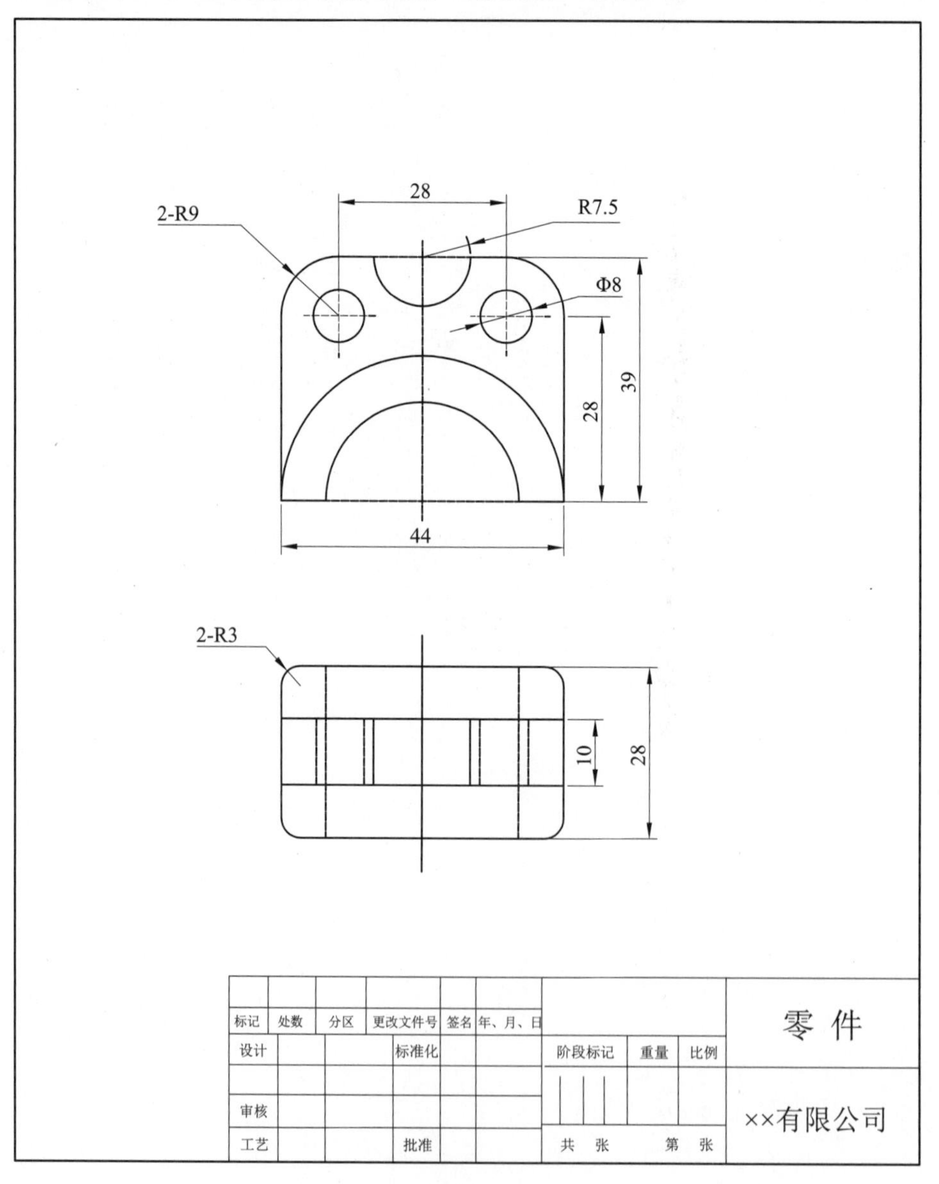

图2-1

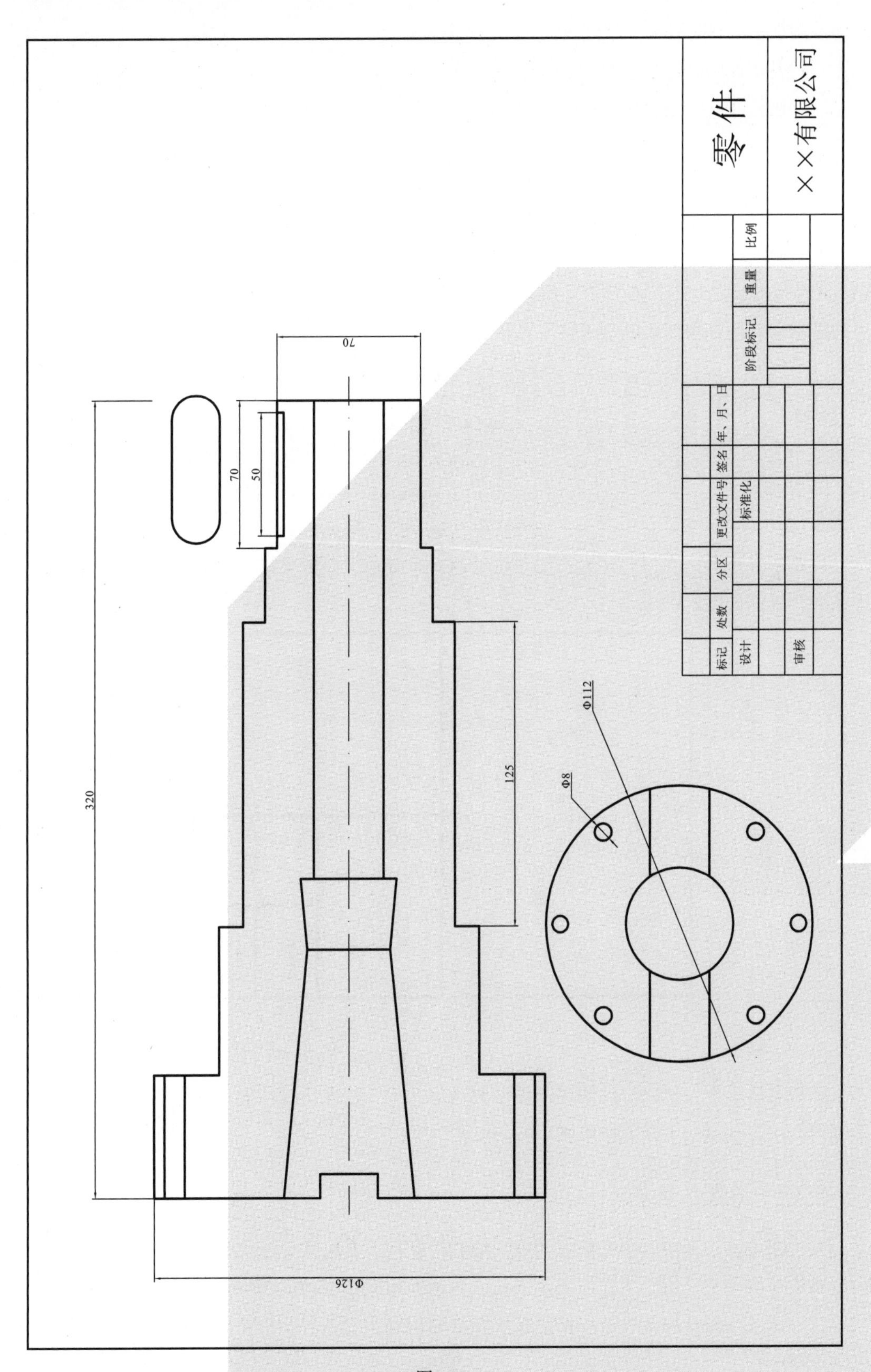
零件
××有限公司
比例
重量
阶段标记
标记
处数
分区
更改文件号
签名
年、月、日
设计
标准化
审核
70
70
50
320
125
Φ126
Φ112
Φ8

图2-2

2.2 图纸幅面和标题栏的要求

2.2.1 图纸幅面

为便于装订和管理，根据国家标准《机械制图》的相关规定，在绘制图样时，对图纸的幅面有着明确的要求。其中，优先推荐采用的是A系列图幅尺寸，这些尺寸标准在表2-1中详细列出。A系列图幅尺寸不仅符合国际标准化组织的规范，而且能够满足不同设计项目对于图纸大小的需求，从而确保图纸的规范性和可读性，便于后续的存档、查阅，以及技术交流。

表2-1

幅面号	A0	A1	A2	A3	A4	A5
长×宽	841×1189	594×841	420×594	297×420	210×297	148×210
c	10	10	10	5	5	5
a(装订边)	25	25	25	25	25	25

从尺寸关系上来看，1号图纸是0号图纸的对半裁剪，以此类推，形成了一个有序的图纸尺寸系列，具体如图2-3所示。

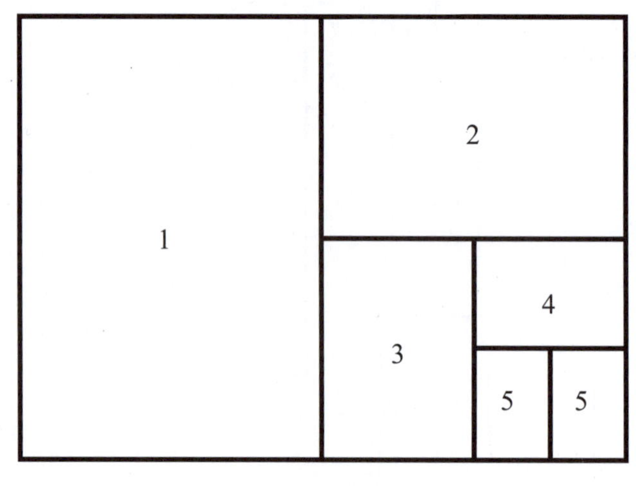

图2-3

在特定需求下，也允许选用国家标准所规定的加长幅面。这些加长幅面的尺寸是通过将基本幅面的短边乘以一个整数倍来确定的。

2.2.2 图纸标题栏

每张图纸都必须按照国家标准的规定绘制标题栏，其格式和尺寸需严格遵循标准。标题栏内主要填写的是关于所绘图样的关键信息，包括但不限于图样的名称、图号、设计者姓名、所属单位，以及绘制日期等，这些信息对于图纸的识别、管理和归档至关重要。具体示例，可参见图2-4。

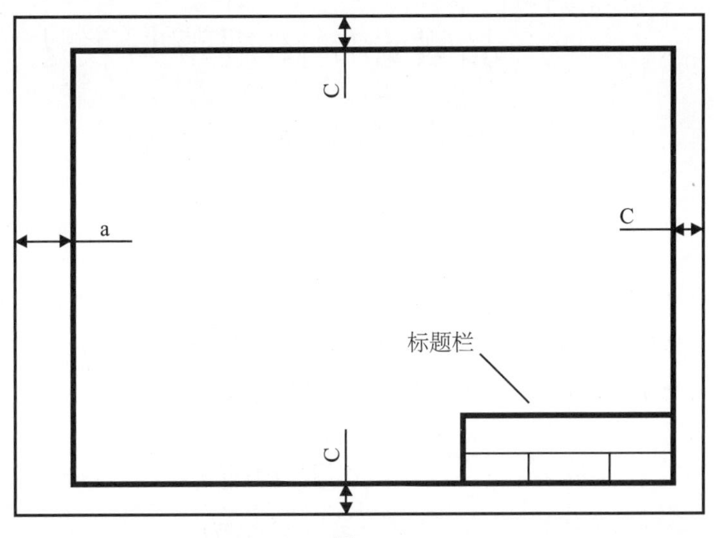

图2-4

虽然国家标准《机械制图》并未对标题栏的具体格式和内容做出统一规定，但在此推荐采用一种广泛认可且与图中示例相似的格式。无论图纸是横向使用还是竖向使用，标题栏均应放置在右下角的位置。此外，要求使用粗实线来绘制图框线，并确保标题栏位于图框线的内部区域。

2.3 字体的要求和示例

2.3.1 字体的基本要求

为了确保制图的标准性和规范性，图纸中的字体需满足以下要求：首先，字体必须工整、笔画清晰、间隔均匀且排列整齐。关于字号的详细说明如下：

(1) 字号，用于表示字体的高度，其代号为h。字号系列包括1.8mm、2.5mm、3.5mm、5mm、7mm、10mm、14mm和20mm。

(2) 对于汉字，通常采用长仿宋体，并应使用中华人民共和国国务院正式公布推行的《汉字简化方案》中规定的简化字。汉字的字高一般不小于3.5mm，而字宽则约为字高的0.7倍(即0.7h)。

(3) 字母和数字的书写方式可以是斜体或直体，其中斜体字的字头需向右倾斜75°。对于指数、分数、极限偏差，以及注脚的数字及字母，通常采用比正文字体小一号的字号。字母和数字分为A型和B型两种，它们的笔画粗度有所不同(粗度用d表示)：A型字体的笔画粗度d为字体高度h的1/14，而B型字体的笔画粗度d则为字体高度h的1/10。

2.3.2 字体的示例

汉字、数字和英文字母的字体和字号，如图2-5所示。

10号字　产品设计制图规范与表达

5号字　产品设计制图规范与表达

3.5号字　产品设计制图规范与表达

阿拉伯数字直体　0123456789

阿拉伯数字斜体　*0123456789*

大写英文字母斜体　*ABCDEFGH*

小写英文字母斜体　*abcdefgh*

图2-5

2.4 绘图的比例和首选比例

绘图比例是指图形中的线性尺寸与实际物体相应线性尺寸之间的比值，它清晰地表明了图样大小与实物大小之间的关系。在制图时，选择适当的比例至关重要，如果条件允许，首选的比例是1:1，这个比例的比值为1，被称为原值比例。当比值大于1时，如5:1等，这样的比例被称为放大比例；而当比值小于1时，如1:5等，则被称为缩小比例。

在产品设计制图中，加下画线的比例(即1:1、放大比例及部分特定的缩小比例) 是首选，以确保图纸的清晰度和准确性。在必要时，也可以选用1:15和1:20等比例，以满足特定的设计需求，具体可参见表2-2。

表2-2

种类	比例
与实物相同	1:1
缩小的比例	1:1.5、1:2、1:2.5、1:3、1:4、1:5、1:10n、1:1.5 × 10n、1:2 × 10n、1:2.5 × 10n、1:5 × 10n
放大的比例	2:1、2.5:1、4:1、5:1、(10 × n):1

在绘制同一产品的各个视图时，为了保持图纸的一致性和可读性，应尽量采用相同的比例。若因特殊需求某个视图需要采用不同的比例，则必须在该视图上另行明确标注。比例通常应标注在标题栏中专门的比例栏内，以便快速识别；在必要时，也可以在相关视图的名称下方或右侧进行比例的附加标注。无论视图采用的是放大比例还是缩小比例，标注尺寸时都必须严格依据设计要求，确保所注尺寸准确无误。

2.5　图线名称及线形

2.5.1　图线线形的表达方式及应用规定

产品设计制图的图形是由各种不同粗细和类型的图线组合绘制而成的。为了确保图样的统一性、清晰度和易于阅读，绘图时必须严格遵循国家标准所规定的线形进行绘制。标准的产品设计制图图样中，已经明确规定了各种图线的名称及其对应的线形，具体细节可参见表2-3。

表2-3

图线名称	线形	图线宽度
实线		b
粗实线		2b
细实线		0.5b
虚线		0.5b
点画线		0.5b
粗点画线		2b
双点画线		0.5b
折断线		0.5b
波浪线		用笔徒手绘制

1. 线形的应用

各种线形在实际图样中承载着特定的含义，其具体应用规范如下。

(1) 实线：①图中物体的可见轮廓线，确保信息的清晰呈现；②图框线，用以界定图纸的范围；③标题栏及表格的外框线。

(2) 粗实线：①剖切记号，标示出剖视图的起始与终止位置；②造型立体的表面展开图，强调结构细节。

(3) 细实线：①尺寸线及尺寸界线，明确标注物体的尺寸信息；②制图辅助线，辅助绘制和定位；③标题栏及表格的内网格线，划分信息区域；④剖面线，表示物体的内部结构；⑤引出线，引导注释或说明；⑥重合剖面的轮廓线，区分不同层次的剖面。

(4) 虚线：①不可见轮廓线，包括被遮挡或透明材料后的轮廓；②螺纹底线，显示螺纹的起始与终止；③钣金件的折边线，指示折叠方向；④服装衣片的明缝线，标示缝制位置。

(5) 点画线：①对称中心线和回转体的中心轴线、半剖分界线，强调对称性；②可动零部件的外轨迹线，显示运动路径；③同一圆周上各分布孔的圆周线，指示分布规律。

(6) 粗点画线：①有特殊要求的线或表面的表示线，强调特殊处理；②陶瓷制品设计图及服装衣片图中的对称中心线，突出对称结构。

(7) 双点画线：①假想轮廓线，描绘未实际存在的结构；②极限位置的轮廓线，指示运动或变形的极限；③成型前和剖视前的轮廓线，对比加工前后的形态。

(8) 折断线：①断裂处边界线，标示物体的断开部分；②阶梯剖视图的轮廓线，以简化视图。

(9) 波浪线：①局部剖视图分界线，区分剖视与非剖视部分；②表示断裂处的边界线，与折断线类似但形态不同；③回转体的断面线，标示回转体的截面。

2. 线形绘制的注意事项

(1) 在同一图样中，相同线型的图线宽度应当保持一致，以确保图样的清晰度和规范性。

(2) 虚线、点画线及双点画线的线段长度和间距应各自保持大致相等，这样做有助于提升图样的可读性和美观性。

(3) 点画线、双点画线的首末两端应当是完整的线段。需要注意的是，点画线、双点画线的“点”实际上并非真正的点，而是一个长度约为1mm的短画线，这一细节处理有助于图线的准确表达。

(4) 当绘制圆的中心线时，应确保圆心为线段的交点，以准确标示出圆心的位置。

(5) 在面对较小的图形时，如果绘制点画线或双点画线存在困难，可以采用细实线作为替代，以保证图样的清晰度和可读性不受影响。

(6) 在绘制图线时，应保持图线颜色深浅程度的一致性，避免粗线颜色过深而细线颜色过浅的情况，以确保图样的整体协调性和视觉效果。

2.5.2 绘制图线在产品设计制图中的应用

下面以操控台摇杆的产品设计图样为例，具体说明各类线形在产品设计制图中的应用，如图2-6所示。

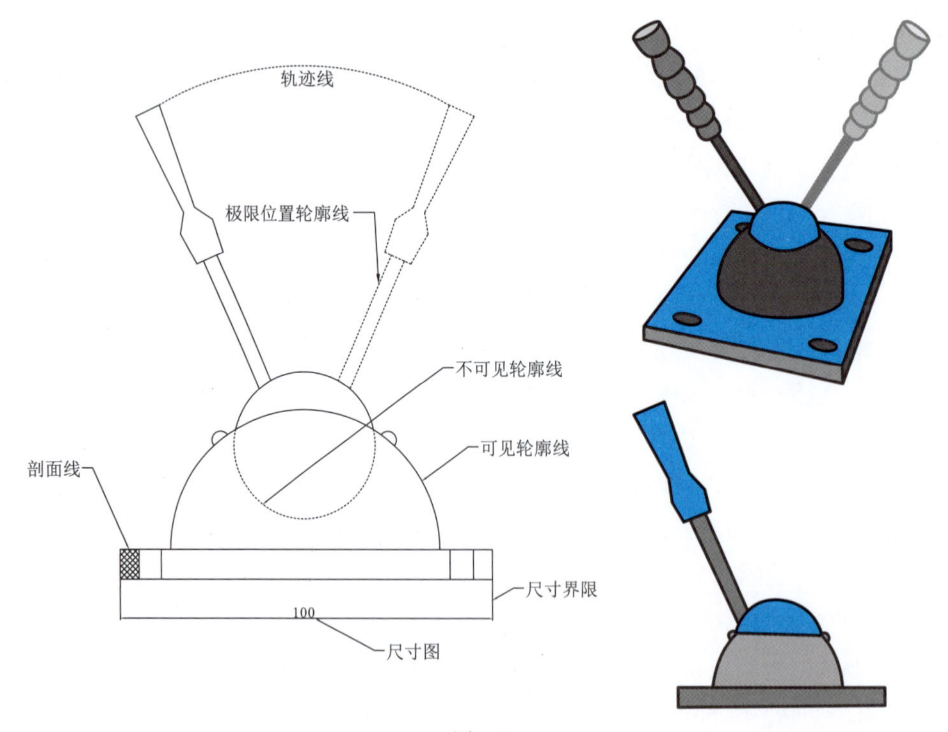

图2-6

2.6　尺寸标注

尺寸标注是产品设计制图的核心要素，直接指导后续的生产加工和产品装配，因此其过程必须严格遵循国家标准的各项规定。制图图样的标注应确保正确性、完整性、清晰度和合理性，以满足设计与制造的高标准要求。

2.6.1　尺寸标注的基本原则

尺寸标注是产品设计制图中不可或缺的一环，其准确性和规范性对于产品的制造和装配至关重要。以下是进行尺寸标注时应遵循的基本原则：

(1) 数字单位一般为毫米，不必注明；若采用其他尺寸单位，则需明确标注。

(2) 图纸上标示的尺寸数字直接反映实物的实际尺寸，与绘图时所选用的比例尺和绘图精度无关。

(3) 为避免重复和混淆，每一尺寸在图形中仅需标注一次，且应选择在结构特征最清晰的位置进行标注。

2.6.2　尺寸的组成

完整的尺寸标注由尺寸界线、尺寸线、尺寸线终端(即尺寸起止点) 和数字四个基本要素构成，它们被统称为尺寸标注四要素。其具体使用规则如下。

1. 尺寸界线

尺寸界线用于明确标注尺寸的起始和终止位置，采用细实线绘制。它通常从图形的轮廓线、轴线或对称中心线引出，也可直接利用这些线作为尺寸界线。尺寸界线一般需与尺寸线保持垂直，特殊情况下可成适当角度，且应超出尺寸线约2mm。

2. 尺寸线

尺寸线表示尺寸的具体范围，同样以细实线绘制，不可替代且不得与其他图线重合或延伸。标注线性尺寸时，尺寸线需与被标注线段平行。多个平行尺寸线应按从小到大的顺序排列，小尺寸在内，大尺寸在外，间距均匀且大于5mm，以便于标注尺寸数字和符号。

3. 尺寸线终端

尺寸线终端用于标识尺寸的起点和终点，它有两种形式：箭头和细斜线。机械图样中常用箭头形式，箭头尖端需与尺寸界线紧密接触，既不超出也不分离。当尺寸线过短无法绘制箭头时，可将箭头置于尺寸线外侧。连续标注小尺寸时，可用圆点替代箭头。

4. 尺寸数字

尺寸数字代表所标注的具体数值。线性尺寸的数字通常位于尺寸线的上方、左方或中段处，空间不足时可引出标注。尺寸数字应避免被任何图线穿越，必要时需断开图线。在同一张图纸上，基本尺寸的字高应保持一致，通常采用3.5号字，不应随数值大小而变化。

2.6.3 常用的尺寸标注法

1. 长度尺寸的标注

在产品设计制图中，长度尺寸的准确标注是确保产品制造精度和装配一致性的关键。无论是常规尺寸还是特殊条件下的尺寸标注，都需要遵循一定的规则和方法。以下是对长度尺寸标注的详细说明：

(1) 对于一般长度尺寸的标注方法，下面以钣金产品的线性长度标注为例进行说明，如图2-7所示。

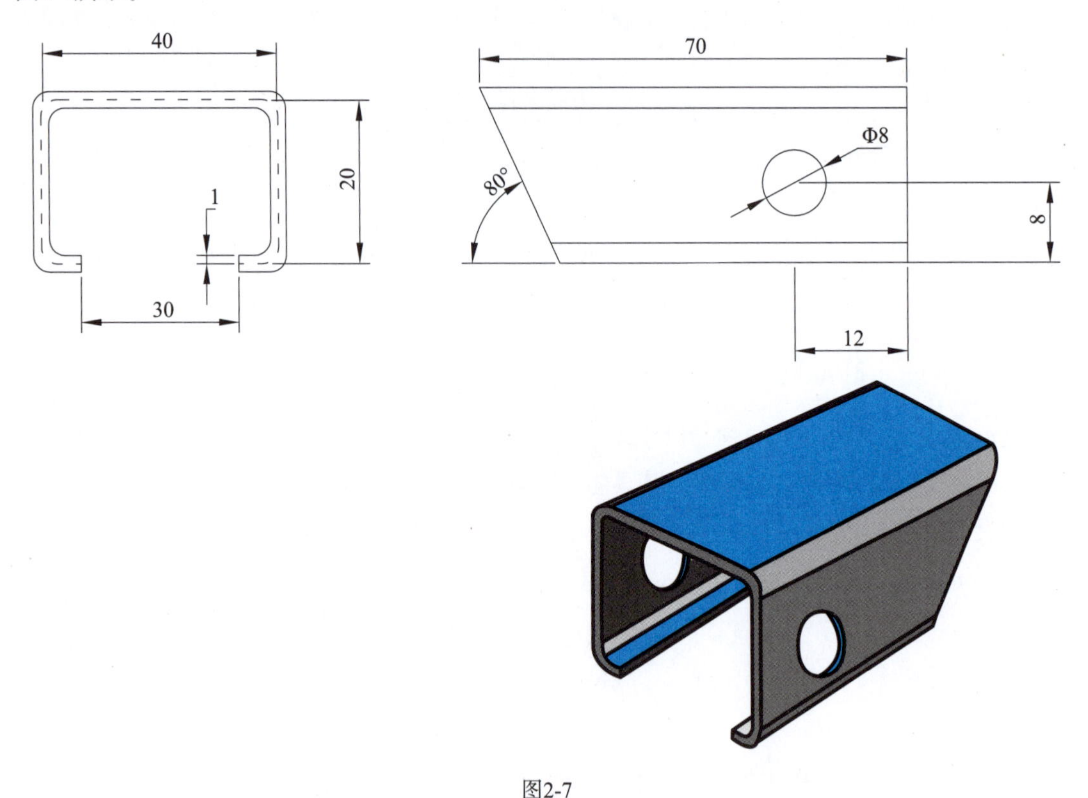

图2-7

(2) 在处理特殊的线性尺寸时，如倾斜尺寸的标注，通常应避免在30° 的范围内进行，防止视觉上的混淆，如图2-8(a)所示。若确有必要在此范围内标注，可采用图2-8(b)中的特殊方式。另外，当图纸空间有限，不足以绘制箭头和标注数字时，可按照图2-9所示的方法进行简化标注。

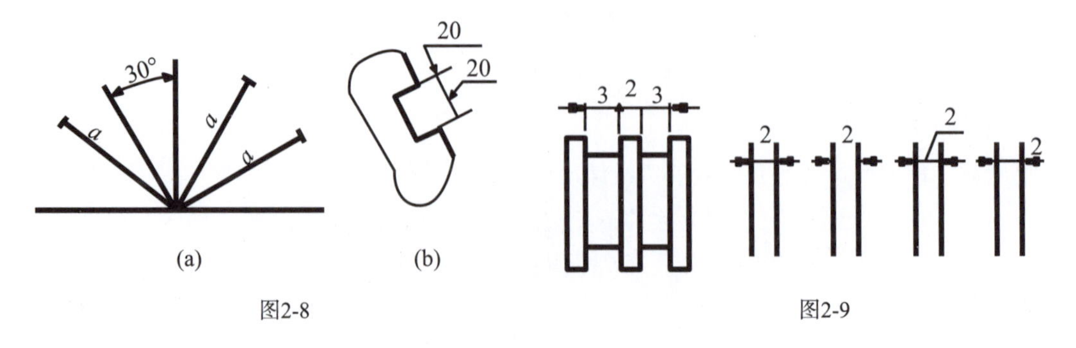

(a) (b)

图2-8

图2-9

2. 圆和圆弧的尺寸标注

标注圆和圆弧的尺寸时，通常可以将轮廓线直接作为尺寸界限，且尺寸线或其延长线需通过圆心，具体如图2-10所示。

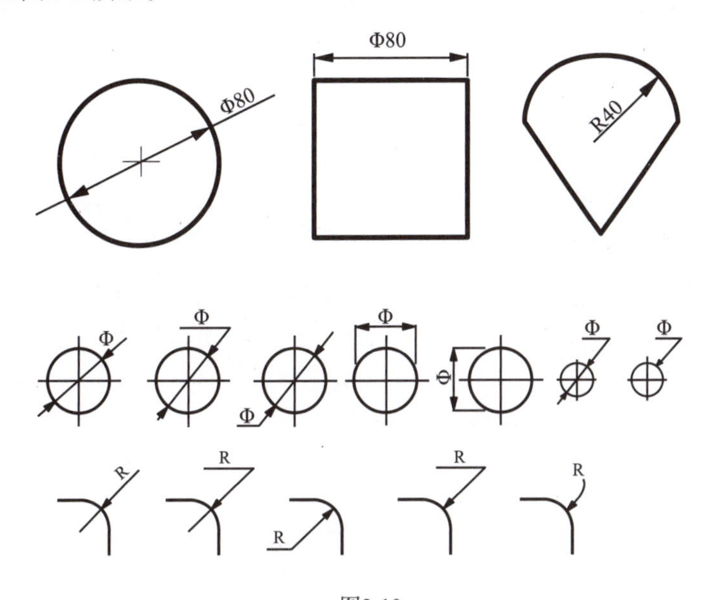

图2-10

以下是对圆和圆弧的尺寸标注的详细说明：

(1) 对于圆的直径和半径的尺寸线终端，应绘制箭头以明确指示。

(2) 圆和大于半圆的圆弧应标注直径符号Φ，而半圆弧和小于半圆的圆弧则标注半径符号R。在标注时，尺寸线应与圆或圆弧的中心线保持一定的倾斜角度，以提高可读性。

(3) 当对小圆或小圆弧进行尺寸标注时，若空间有限无法容纳尺寸数字，可将尺寸数字写在尺寸界限的外侧或采用引出标注的方式。

3. 球面尺寸的标注

标注球面尺寸时，若球面大于半球，则应标注直径尺寸；若小于半球，则应标注半径尺寸。标注时，在尺寸数字前必须明确加注“SΦ”表示球面直径，或“SR”表示球面半径，也可以根据习惯加注“球Φ”或“球R”字样来指明是球面的尺寸标注，具体示例如图2-11所示。

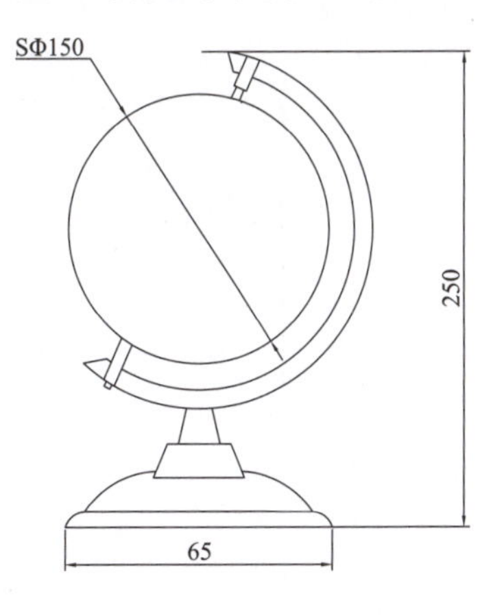

图2-11

4. 方和倒角的标注

方和倒角的标注方式，如图2-12所示。

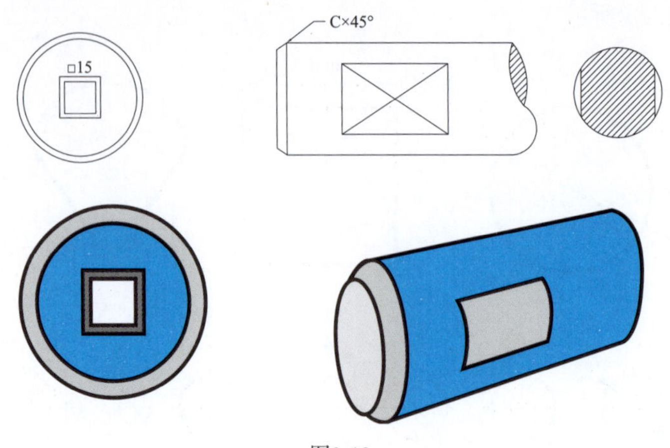

图2-12

(1) 对于物体中的方柱和方孔，标注方式应简洁明了。可以直接在轮廓线上标注出方形的尺寸，如“□10”表示边长为10的方形，或者“15 × 15”表示边长为15的正方形。这样的标注方式直观易懂，有助于快速识别和理解零件的形状和尺寸。

(2) 倒角的标注同样重要，它关乎零件的边缘处理和装配精度。在倒角标注中，字母C代表倒角的高度，而紧随其后的数字则表示倒角的角度。常用的倒角角度有30°、45°和60°，这些角度在绘图、测量和加工中均十分方便，因此除非有特殊需求，否则应尽量避免使用其他角度。图中矩形轮廓线内的对角线，作为一种图形语言，清晰地表示了方形平面的存在。

5. 相同尺寸的标注

在图纸标注中，对于多个相同尺寸的标注，有一套简洁而高效的表述方式，旨在减少冗余信息，提升图纸的沟通效率。以下是对相同尺寸标注的说明。

(1) 对于相同尺寸和直线定位尺寸的标注，应遵循简洁明了的原则。当多个元素具有相同的尺寸且沿直线排列时，只需标注其中一个元素的尺寸，并在尺寸数字旁注明该尺寸所涵盖的元素数量，如图2-13所示。这样做既节省了空间，又避免了重复标注带来的视觉混乱。

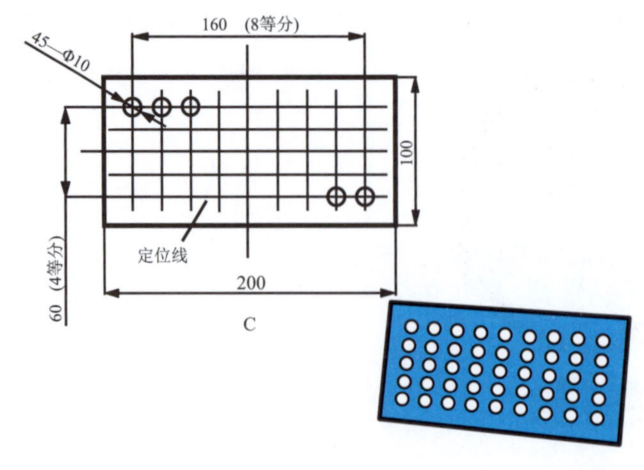

图2-13

(2) 当涉及相同尺寸和圆周定位尺寸的标注时，同样应追求高效与清晰。在标注圆周上的多个相同直径的孔时，可采用点画线来标示圆周线和定位线，然后在任意一个孔上标注直径尺寸，并在尺寸数字前加注孔的个数。若这些孔在同一个圆周上均匀分布，则只需在直径数值后简单加注“均布”二字，即可清晰传达这一信息，如图2-14所示。

图2-14

2.6.4 尺寸标注专业术语

尺寸标注，作为图纸的语言，通过精确的专业术语，将设计师的意图准确无误地传达给制造者。无论是描述产品的整体轮廓，还是不同视图间的尺寸关联，或是对称结构中的尺寸一致性，每一个术语都承载着不可或缺的信息，共同构成了图纸的严谨与精确。

尺寸标注常用的专业术语，如图2-15所示。

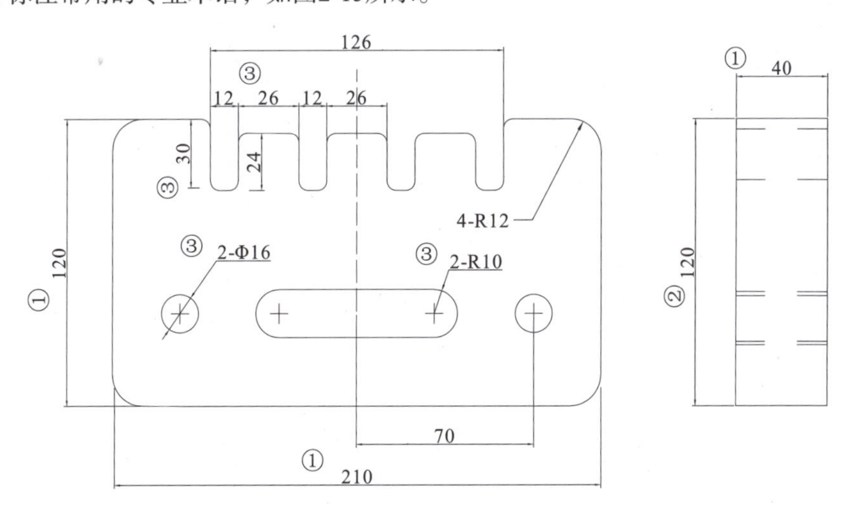

注：① 满外尺寸　② 重复尺寸　③ 对称尺寸

注：形状尺寸和位置尺寸均要完整标注。

图2-15

① 满外尺寸，这一术语特指产品的最外围轮廓尺寸，它勾勒出产品的整体边界，是评估产品大小和空间占用情况的重要依据。

② 重复尺寸，是指在图纸的不同视图中，对于同一物体或结构的相同维度进行的多次标注。这种标注方式有助于在不同视角下验证尺寸的准确性，确保制造过程中的一致性。

③ 对称尺寸，是指在视图中，通过对称线两侧形状完全相同的部分所标注的尺寸。这种标注方式不仅简化了图纸信息，还强调了结构的对称性，有助于提升产品的美观性和功能性。

这些专业术语的应用，不仅体现了尺寸标注的严谨性，也确保了设计与制造之间的无缝对接。

2.6.5 常见的错误标注示例

图纸标注是设计与制造之间的桥梁，其准确性直接关系到产品的最终质量和功能。然而，在实际操作中，一些常见的标注错误往往会破坏这份精确性，给制造过程带来不必要的困扰。以下是一些典型的错误标注示例。

(1) 标注圆形的尺寸线时，一个常见的错误是将其与通过圆心的水平线或垂直线重合，如图2-16所示。这种做法不仅使标注显得混乱，还可能误导制造者，导致加工尺寸不准确。正确的做法是将尺寸线放置在一个既清晰又不与圆心线重合的位置，以确保标注的准确性和可读性。

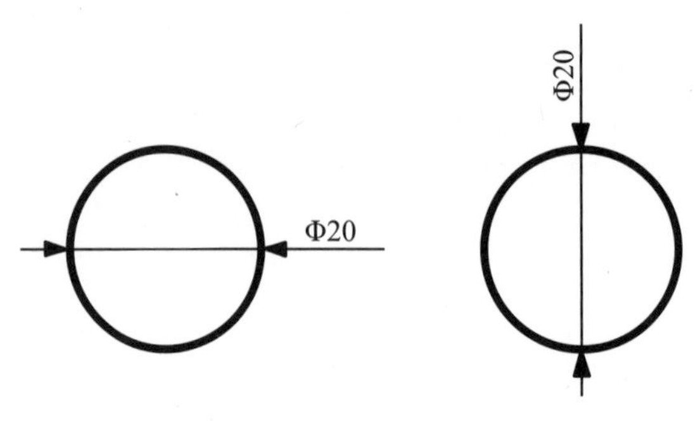

图2-16

(2) 在标注整圆时使用R(半径) 以外的符号，或者在标注小于半圆的弧时使用Φ(直径) ，如图2-17所示。这种混淆可能导致制造者对尺寸的理解产生偏差，进而影响产品的加工精度。正确的做法是，整圆应使用R标注半径，而小于半圆的弧则应使用其他合适的标注方式，如直接标注弧长或角度等。

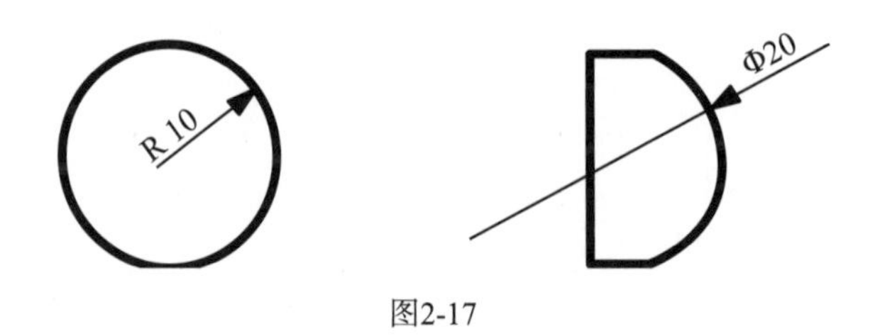

图2-17

2.7　生活用品钟表设计制图

本节通过绘制日常生活中的实用物品——钟表，巧妙地复习并实践本章所学习的制图规范，如图2-18所示。钟表的设计制图不仅是对设计者艺术创造力的一次挑战，更是对尺寸标注精确性、视图配置合理性等制图核心原则的严格检验。在这一过程中，我们通过将理论知识应用于钟表的绘制实践，不仅有效地巩固了制图规范的相关知识，而且显著提升了解决实际设计难题的能力。

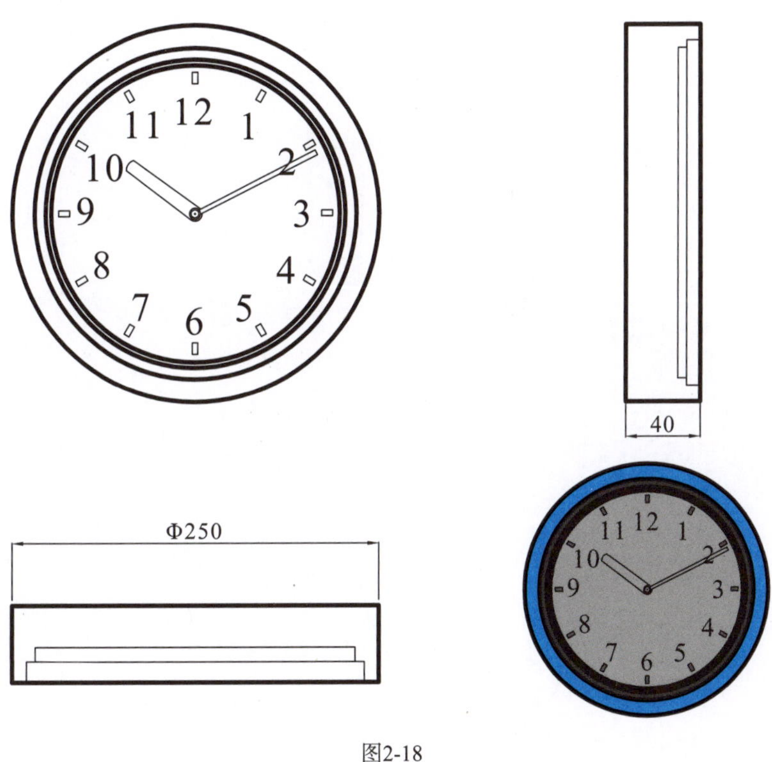

图2-18

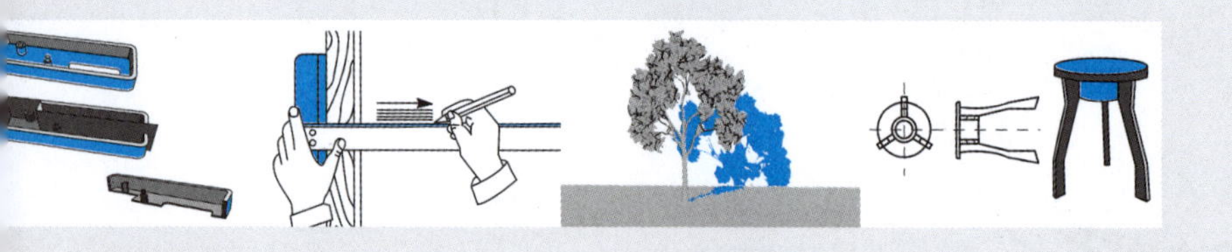

第3章

投影理论

主要内容：本章介绍了投影法的基本知识、正投影法的特点、常用的投影图，以及三视图的投影规律和绘制方法。

教学目标：掌握投影法的基本知识，熟练掌握三视图的绘制方法。

学习要点：理解与掌握投影法的基本知识和正投影法的特点，熟练应用常用投影图，学习与应用三视图的投影规律和绘制方法。

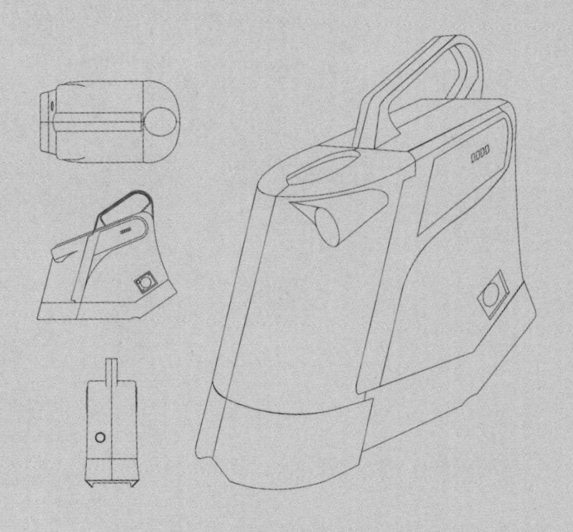

Product Design

投影是日常生活中一种常见的自然现象，诸如成语中的“立竿见影”“杯弓蛇影”和“如影随形”等，都生动描绘了光照射物体后产生投影的情景。投影理论构成了产品设计制图的基础，同时是我们识别图样和绘制图样的重要依据。下面我们就来一起深入了解投影的基本理论，并探索常见的投影图类型。

3.1 投影法的基本概念

产品设计制图是基于投影原理精心绘制的，故而掌握投影法的基础知识是理解产品设计制图的核心所在。设计师唯有深入学习和理解投影线的原理，才能准确识别和绘制出产品制图的图样。

3.1.1 投影法的概念

投影，就是将物体的影像投射到墙面或地面上。在我们的日常生活中，影子无处不在，它呈现出特定的形状，这是光源照射物体所产生的结果。光源种类繁多，包括自然光源如太阳光，以及人工光源如灯光等。无论是太阳光还是灯光照射在物体上形成的影子，其本质都是光线与物体相互作用产生的反射、折射等物理现象。为了更系统地理解这些现象，我们可以将其归纳并抽象化，将这些物理现象简化为由特定类型光源所引发的一种形成影子的特性。结合这种特性和不同种类的光源，我们就得出了投影的概念，如图3-1所示。

图3-1

投影与影子之间存在明显区别：影子主要反映物体边缘的轮廓，而投影则能全面展现形体上所有的轮廓线。

投影的产生依赖于三个基本要素：首先是形体，即被投影的实际物体；其次是投射线，这些线可以是中心投影线，也可以是平行投影线；最后是投影面，也就是投射线穿透形体后所投射到的平面。

3.1.2　投影法的种类

投影法是一种通过对形体进行投影，在投影面上生成图像的技术方法。

在实际生活中观察物体的投影，我们会发现，在不同的条件下，投影的形状会因映照条件的不同而有所变化。即使是对同一物体进行投影，由于光线形式或投射方向的不同，所得到的投影也会有所差异。此外，投影面也是一个不可忽视的因素，例如，投影面是平面还是曲面，也会影响到投影的结果。因此，制定投影工程技术的标准化规范显得尤为重要。通常，我们规定投影面必须是一个统一的平面，并根据光源的形式、投射方向，或者投射中心与投影面的距离远近，将投影分为中心投影和平行投影两大类。

1. 中心投影

中心投影法采用点放射光源，投射线呈放射状分布。在投影面上得到的图形准确、真实，具有较强的立体感，更符合人类的视觉感受，如图3-2所示。摄影和放映电影等场合常采用这种投影方法，通常被称为透视投影法。需要注意的是，中心投影并不能直接反映物体的实际大小，因此在产品设计中，它并不作为制图方法使用，但可以作为制作透视图的一种手段。

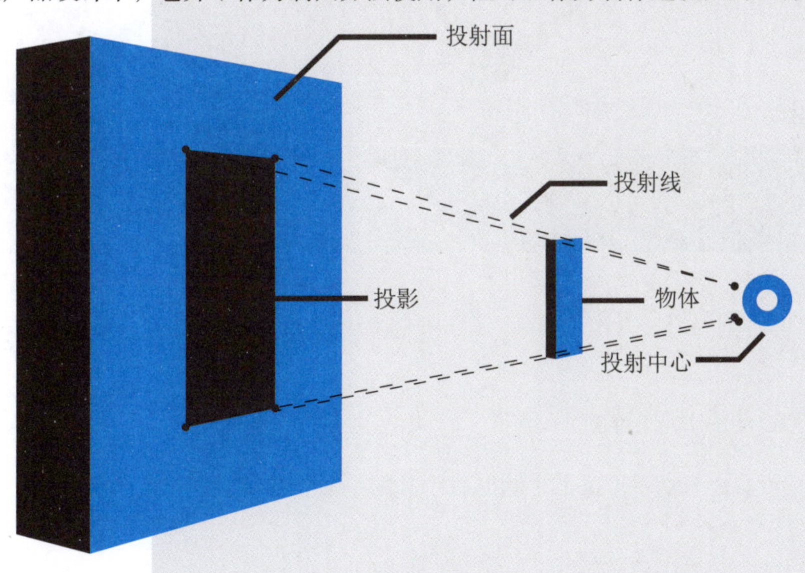

图3-2

当投射中心位于距离投影面有限的位置时，它会发出投射线照射到物体上，进而在投影面上形成投影。当物体的位置发生变化时，具体表现为：如果形体距离投射中心越近，同时相对远离投影面，那么它在投影面上产生的投影形状会变大；反之，如果物体距离投射中心越远，同时相对靠近投影面，那么它在投影面上产生的投影形状则会变小。

中心投影的特点是，投射中心、物体，以及投影面三者之间的相对距离会直接影响投影的大小，因此在度量方面存在一定的不准确性。

2. 平行投影

当光源被移至无穷远处时，所有投射线将变得相互平行(如同太阳光线)，此时产生的投影被称为平行投影。平行投影根据投影线与投影面之间角度关系的不同，可以进一步细分为斜投影和正投影两种类型。

(1) 斜投影：在这种情况下，尽管投影线仍然保持相互平行，但投影方向与投影面之间存在一定的倾斜角度，由此形成的投影图被称为斜投影图，如图3-3(a)所示。在产品制图中，一般不采用斜投影图进行绘制。

(2) 正投影：当相互平行的投影线，其投影方向与投影面垂直时，物体在投影面上所形成的投影被称为正投影，如图3-3(b)所示。在产品制图中，通常会采用正投影图进行绘制。

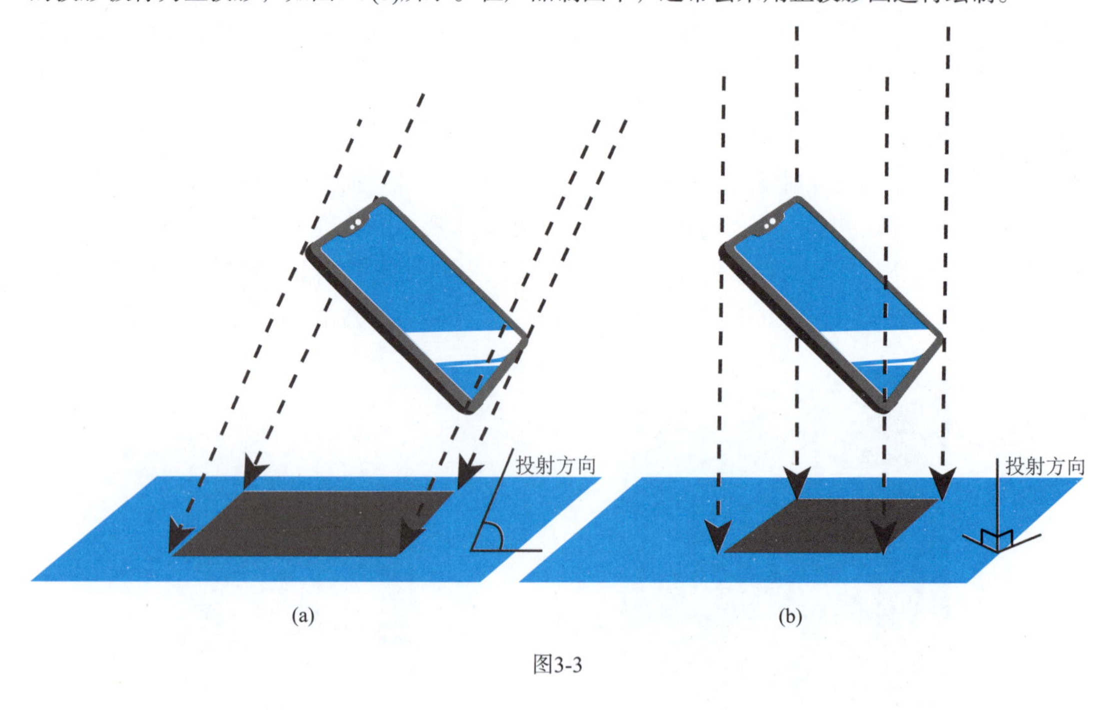

图3-3

3.1.3 正投影法的特点

当采用正投影法来展示产品的形状时，产品的平面和线条会在投影面上呈现出一些显著且独特的特性。

1.平行不变

在正投影法中，如果产品上存在两条平行线，那么这两条平行线在投影面上的投影也将保持相互平行的状态。这意味着，无论这些线条在三维空间中如何分布，只要它们是平行的，在投影面上它们的投影也将呈现出平行的特性，如图3-4所示。这一特性使得设计师能够准确地在二维图纸上表达三维物体的平行关系。

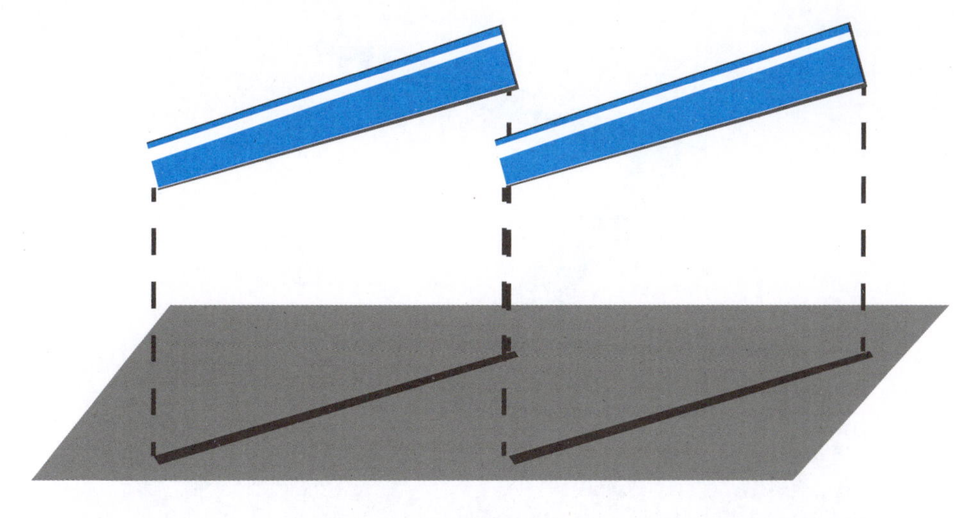

图3-4

2. 比例不变

在正投影法中，产品上的任意一条直线上的任意几个点，它们之间的相对位置关系(即相互比值) 在投影面上都将保持不变。换句话说，这些点在三维空间中的相对距离与它们在投影面上的投影长度的相互比值是一致的。这一特性确保了图纸上的尺寸与实际物体的尺寸之间具有准确的对应关系，如图3-5所示。因此，设计师可以利用正投影法来精确地绘制和测量产品的尺寸。

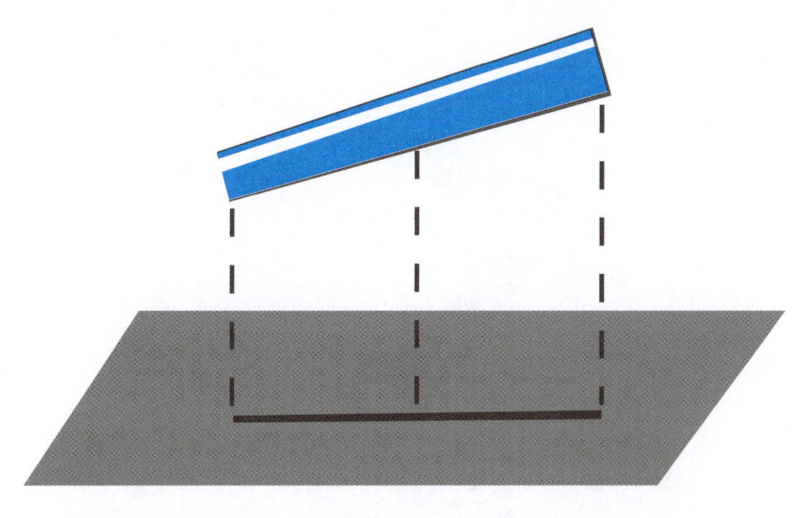

图3-5

3. 形状不变

当产品的某个平面或线形与投影面平行时，该平面或线形在投影面上的投影将准确反映其实际的形状和尺寸，如图3-6所示。这一特性使得正投影法在表达物体的平面特征时具有高度的真实性和准确性。

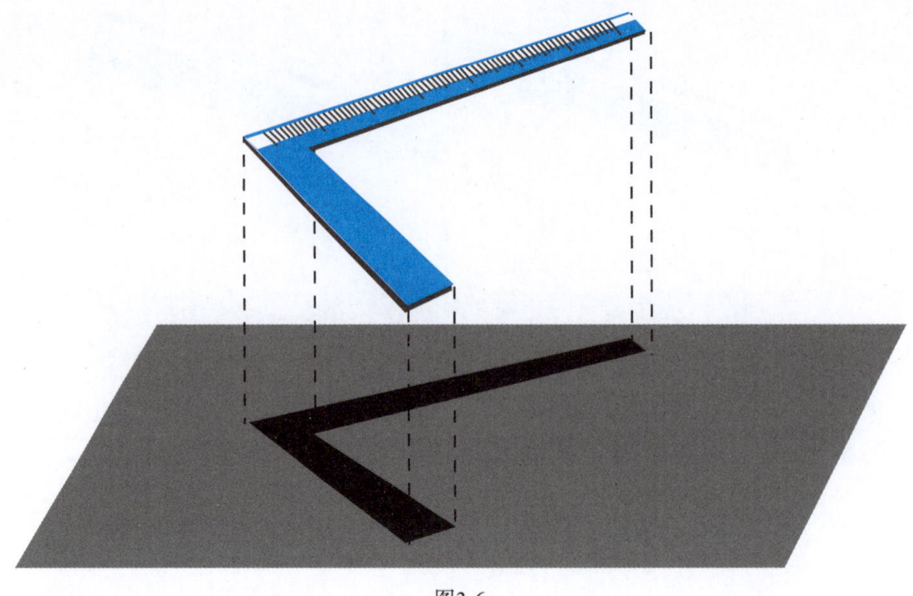

图3-6

4. 形状相似

若产品的平面或线形与投影面存在一定的倾斜角度，则这些平面或线形在投影面上的投影将呈现出与它们相似的形状，但尺寸上会有所缩小。特别是线段，其投影的长度会比实际长度短，反映出一种相似性而非完全的真实性，如图3-7所示。这一特性提示设计师在解读图纸时需要考虑倾斜角度对投影尺寸的影响。

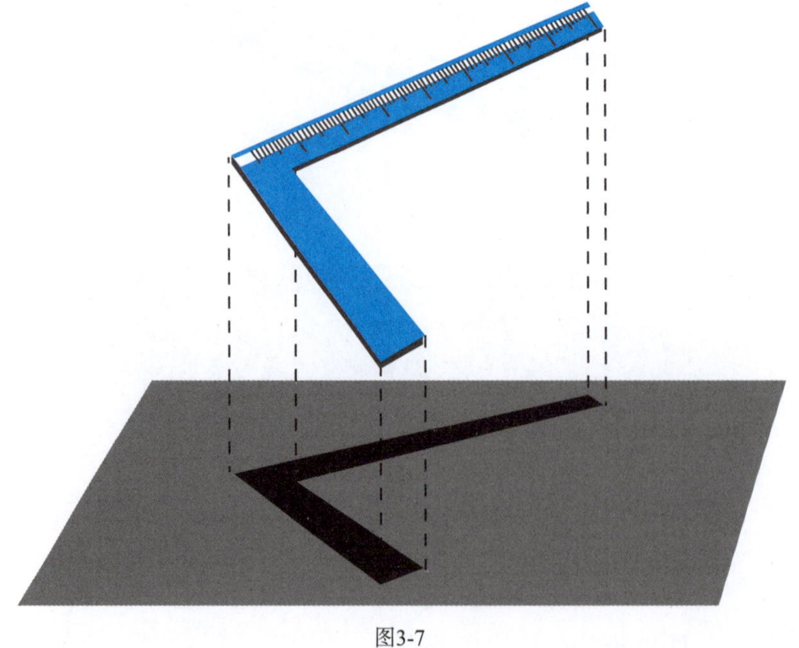

图3-7

5. 汇聚点线

当产品的某个平面或线形垂直于投影面时，该平面或线形在投影面上的投影将不再呈现出其原有的二维形状，而是汇聚成一个点或一条直线。具体而言，平面将汇聚为一点，而线形则汇聚为通过该点的直线，如图3-8所示。这一特性是正投影法在处理垂直于投影面的元素时的一种独特表现，要求设计师在绘图和解读时具备对这种汇聚效应的理解。

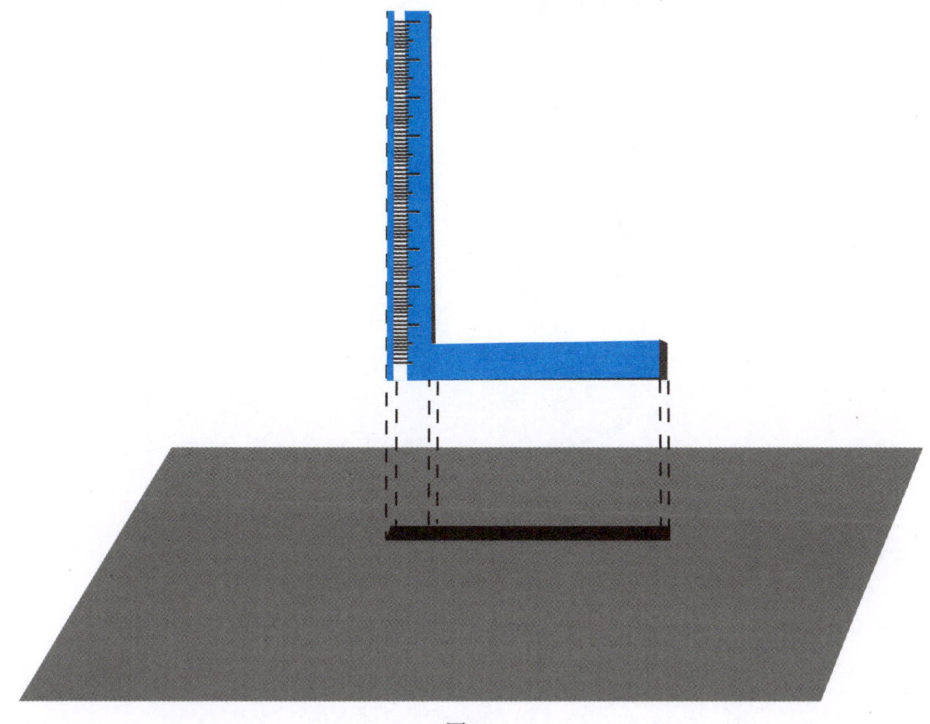

图3-8

3.2　常用的投影图

绘制实物图形需要以投影法作为理论指导，而在实际设计中，更需根据具体情况灵活运用不同的投影法来绘制投影图。常见的投影图类型包括正投影图、轴测投影图、透视投影图和标高投影图等。以下将分别介绍这四种投影图的示例及其制图方法。

3.2.1　正投影图

正投影图因其绘图简便、度量性好而得到广泛应用，成为产品设计中最主要的制图方法，如图3-9所示。然而，正投影图在表现立体感方面存在不足，它无法直观展示物体的三维形态。

正投影图因其便于识图、作图，以及量取数值，能够直观地反映产品的实际形状，而受到广泛应用。然而，仅凭单一的正投影视图是无法完全确定产品的实际形状的。为了准确表达产品的形状，我们需要利用正投影法，即将产品投射到两个或两个以上相互垂直的投影平面上。这里，这些平面被称为投影平面，而通过这种方法得到的投影图则被称为多视图正投影图。这样，结合多个视图，我们可以更全面地理解和表达产品的三维形态。

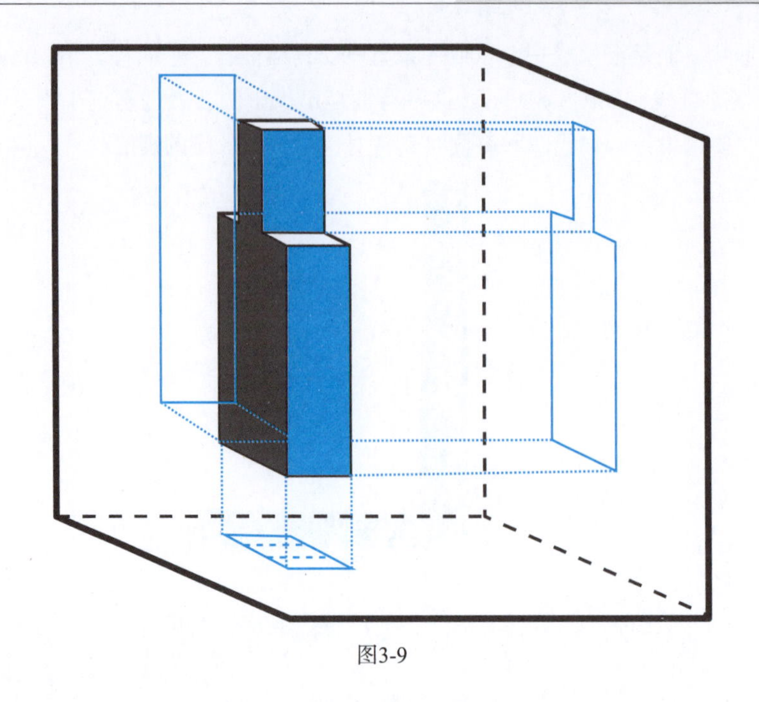

图3-9

3.2.2 轴测投影图

轴测投影图因其强烈的立体感和相对简便的制图过程而备受青睐，如图3-10所示。然而，它并不能全面反映整个形体的真实形状。在产品设计中，轴测投影图通常作为绘制辅助性图样的工具，用于帮助设计师和工程师更好地理解产品的三维形态。

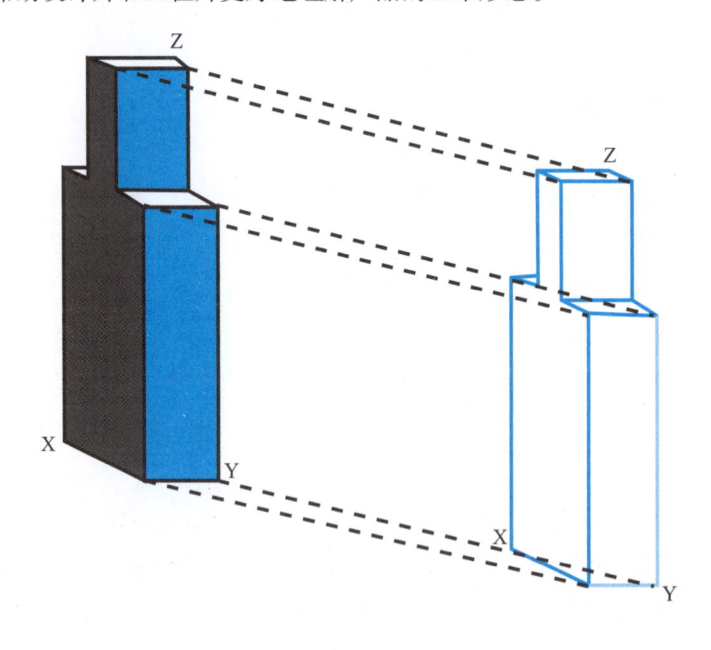

图3-10

轴测投影图以其直观易懂的特点，成为表现产品立体形状的有效方法之一。它是通过平行投影法，将产品连同其直角坐标系一同投射到一个平面上而得到的。这种方法利用平面图形来展示立体产品的形态，使得观察者能够在二维平面上感知到产品的三维特征。

3.2.3　透视投影图

参照中心投影法的原理，将物体投射在单一投影面上所得到的图形被称为透视图。透视图因其呈现的效果最接近人的视觉映像而著称，它具有极强的还原性和立体感，如图3-11所示。然而，绘制透视图的过程相对复杂，且透视图并不能准确反映形体的真实形状和大小。尽管如此，透视投影图因其独特的视觉表现力，在绘画、建筑设计及空间设计等领域得到了广泛的应用。

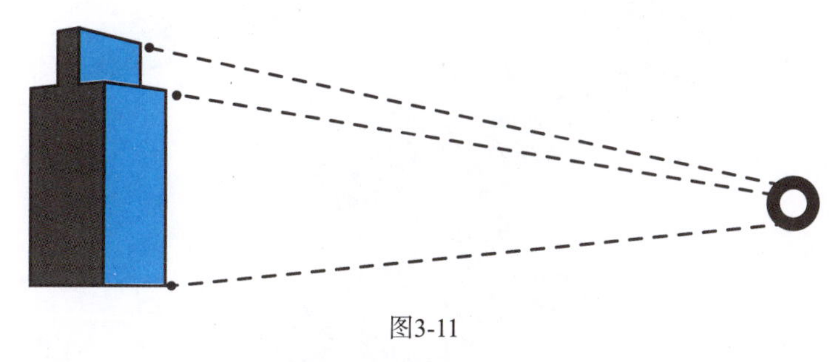

图3-11

3.2.4　标高投影图

参照正投影法的原理，当物体被投射到单个水平投影面上时，可以得到其相应的投影图。为了更直观地观察和表达地形特征，通常会在这样的投影图中添加一组等高线，并在等高线上标注相应的高度尺寸数值，如图3-12所示。这种结合了高度信息的投影图被称为标高投影图，它特别适用于表示地形、道路，以及土工建筑物等具有明显高度变化的对象。

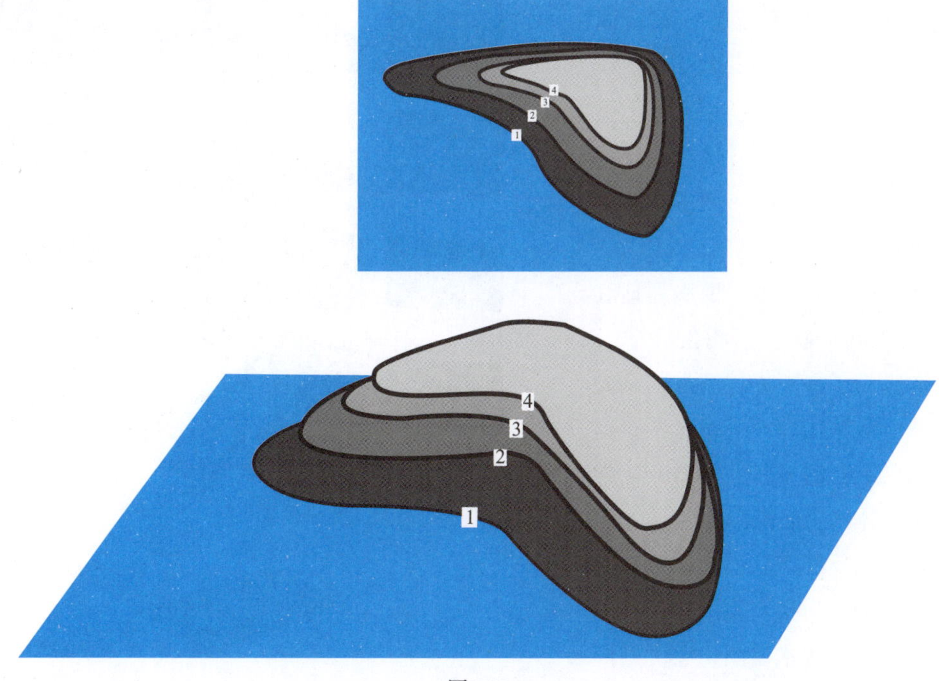

图3-12

在上述四种投影图中，产品设计专业在表达产品外观和结构时，最常使用的是正投影图、轴测投影图和透视投影图。设计人员必须熟练掌握这些投影法的原理、特性及其绘制方法。

其中，正投影图因其能够精确表达物体各个面的形状和尺度，同时制图和读图过程都相对简单易懂，而在产品设计中占据核心地位。它被广泛用于绘制产品的外形三视图和制件结构图，如图3-13所示。正投影图具有反映实长和实形的优点，且绘图简便，因此成为产品设计制图中的主要图样。在后续的讲解中，除非特别说明，否则所提及的投影均指正投影。

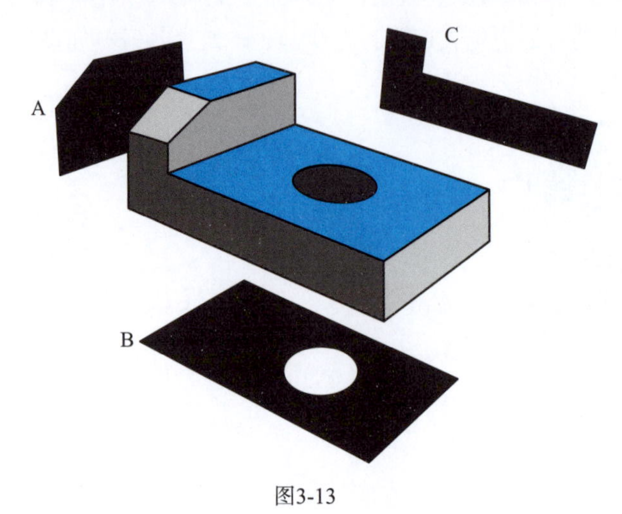

图3-13

3.3 三视图

通常，我们从单一特定的视角观察到的物体形体是不完整、不全面的。为了获得对物体形象的完整认识，需要从物体的前后、左右、上下各个角度进行全面观察。从这三个不同角度观察物体所得的多面图，被称为三视图。

在产品设计制图中，要确切地表达产品的空间形状，不能仅凭单一的投影图。为了清晰表达产品的真实空间形状，应采用多面正投影图。因此，表示产品空间形状的基本方法常常是采用物体的三面投影图。

能够准确反映产品长、宽、高尺寸的正投影图，包括主视图、俯视图和左视图这三个基本视图，它们共同构成了三视图，如图3-14所示。

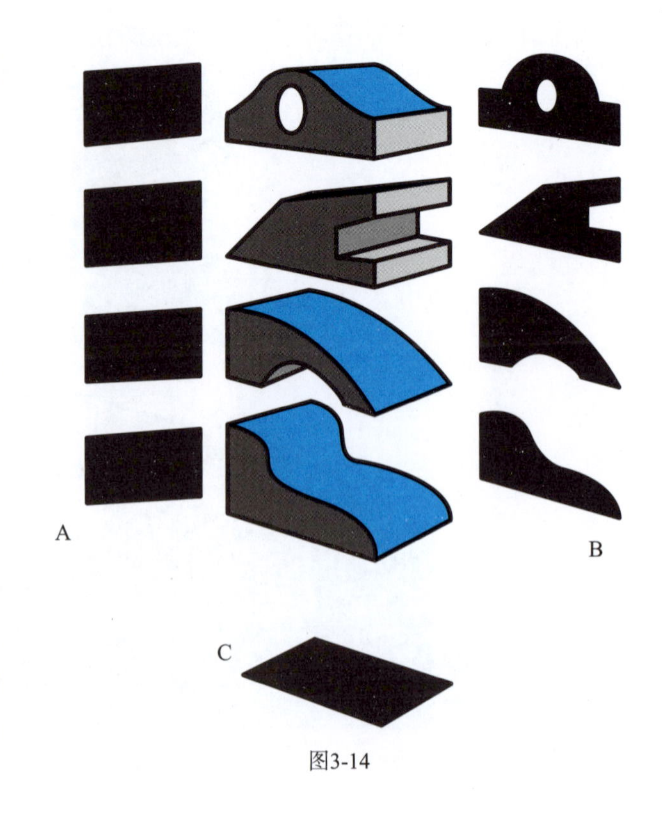

图3-14

3.3.1　三面投影体系的形成

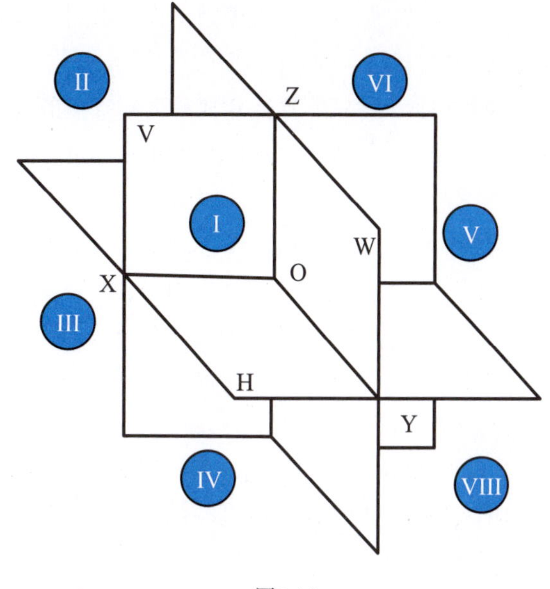

图3-15

以三个在空间中相互垂直的平面作为投影面，可以构建出一个三投影面体系，如图3-15所示。其中，正立且垂直放置的投影面被称为正投影面，用字母V表示；水平放置的投影面则被称为水平投影面，用H表示；而与V面和H面都垂直、侧立放置的投影面，称为侧立投影面，用W表示。

这三个投影面的交线会形成三根互相垂直的投影轴，它们分别用OX、OY、OZ表示。三投影面体系将整个空间划分为了八个分角，而根据国际标准规定，我们通常采用第一分角的投影图来展示图样。

3.3.2　三视图及投影规律

将产品置于三面投影体系的第一分角空间内，通过正投影法分别向V面、H面和W面进行投影，我们可以得到产品的正面投影图、水平投影图和侧面投影图，具体如图3-16所示。

为了简化平面绘图过程，我们按照规定的步骤将三投影面展开：首先保持正投影面V面不动，接着让水平投影面H面绕OX轴向下旋转90°，使其与V面重合；然后让侧面投影面W面绕OZ轴向右后旋转90°，也使其与V面重合。经过这样的操作，得到产品的三面投影图的展开形式，如图3-17所示。

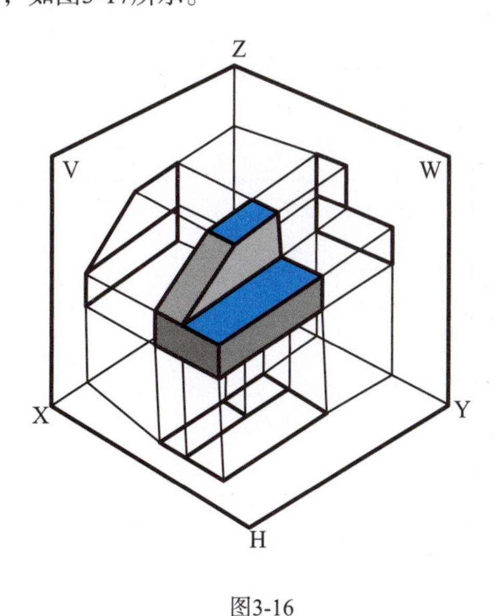

图3-16

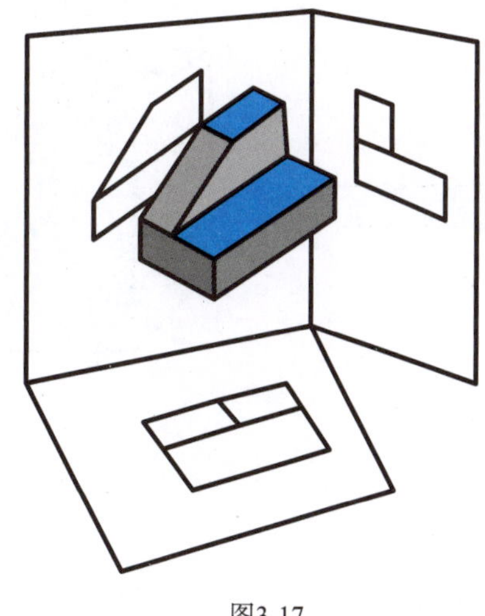
图3-17

根据国家标准的规定，采用正投影法所绘制出的产品图形被称为视图。具体来说，由产品的前方向后投影所得的视图称为主视图；由产品的上方向下投影所得的视图称为俯视图；由产品的左方向右投影所得的视图则称为左视图。因此，这三个方向(前、上、左) 上的三面投影图被统称为三视图，如图3-18所示。

主视图通常是表达产品主要外形和特征最为直观的视图；而第二视图，一般选择俯视图，用于补充展示产品的顶部和底部结构；第三视图，则通常是左视图，进一步揭示产品的侧面细节。

当我们将投影轴OX、OY、OZ的方向分别对应为产品的长、宽、高三个方向时，可以观察到以下规律：主视图清晰地反映了产品的长和高；俯视图则主要展示了产品的长和宽；左视图则聚焦于产品的宽和高。基于这些观察，我们可以总结出产品三视图的投影规律：主视图与俯视图在长度方向上是对正的；主视图与左视图在高度方向上保持平齐；而俯视图与左视图在宽度方向上则是相等的。这些规律共同构成了三视图的标准配置。

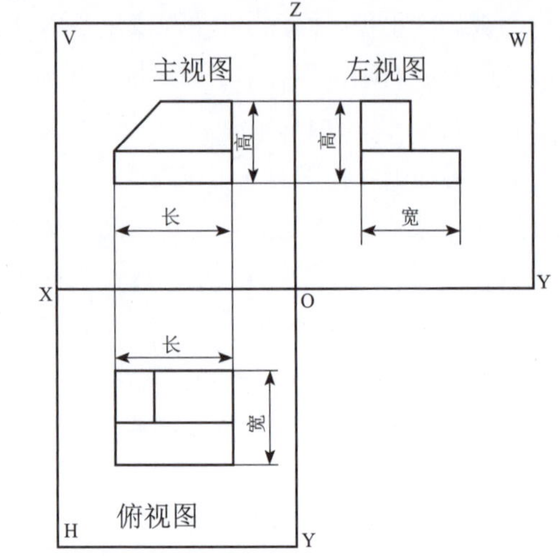

图3-18

3.3.3 三视图的画法

本书以包装盒图纸为实例，展示三视图的绘制方法，具体如图3-19所示。我们观察这个异形包装盒：从前方向后看，所得的视图即为主视图；从上方向下看，所得的视图为俯视图；从左方向右看，所得的视图则是左视图。

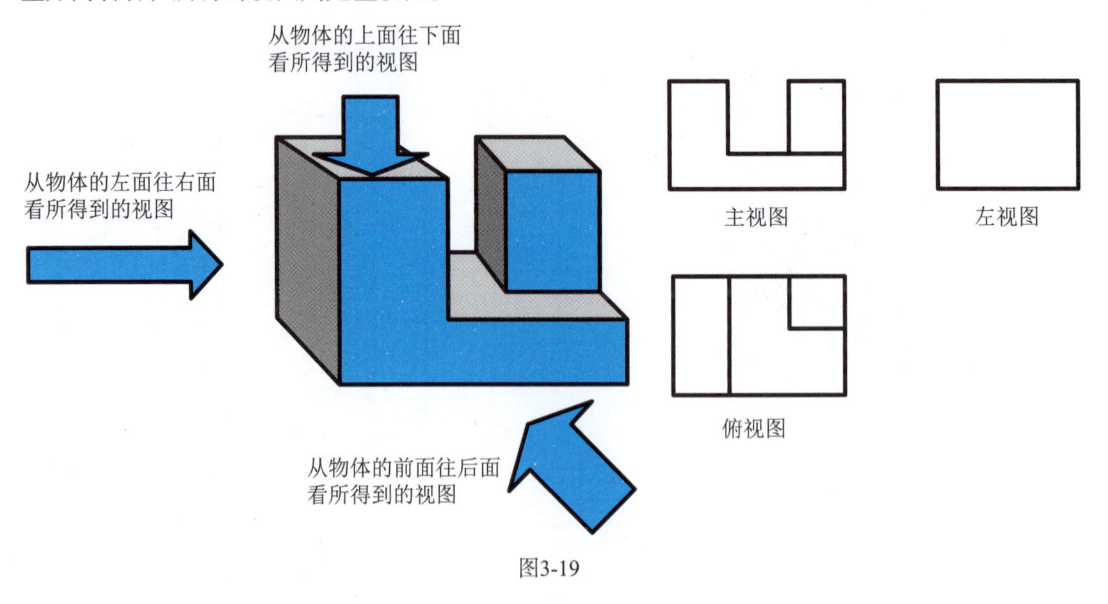

图3-19

第4章

立体的投影

主要内容：本章介绍基本体投影及其表面上的点的画法，以及立体表面交线的绘制方法。

教学目标：了解基本体投影及其表面上的点的画法，掌握立体表面交线的绘制方法。

学习要点：理解平面立体和曲面立体的投影理论知识，学习与掌握平面立体和曲面立体表面上点的投影，熟练运用立体表面的截交线和相贯线。

Product Design

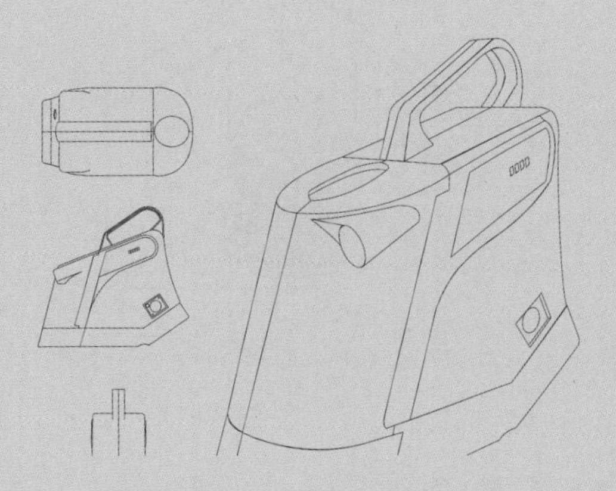

立体投影涉及两类主要对象：基本体和组合体。其中，基本体通常为几何形状的实体，涵盖了柱体、锥体、球体，以及圆环等多种形态。在本章节中，将深入研究这些基本体的投影，以及它们相交时所产生的交线的投影。

4.1 基本体的投影及其表面上的点

4.1.1 平面立体

平面立体是指那些所有表面均为平面图形的三维空间形体。在这些形体中，平面与平面的交线被称为棱线，而棱线与棱线的交点则被称为顶点。绘制平面立体的投影时，应关注其各个表面的投影，这也可以理解为绘制各表面交线及各顶点的投影。

在三投影面体系中确定平面立体的位置时，应使各表面尽可能多地处于特殊位置平面，以便在各投影面上得到的图形能够清晰地反映出各个面的特征。这样的布局不仅便于识图和绘图，还能有效减少绘图的工作量。

1. 棱柱

棱柱的特点在于其各个侧面均为平行四边形，且所有的侧棱都相互平行且长度相等。棱柱底面多边形的边数可以用来区分不同类型的棱柱，如三棱柱、四棱柱、五棱柱和六棱柱的底面分别对应三角形、四边形、五边形和六边形。

下面以六棱柱为例，详细介绍其投影及表面上点的绘制方法。

1) 棱柱的投影

正六棱柱的各个面分别向水平投影面(H)、正面投影面(V) 和侧面投影面(W) 进行投影，由此可以得到该六棱柱的三视图，具体如图4-1所示。

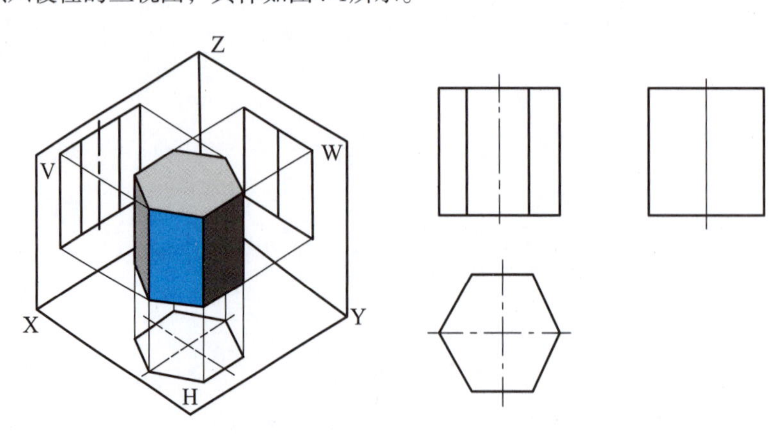

图4-1

六棱柱在空间三面投影中，展现出以下主要特点：

(1) 水平面投影。其顶面和底面均为平行于水平投影面的正六边形，这一投影能够真实地反映出六棱柱顶面和底面的实际形状。

(2) 正面投影。在正面投影中，六棱柱的前后侧面平行于正投影面，因此它们的正面投影能够反映出实际形状。而其他四个侧面则与正投影面存在一定的倾斜角度，尽管这些侧面的正面投影不能直接反映出它们的实际形状，但通过观察仍能够识别出它们的相似形状。

(3) 侧面投影。在侧面投影中，六棱柱的四个侧面(不包括前后侧面) 的投影呈现出类似的形状。

2) 棱柱的点

在棱柱表面上确定点的位置时，需要先依据点的投影位置及其可见性来判断该点位于棱柱的哪一个平面上。对位于特殊位置平面上的点，可以利用平面的积聚性特性来直接绘出其投影；而对位于一般位置平面上的点，则必须通过构建辅助线的方法来做出其投影。立体表面上点的投影的可见性，是由该点所在表面的投影的可见性来决定的。

已知正六棱柱表面上点A的正面投影和点B的水平投影，接下来需要求出它们各自在另外两个投影面上的投影，并判断这些投影的可见性，如图4-2所示。

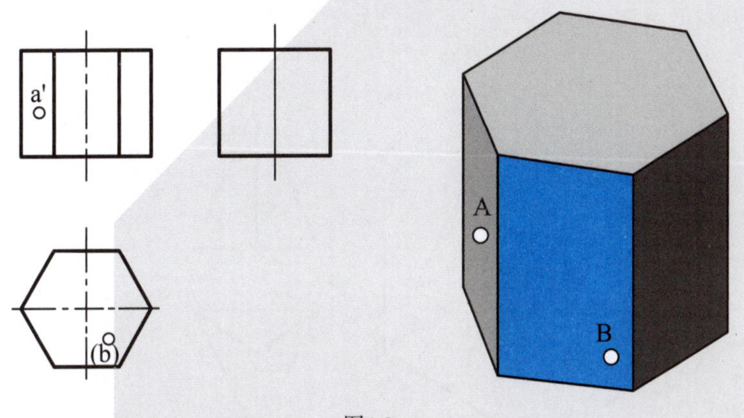

图4-2

由于a '可见，因此点A在正六棱柱的左前棱面上，该棱面为铅垂面，水平投影积聚，因此点A的水平投影a必在其积聚投影上，再根据a'和a，即可求出a"。由于点B的水平投影b不可见，因此点B在正六棱柱的底面上，该面的正面投影、侧面投影都积聚，因此点B的正面投影b'和侧面投影b"在底面的积聚投影上，如图4-3所示。

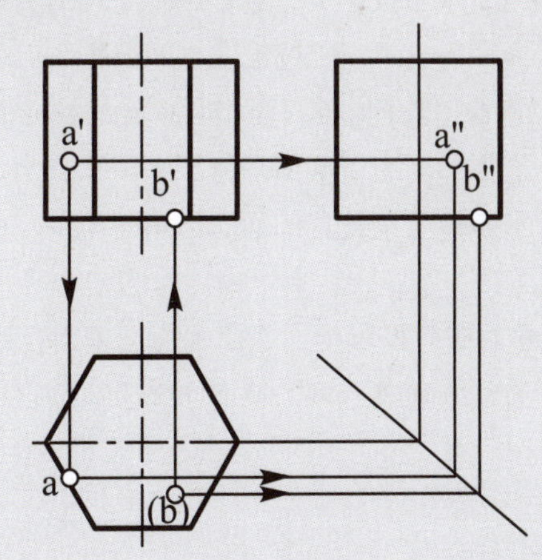

图4-3

2. 棱锥

棱锥，也被称为角锥，其表面由底面和锥面两部分组成。其中，多边形部分构成棱锥的底面；而底面以外的各个面，称为棱面；相邻棱面的公共边，则称为侧棱；所有这些侧棱都交会于一点，这一点被命名为顶点。棱锥底面多边形的边数可以用来区分不同的棱锥类型，如底面为三角形的棱锥被称为三棱锥，底面为四边形的棱锥则被称为四棱锥或方锥。下面以三棱锥为例，介绍其绘制方法。

棱锥的轴线是指从锥顶到底面多边形重心的连线，当这条轴线垂直于底面时，该棱锥称为直棱锥；而如果直棱锥的底面为正多边形，那么它就被称为正棱锥。相反，如果轴线不垂直于底面，那么该棱锥就被称为斜棱锥。

1) 棱锥的投影

正三棱锥的底面是平行于水平面的平面，面向正面投影面的两侧棱面角度对称放置，背面朝向正面投影面的棱面是侧垂面放置，如图4-4所示。

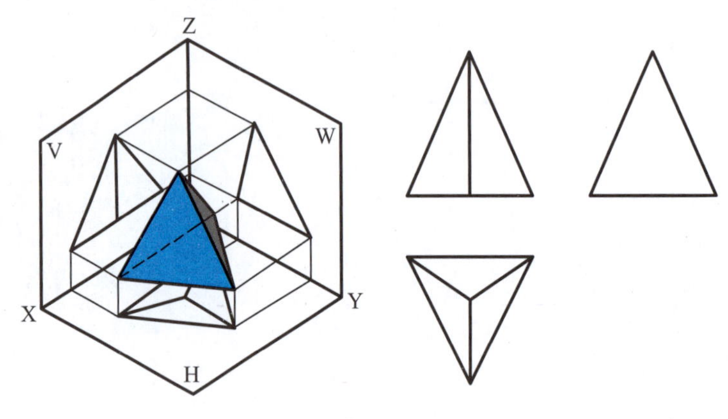

图4-4

正三棱锥的投影特点概述如下：

(1) 水平投影。当正三棱锥的底面与水平投影面平行时，其投影形状能够真实反映实际形态。而其余三个棱面，由于倾斜于水平投影面，其投影将呈现为类似形。从锥顶分别连接底面三个角的顶点，所得的三条线段即构成了正三棱锥在水平投影面上的投影图。

(2) 正面投影。正三棱锥的三个锥面均与两个相互垂直的投影面存在角度倾斜，因此在这两个垂直投影面上的投影均为类似形。由于底面平行于水平投影面，所以在正面投影面上，底面的投影将汇聚为一条直线。从锥顶分别连接底面三个角的顶点，所得的三条线段即构成了正三棱锥的正面投影图。

(3) 侧面投影。在正三棱锥的侧面投影中，底面和面向正面投影面的棱面均垂直于侧投影面，因此它们的投影将汇聚为直线。而其余两个棱面与侧投影面存在角度倾斜，其投影为类似形并重合在一起。

2) 棱锥的点

关于棱锥表面上的点，其作图方法与棱柱表面的点相同。在绘制棱面上的点时，需要充分利用棱锥的形状及其投影特点。

已知三棱锥表面上两点a和b的正面投影，要求出其水平投影和侧面投影，并判别其可见性。如图4-5所示。

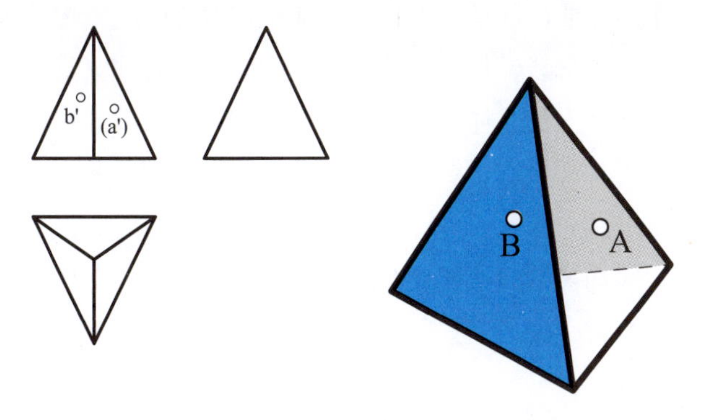

图4-5

由于点a'不可见，因此可以确定点a位于背面的棱面上，其左视图(侧面投影) 投影汇聚为直线。所以，可以先求出点A的侧面投影a"，再根据a'和a"求出其水平投影a。点b位于一般位置的棱面上，可以通过从顶点连线并作出该辅助线的俯视投影来求出b点，进而求得左视图(侧面投影)的投影b"。接下来，需要判断所求点的可见性。由于背面的棱面水平投影可见，侧面投影具有积聚性，所以点a和a"均可见。而位于一般位置的棱面的三面投影都可见，因此点b的三面投影也均可见，如图4-6所示。

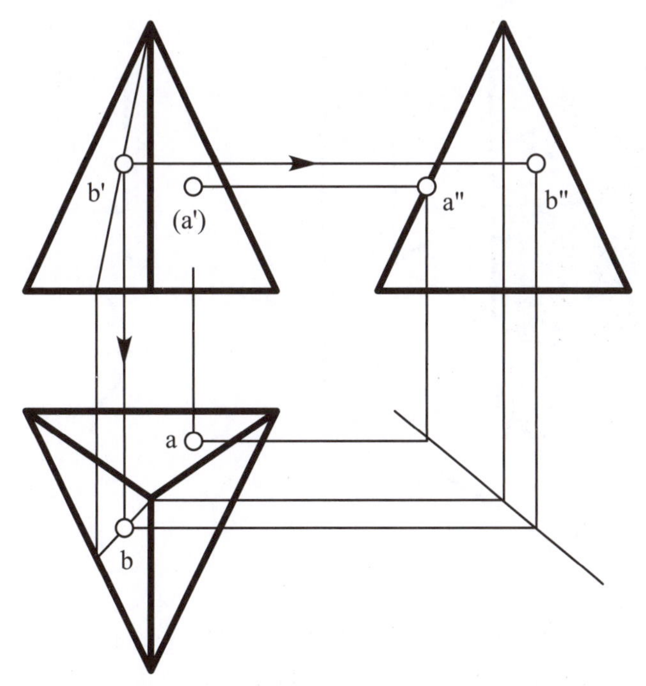

图4-6

从上述六棱柱和三棱锥的绘制分析可以清晰地看出，绘制平面立体表面上点的投影时，关键在于依据给定点的投影位置和可见性信息，准确判断该点所属的具体平面。一旦确定了这一点，就可以利用在该平面上找点的方法来进行求解。这一过程不仅要我们对立体几何有深入的理解，还需要熟练掌握投影原理和作图技巧。

4.1.2 曲面立体

曲面立体由曲面或平面与曲面的结合形成。曲面是动线(直线、圆弧等曲线) 在空间连续运动形成的轨迹，其中动线称为母线，母线在曲面上的位置称为素线。母线绕固定轴线旋转形成的曲面称为回转面，具有回转面的立体为回转体，如圆柱、圆锥等。在回转体平行于回转轴的投影面上，区分可见与不可见部分的素线称为转向轮廓线。母线上一点绕轴线旋转形成的圆称为纬圆，纬圆平面与轴线垂直。

绘制回转体投影时，需描绘其回转曲面及其他平面的投影，并明确标出转向轮廓线、回转体轴线和圆的中心线。

1. 圆柱

圆柱(或称作圆柱体) 的表面由圆柱面、顶圆面和底圆面三部分构成。圆柱面是由一条直母线围绕与其平行的轴线旋转形成的，其中圆柱面上的所有素线均与轴线平行。

1) 圆柱的投影

圆柱体，若其轴线设定为铅垂方向，当该圆柱体分别向V面(正面)、H面(水平面) 和W面(侧面) 进行投射时，可以得到其三面投影图，如图4-7所示。

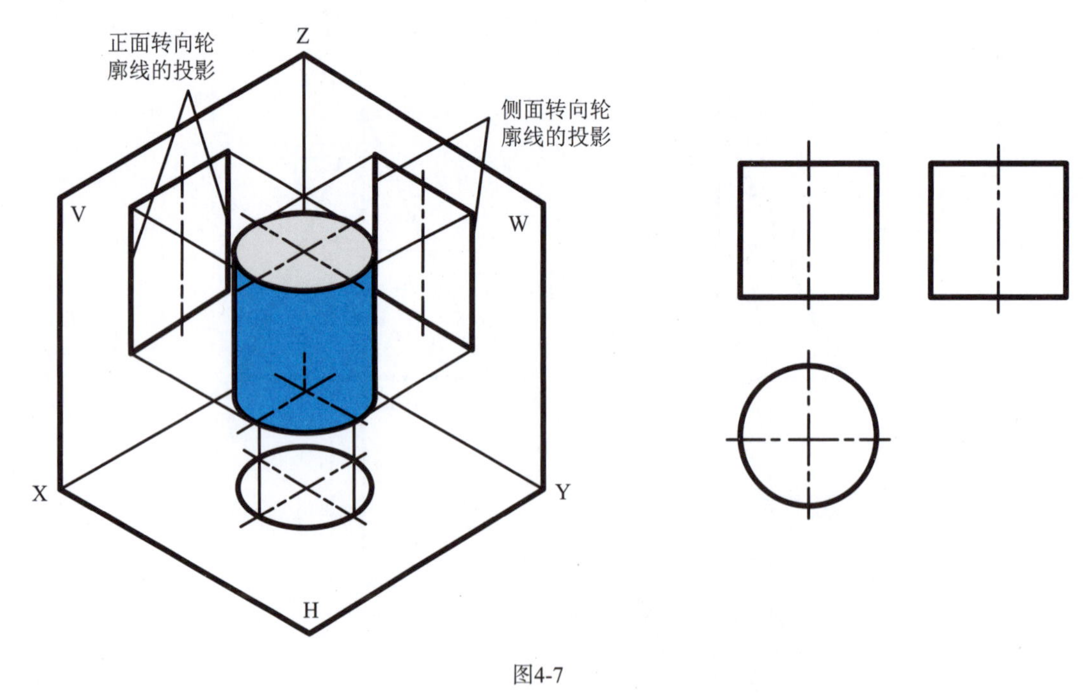

图4-7

由图4-7可以清晰地观察到，该圆柱的水平投影汇聚为一个圆，这个圆不仅代表了整个圆柱面的积聚性投影，也准确地展示了顶圆面和底圆面的实际形状投影。圆柱的正面投影与侧面投影则呈现出形状相同的矩形，矩形的上、下两边长度恰好等于顶面和底面的直径，这两个矩形分别是圆柱顶面和底面的积聚投影。

圆柱的投影特点概述如下：

(1) 正面投影。正面投影呈现为一个矩形，其左右两边分别代表了前半圆柱面和后半圆柱面的左右分界线投影，也是前后半圆柱面转向轮廓线的投影。以正面转向轮廓线为分界，圆柱的前半部分在投影中是可见的，而后半部分则不可见。因此，位于后半圆柱面上的所有点，在正面投影图中均表现为不可见。

(2) 水平投影。圆柱面的水平投影积聚为一个单一的圆，在通常情况下不需要对其可见性进行判别。

(3) 侧面投影。侧面投影同样呈现为一个矩形，其前后两边分别代表了左半圆柱面和右半圆柱面的前后分界线投影，也是左右半圆柱面转向轮廓线的投影。以侧面转向轮廓线为分界，圆柱的左半部分在投影中是可见的，而右半部分则不可见。因此，位于圆柱面右半部分的所有点，在侧面投影图中均表现为不可见。

2) 圆柱的点

在圆柱表面上取点的基本方法，是利用圆柱面的积聚性进行绘图。若已知圆柱表面上某点的一面投影，可先在有积聚性的那个投影图上确定其位置，进而根据点的投影规律来求出该点的其他投影。

已知圆柱表面上点A、B、C、D的一面投影，任务是求出这些点的另两面投影，并判断其可见性，如图4-8所示。

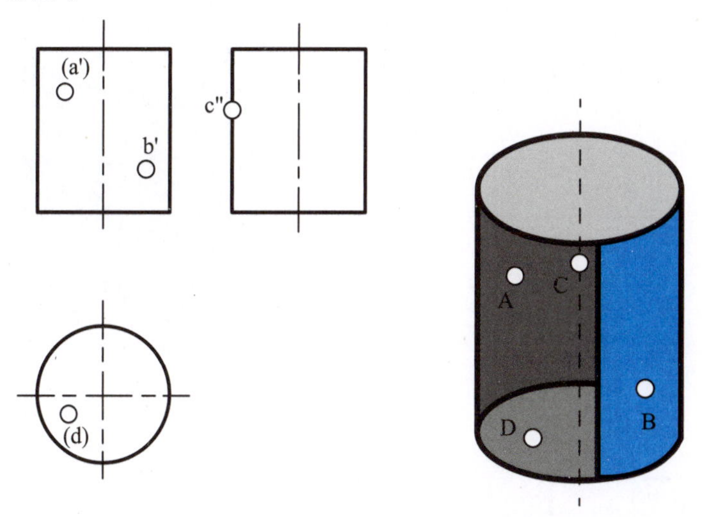

图4-8

观察图4-8可以发现，点A位于圆柱面上，通过给定的a'作长度方向的投影连线，该连线与圆柱面的水平投影(即圆) 相交于两点a。接着作45° 辅助线，并依据“宽相等、高平齐”的投影原理，求出a''。由a'的位置，可以判断点A位于圆柱面的左半部分，因此a''是可见的。具体的绘图顺序，如图4-9所示。

对于给定的点b'的位置，可以判断点B位于圆柱面的右、前半部分。因此，b应位于水平投影圆的右、前半部分圆周上。而b''则由于位置关系不可见，如图4-10所示。

观察给定的点c''的位置，可以判断点C位于圆柱面的侧面投影转向轮廓线上，可以直接根据点的投影规律来求出c、c'，如图4-11所示。

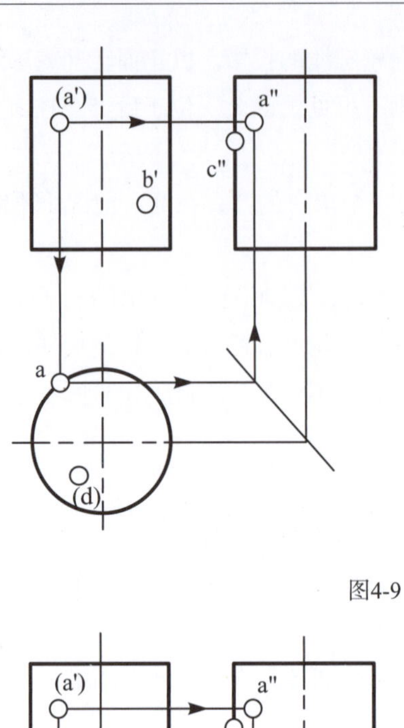

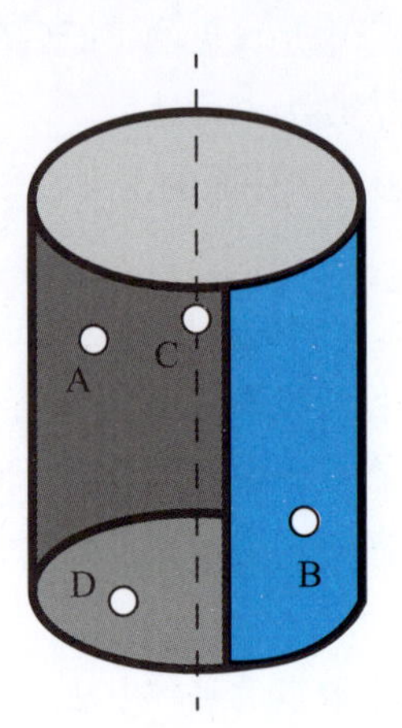

图4-9

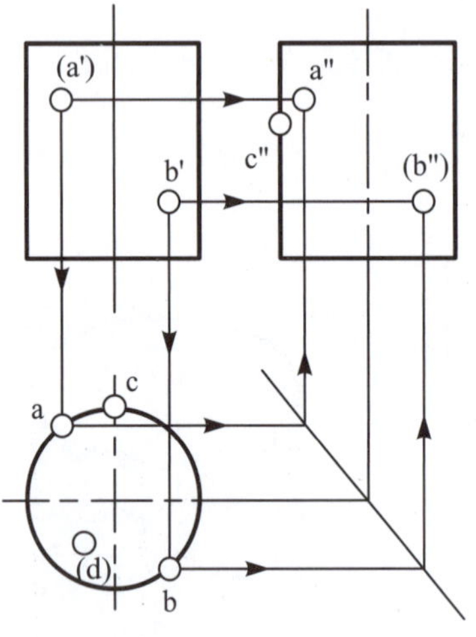

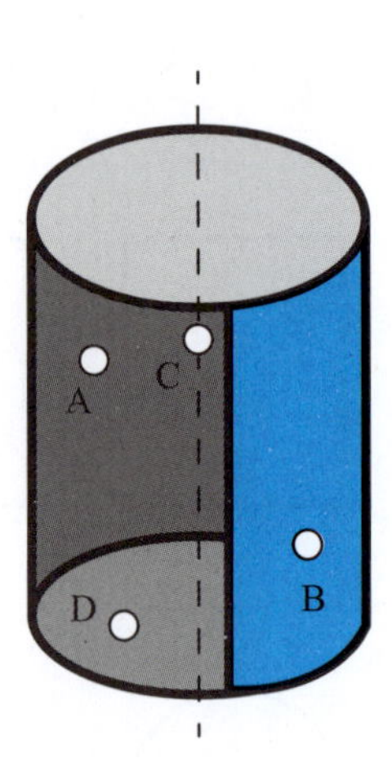

图4-10

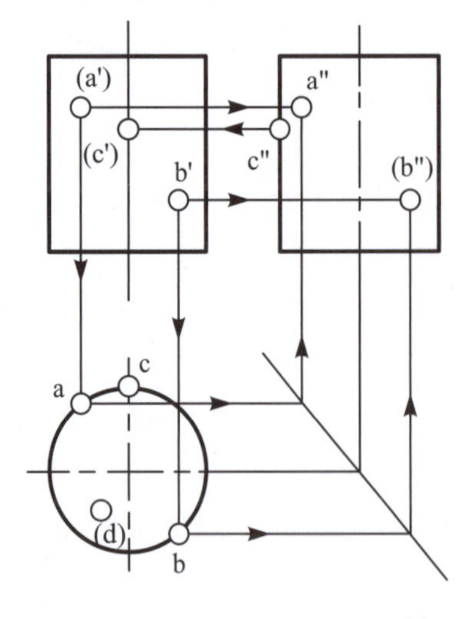

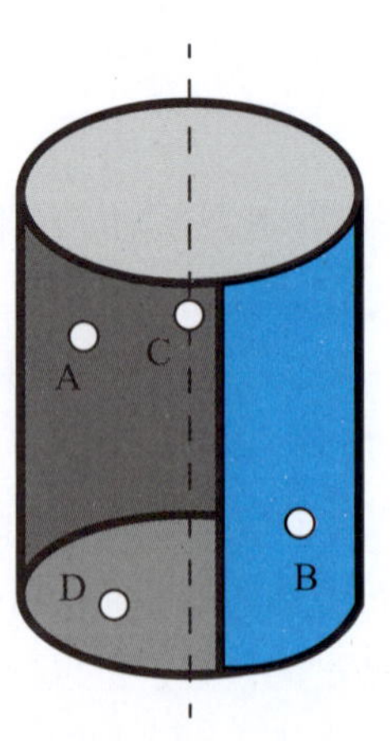

图4-11

对于给定的点d的位置，判断点D位于圆柱体的端面上。由于d不可见，可以推断点D位于圆柱体的底面上。据此，可求出d'、d"，如图4-12所示。

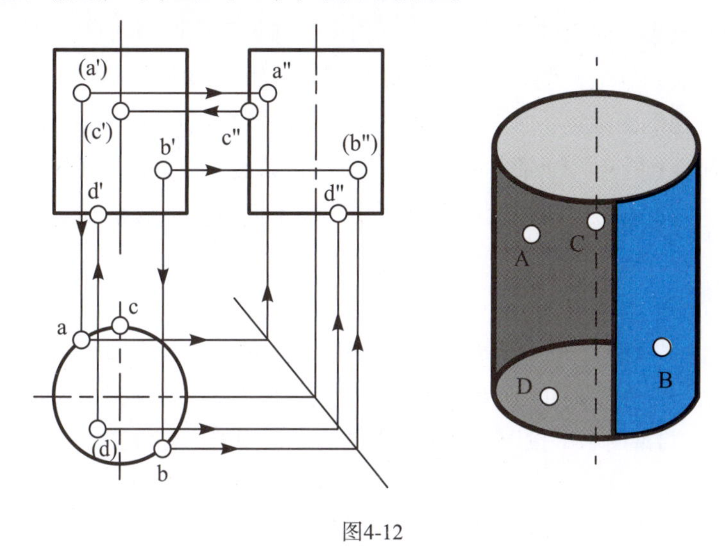

图4-12

2. 圆锥

圆锥(或称作圆锥体) 的表面由圆锥面和底面两部分构成。圆锥面是由直母线围绕与其相交的轴线旋转形成的，而这条直母线与轴线的交点即为圆锥面的顶点。圆锥面上的所有素线都是经过锥顶的直线，同时，母线上任意一点的运动轨迹都会形成一个垂直于轴线的圆。

1) 圆锥的投影

假设圆锥体的轴线为铅垂线方向，在将这个圆锥体分别向V面(正面)、H面(水平面) 和W面(侧面) 进行投影时，就可以得到它在这三个方向上的投影图，如图4-13所示。

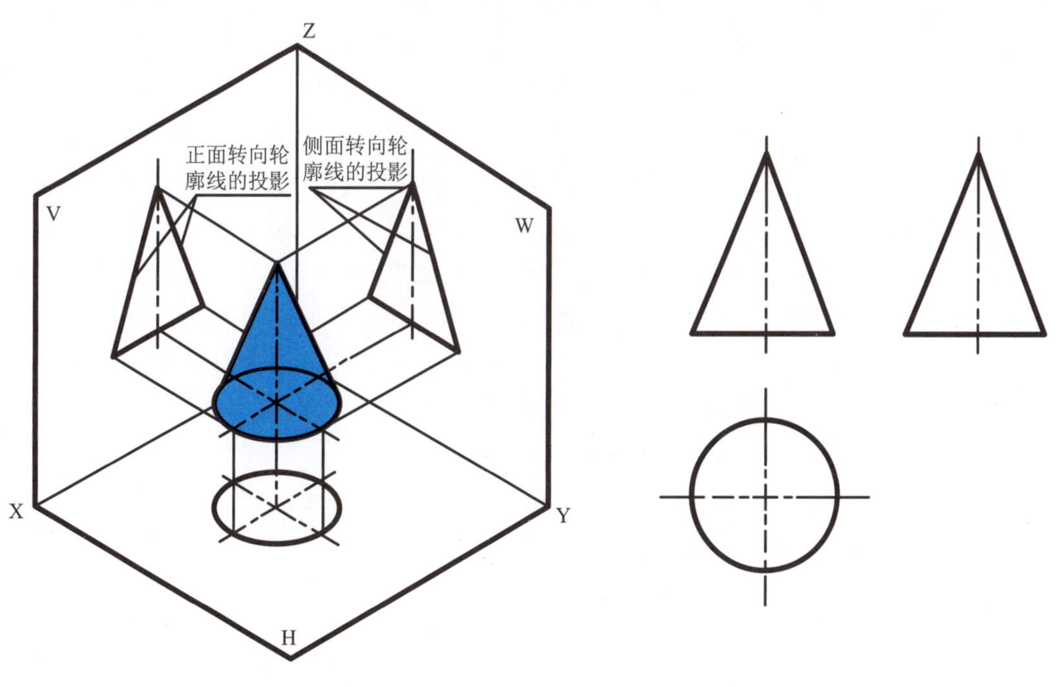

图4-13

该圆锥的水平投影呈现为一个圆，这个圆既是圆锥面的投影，也精确地反映了圆锥底面的实际形状。在正面投影和侧面投影中，圆锥则表现为两个相等的等腰三角形。这两个三角形的底边是圆锥底面在投影方向上的积聚投影，其长度恰好等于底面圆的直径。在正面投影中，三角形的两腰代表了圆锥最左侧和最右侧两条素线的投影，即圆锥面在正面上的转向轮廓线的投影。相应地，在侧面投影中，三角形的两腰则体现了圆锥最前方和最后方两条素线的投影，即圆锥面在侧面上的转向轮廓线的投影。值得注意的是，转向轮廓线的其他两个投影与中心线或轴线重合，因此在投影图中无须单独绘出。圆锥面在三个投影面上的投影均不具备积聚性。

圆锥的投影特点如下：

(1) 正面投影。以转向轮廓线为分界线，圆锥的前半部分在投影图中是可见的，而后半部分则不可见。因此，位于圆锥面上后半部分的任何点，在正面投影图上均表现为不可见。

(2) 水平投影。圆锥的水平投影为一个完美的圆，该圆的中心线交点精确地指示了圆锥顶点的投影位置。圆锥面上的所有素线在顶点相交，而下端则均匀地分布在底面圆周上。

(3) 侧面投影。同样以转向轮廓线为界限，圆锥体的左半部分在投影图中是可见的，而右半部分则不可见。所以，位于圆锥面上右半部分的点，在侧面投影图上均不可见。

2) 圆锥的点

圆锥面上取点的绘图原理与在平面上取点的作图原理在本质上是相似的。鉴于圆锥面的各个投影均不具备积聚性，因此在确定圆锥面上的点时，需先借助一条经过该点的已知投影的辅助线。这条辅助线的其他投影(即同名投影) 上必然也包含要求的点。在圆锥面上，可以构造两种易于绘制的辅助线，一种是经过锥顶的素线，另一种是垂直于圆锥轴线的纬圆。

当我们已知圆锥表面上某一点A的一个投影时，可以利用上述的辅助线原理来求出该点在其他两个投影面上的投影，并同时判断这些投影的可见性。

(1) 用素线法绘图。已知点A的正面投影a'，由于a'被判定为不可见，因此可以推断点A位于圆锥面的左后方。通过a'在圆锥面上构造一条素线SB的正面投影s'b'，基于这一正面投影进一步作出其水平投影sb和侧面投影s"b"。根据直线上点的投影规律，可以确定并绘制出点A的水平投影a和侧面投影a"。由于点A位于圆锥面的左后方，因此在这两个投影面上，a和a"均被视为可见，如图4-14所示。

(2) 用纬圆法绘图。已知点A的正面投影a'。由于a'被判定为可见，因此点A应该位于圆锥面的左前方。绘图步骤如下：首先，在圆锥面上过点A作一个垂直于轴线的辅助纬圆，这个纬圆的正面投影会积聚成一条直线，而水平投影则呈现为一个圆。利用这个辅助纬圆，可以由a'绘制出点A的水平投影a，再由a'和a共同绘制出侧面投影a"。由于点A位于圆锥面的左前方，因此在这两个投影面上，a和a"同样被视为可见，如图4-15所示。

使用辅助直线进行取点作图的方法仅适用于母线为直线的曲面，而对于各种回转曲面，则可以采用垂直于轴线的辅助圆来进行作图。

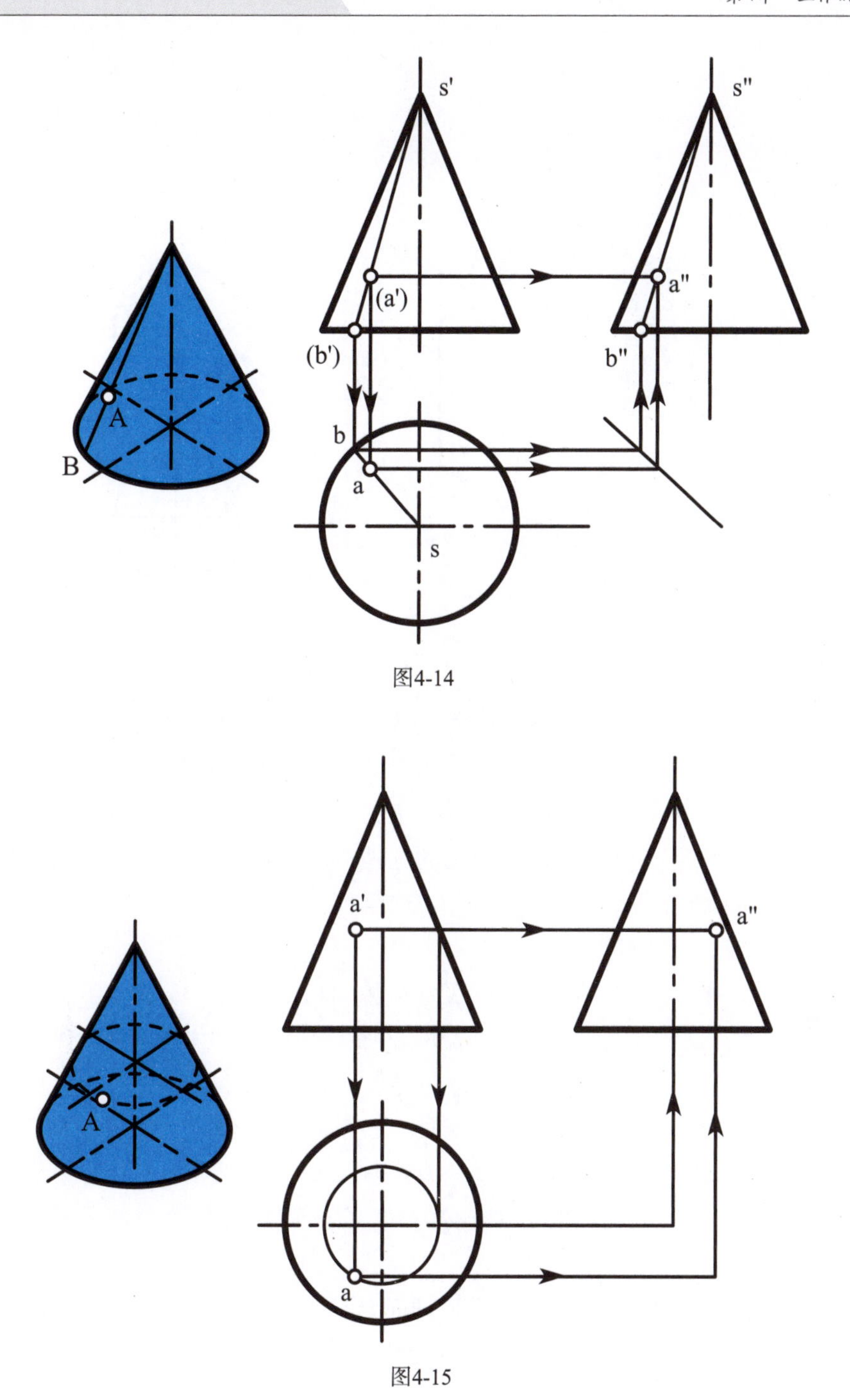

3. 圆球

圆球是由圆球面围成的几何体。当我们以圆为母线，且保持该圆的圆心位于某一轴线上，然后让这个圆绕该轴线旋转一周，所得到的回转面即为球面。

1) 圆球的投影

圆球体分别向V面(正面)、H面(水平面) 和W面(侧面) 进行投射，可以得到其在这三个投影面上的三面投影，具体如图4-16所示。

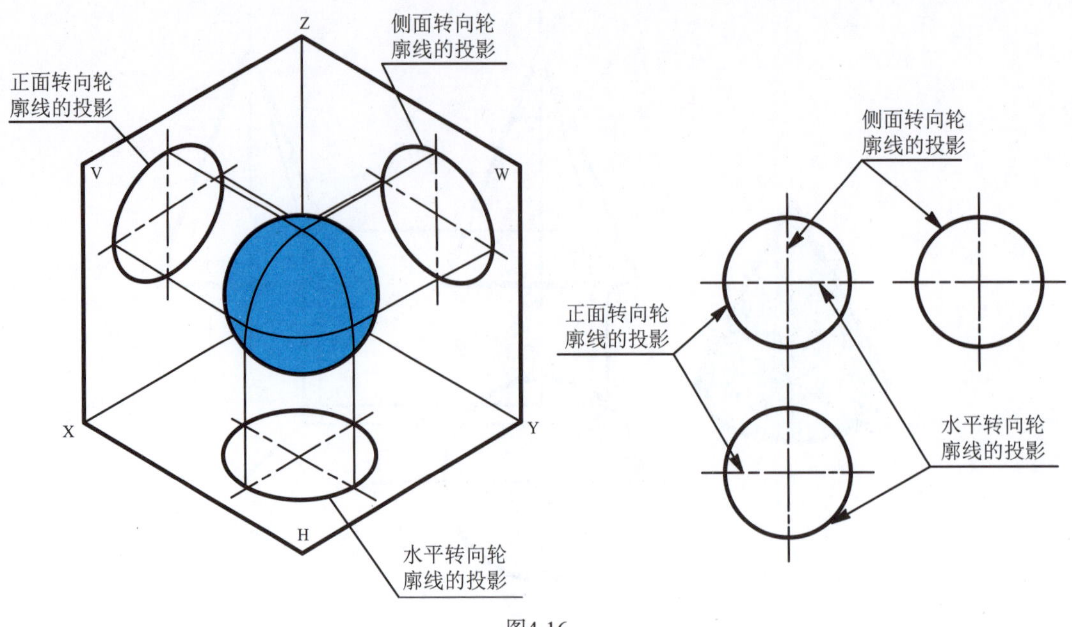

图4-16

圆球体在进行三面投影时，所得到的投影均为与圆球直径相等的圆，这些圆分别代表了该球面在三个不同方向上的转向轮廓线的投影。具体来说：正面转向轮廓线，是球面上平行于V面的最大圆，它清晰地划分出前半球面与后半球面的界限；水平转向轮廓线，则是球面上平行于H面的最大圆，它作为上半球面与下半球面的分界；而侧面转向轮廓线，则是球面上平行于W面的最大圆，它明确地区分了左半球面与右半球面。

圆球体的投影特点可以归纳如下：

(1) 正面投影。以正面投影的转向轮廓线为界限，球体的前半部分在投影中是可见的，而后半部分则不可见。因此，位于球体后半部分的任何点，在正面投影图上均表现为不可见。

(2) 水平投影。以水平投影的转向轮廓线为界限，球体的上半部分在投影中是可见的，而下半部分则不可见。所以，位于球体下半部分的点，在水平投影图上同样表现为不可见。

(3) 侧面投影。以侧面投影的转向轮廓线为界限，球体的左半部分在投影中是可见的，而右半部分则不可见。因此，位于球体右半部分的点，在侧面投影图上均被视为不可见。

2) 圆球的点

圆球面的三面投影均不具备积聚性，且圆球面上不存在直线元素。因此，在圆球面上确定点时，主要依靠圆或圆弧作为辅助线。具体方法是：首先，通过已知的球面点，可以在球面上构造出一个辅助圆(值得注意的是，通过这一点，我们可以在球面上作出三个分别平行于V面、H面和W面的不同方向的辅助圆)。接着，利用线上取点的绘图规则及点的投影规律，可以准确求出该点在另外两个投影面上的投影位置。

已知圆球表面上五点A、B、C、D、E在某一投影面上的投影，求出这些点在另外两个投影面上的投影，并判断它们的可见性，具体可参考图4-17进行操作。

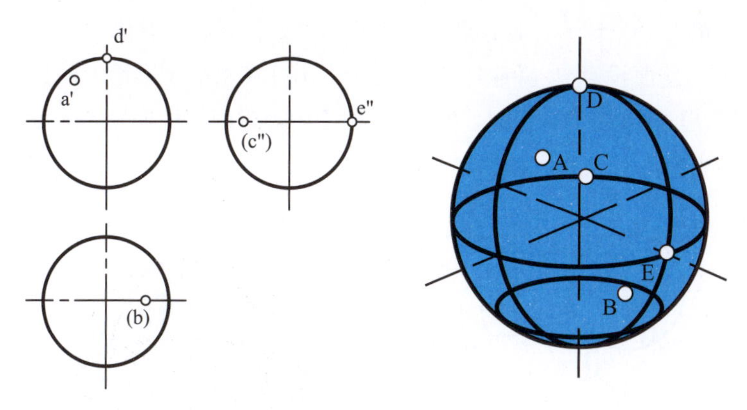

图4-17

在图4-17中，已知点A的正面投影a'。为了找到点A在其他两个投影面上的位置，需先通过a'在球面上作一个水平圆的正面投影。接着，利用纬圆法的绘图原理，可以在水平投影面上确定出点A的水平投影a。有了a'和a之后，便可进一步绘制出点A的侧面投影a"。由于点A位于圆球的左上半球面，根据投影的可见性规则，可以判断在水平投影面和侧面投影面上，点A的投影a和a"都是可见的，如图4-18所示。

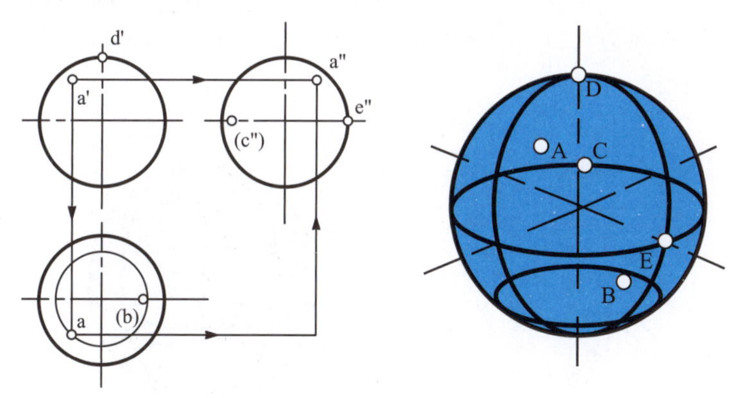

图4-18

点B位于圆球的右下半球面，并且点B在球面的正面投影恰好位于转向轮廓线上。根据点的投影规律，可以直接由点B的正面投影b确定出其水平投影b'和侧面投影b"的位置。需要注意的是，由于点B位于右下半球，其侧面投影b"在投影图中是不可见的，如图4-19所示。

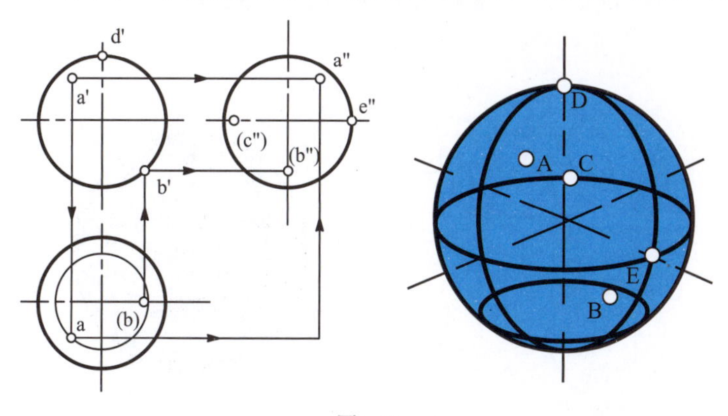

图4-19

点C位于圆球的右后半球面，且其球面水平投影恰好位于转向轮廓线上。根据点的投影关系，可先通过点C的侧面投影c"，利用坐标信息确定出其在水平投影面上的投影c。再过点c作投影连线，可以求出点C的正面投影c'。由于点C位于后半球面，根据投影的可见性规则，其正面投影c'在投影图中是不可见的，如图4-20所示。

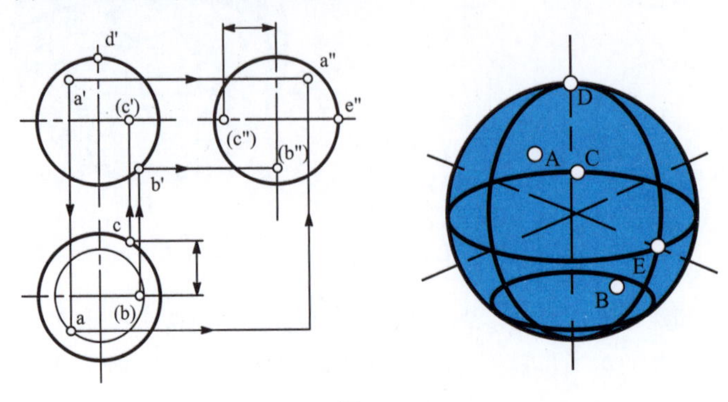

图4-20

已知点D是球面上的最高点，并且它位于球面正面投影的转向轮廓线上。为了找到点D在其他两个投影面上的位置，先通过点D的正面投影d'作投影连线，从而确定出其水平投影d和侧面投影d"。由于点D是最高点，其水平投影d会位于与球面水平投影转向轮廓线相对应的点画线的交点上，如图4-21所示。

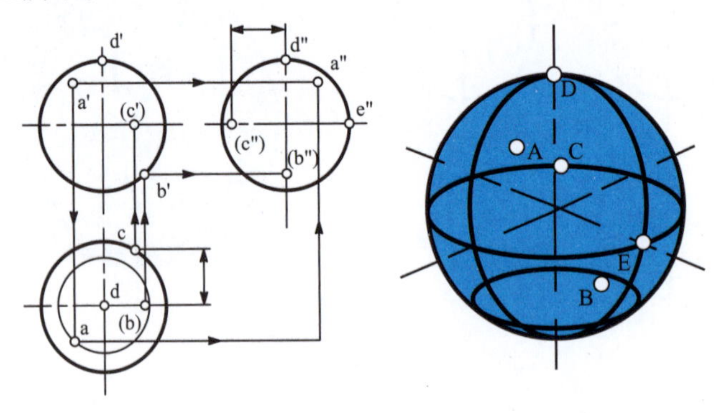

图4-21

已知点E是球面上的最前点，并且它位于球面水平投影的转向轮廓线上。由于这一特殊位置，可以直接标出点E的正面投影e'和水平投影e，无须通过复杂的投影连线或辅助线，如图4-22所示。

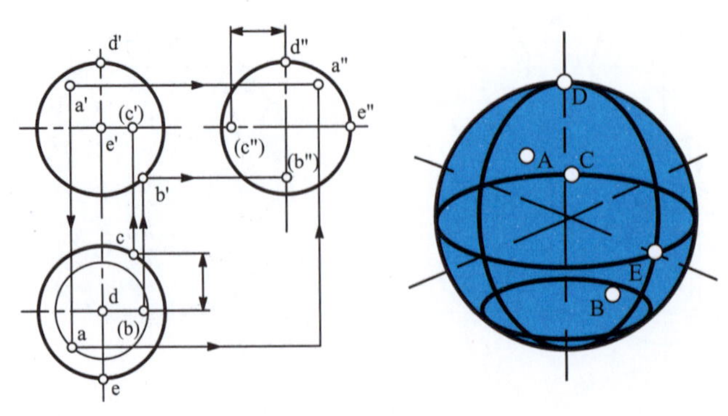

图4-22

4. 圆环

圆环的表面构成一个圆环面。这个圆环面是由一条圆母线绕着一根不过该母线圆心的轴线旋转而成的，而这根轴线位于与母线相同的平面上。在旋转过程中，远离轴线的半圆部分母线形成了圆环的外环面，而靠近轴线的半圆部分母线则形成了圆环的内环面。

1) 圆环的投影

一个轴线垂直于水平面的圆环，当其分别向V面(正面)、H面(水平面) 和W面(侧面) 进行投影时，会得到其三面投影图，具体如图4-23所示。

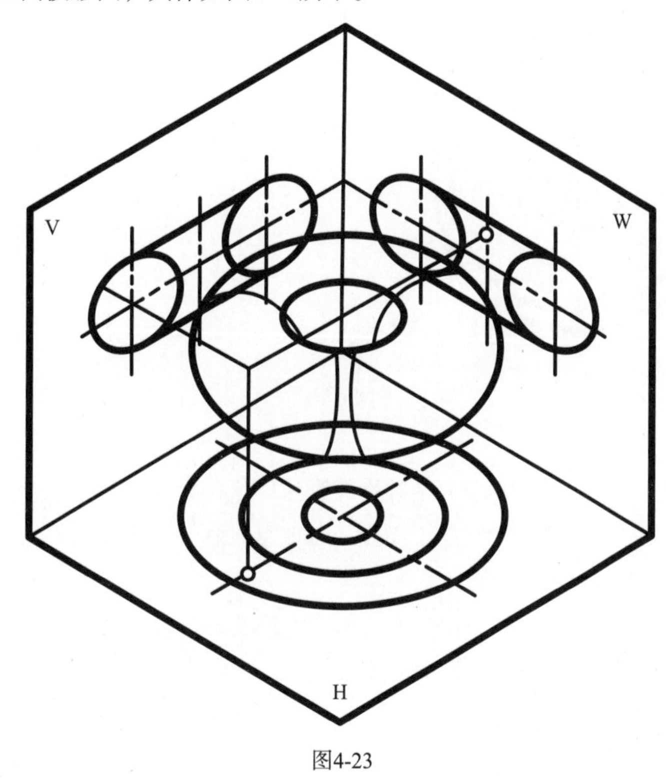

图4-23

在圆环的正面投影中，可以看到左右两个圆，它们分别代表了圆环面上最左侧和最右侧两个素线圆的投影。同时，上、下两条公切线则是圆环面上最高和最低两个圆的投影，这些公切线也是对正面的转向轮廓线。由左、右两实线半圆和上、下公切线共同构成的线框，是圆环外环面的投影；而由左、右两虚线半圆和上、下公切线构成的线框，则是圆环内环面的投影。

圆环的侧面投影与正面投影在图形上是相同的，对于图上各轮廓线的意义，可以参照正面投影来进行分析。

在圆环的水平投影上，转向轮廓线展示的是圆环面上垂直于轴线的最大圆和最小圆的投影。图中的点画线圆则代表了母线圆心在回转过程中的轨迹投影，这条线也是内、外圆环面在水平投影上的分界线。具体的投影情况，如图4-24所示。

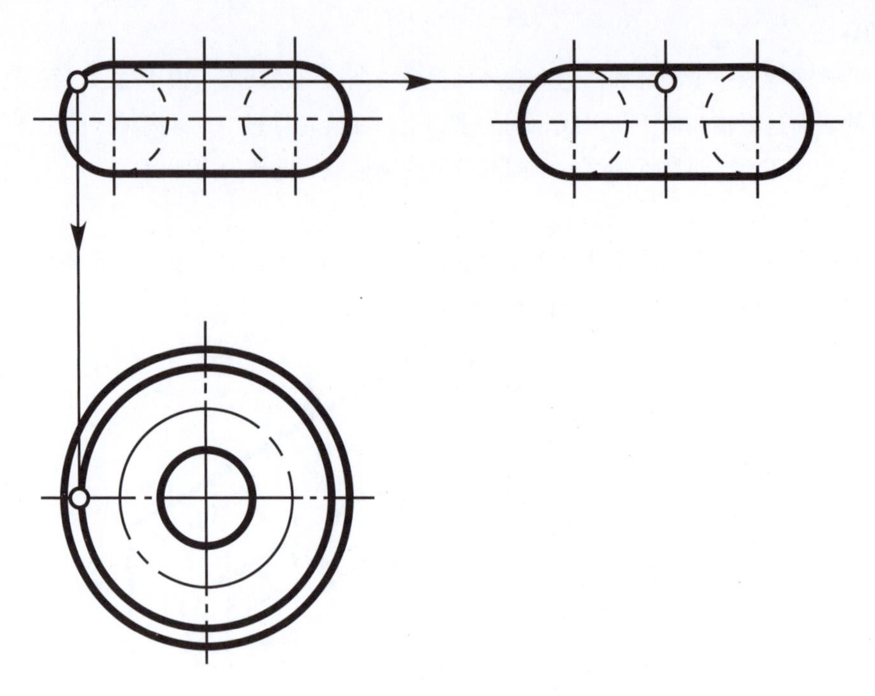

图4-24

2) 圆环的点

在圆环表面确定一个点，通常会采用辅助纬圆法。这种方法首先要求作出包含该指定点的纬圆的三面投影。一旦有了这个纬圆的三面投影，就可以利用线上取点的方法，在相应的纬圆投影上确定出指定点的三面投影位置。

已知圆环表面上点A、B、C、D在某一投影面上的投影，求出这些点在另一个投影面上的投影，并判断这些投影的可见性，如图4-25所示。

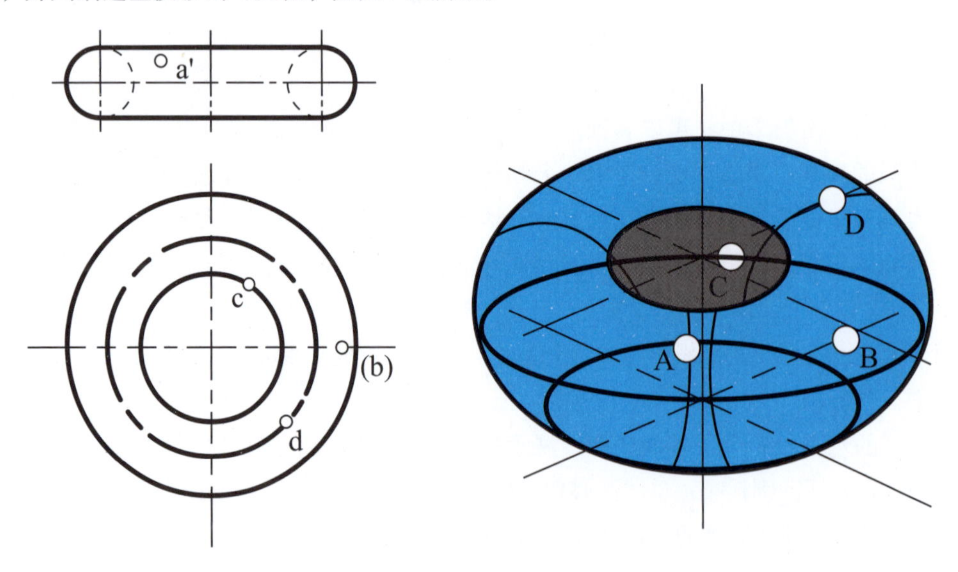

图4-25

点A位于上半个外环面上，通过其正面投影a'，可以在圆环面上构造一条纬线。求出这条纬线在水平投影面上的投影，即得到一个纬圆。由此可以确定，点A的水平投影a就位于这个纬圆上。根据给定的点a'的位置，可以判断点A位于前上半个外环面上，因此其水平投影a是可见的。具体的投影情况，如图4-26所示。

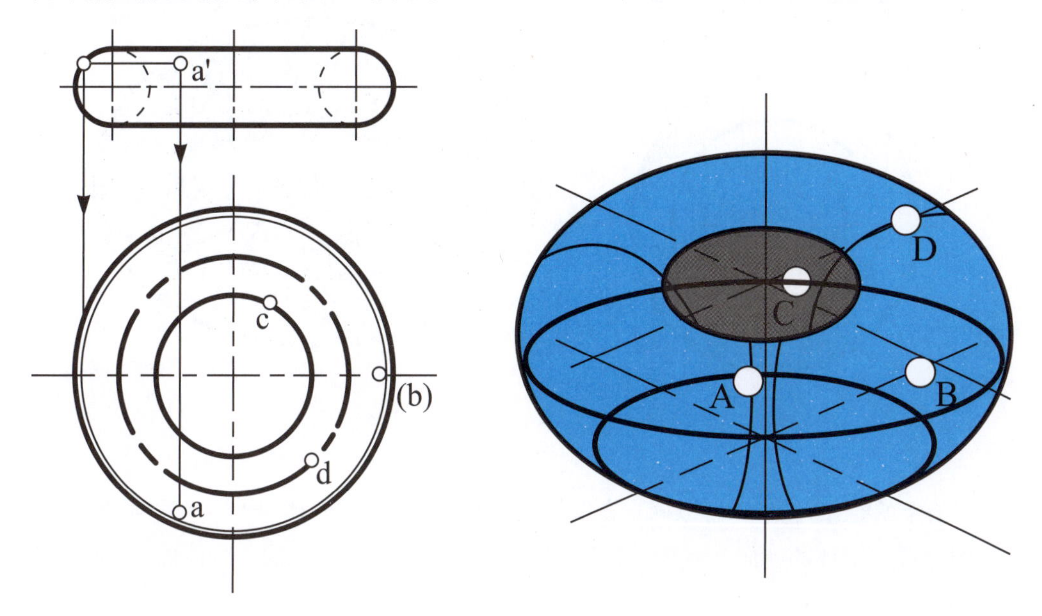

图4-26

根据c点的给定位置，可以判断点C位于圆环的后半个外环面内，因此其正面投影c'在图中是不可见的。具体的投影情况，如图4-27所示。

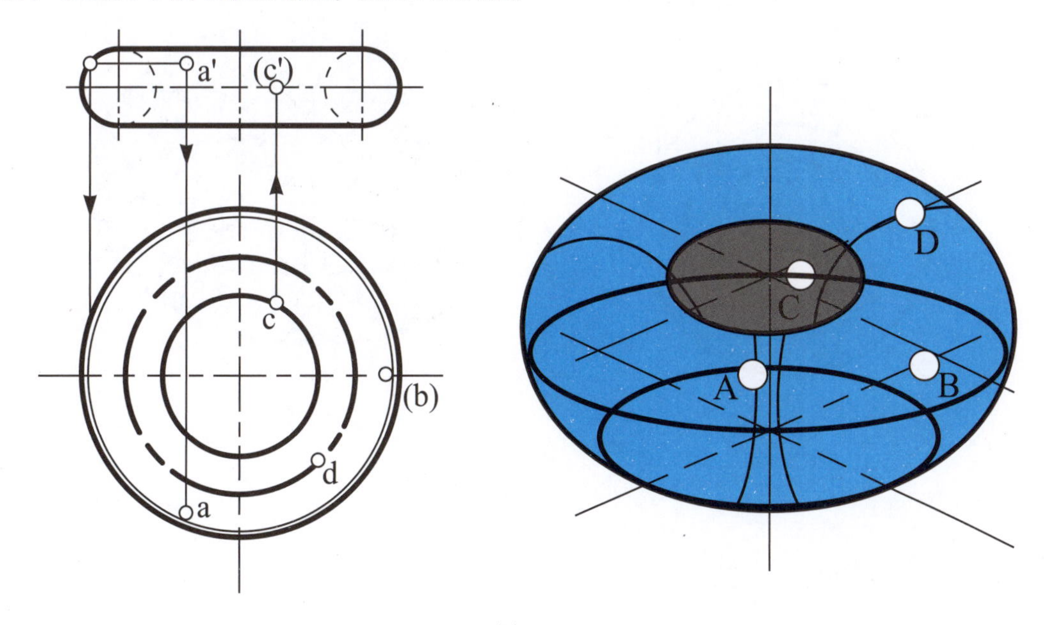

图4-27

根据给定的d点的位置，可以确定点D位于圆环的前上半个外环面上，因此其正面投影d'在图中是可见的。具体的投影情况，如图4-28所示。

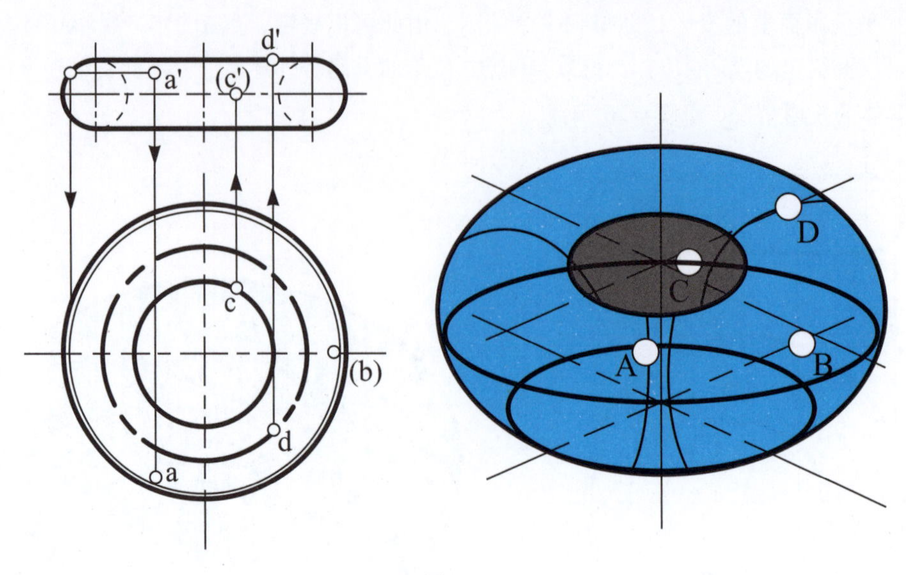

图4-28

根据给定的b点的位置，可以确定点B位于圆环的后下半个外环面上。在这种情况下，由于视图的配置和圆环的朝向，点B的正面投影b'在图中仍然是可见的。具体的投影情况，如图4-29所示。

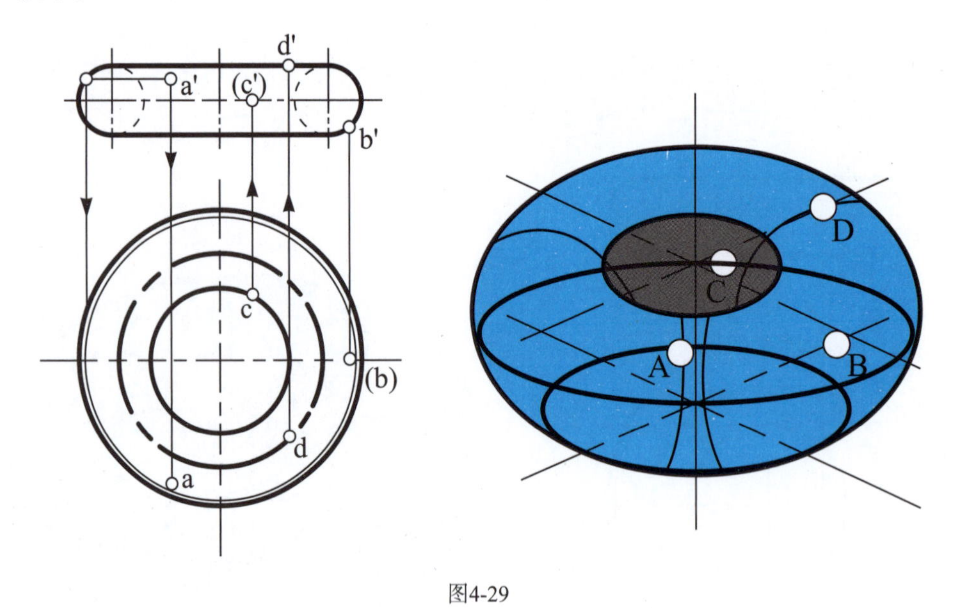

图4-29

4.2 立体表面的交线

在产品表面，经常会出现平面与立体或立体与立体相交的情况，这类产品被称为带交线的形体。为了精确描绘它们的形状，在产品制图时，必须绘制出这些相交部分所产生的交线的投影，如图4-30所示。

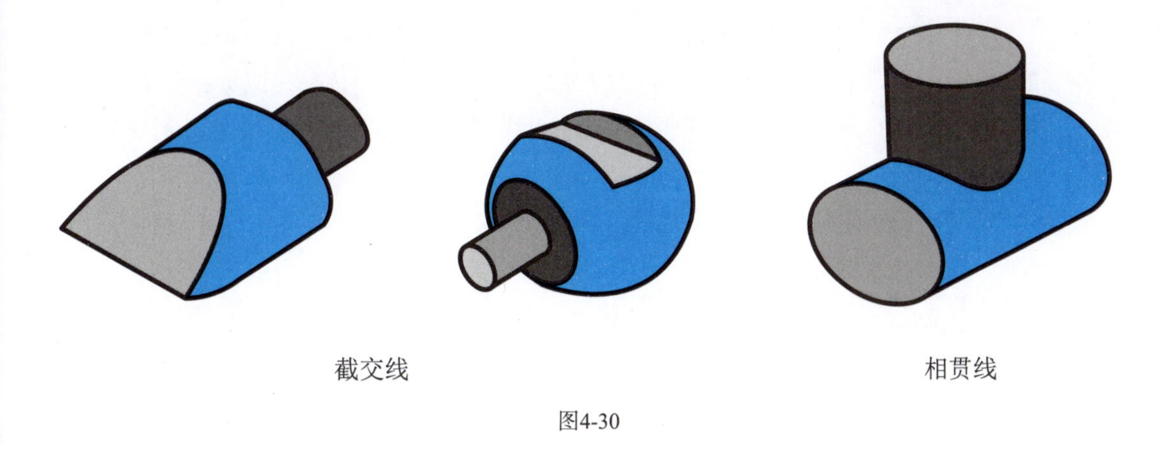

图4-30

4.2.1 截交线

当一个立体的表面被一个平面P所切割时，这个平面与立体表面之间形成的交线被称为截交线，这个与立体相交的平面被称为截平面，而由截交线所围成的图形则被称为截断面或断面，如图4-31所示。

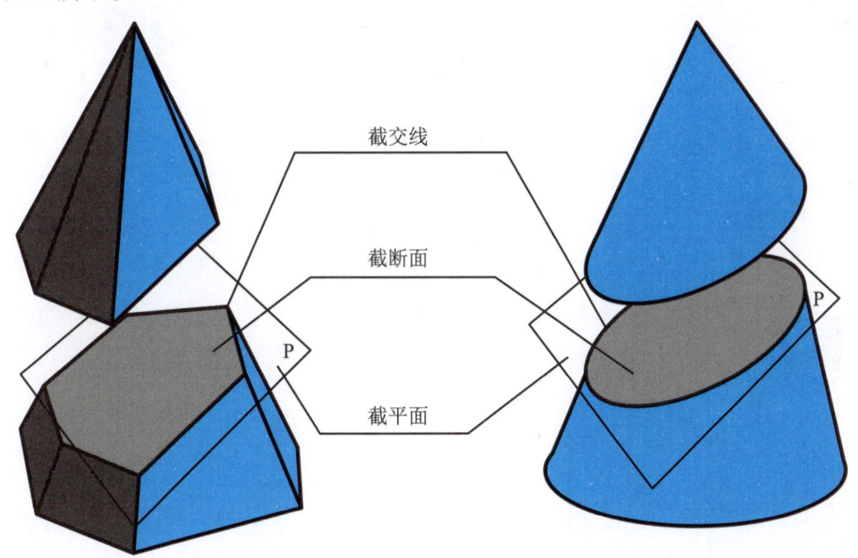

图4-31

截交线的形状不仅受到立体表面形状的影响，还与截平面与立体的相对位置，以及截平面与投影面的相对位置密切相关。截交线具有以下几个特点：

(1) 封闭性。截交线会围成一个封闭的多边形。

(2) 共有性。多边形的边数与截平面切到的立体表面的面数相等。

为了准确且清晰地表达零件的形状，必须正确地绘制出其表面交线的投影。

1. 截平面与立体相交

当截平面与立体相交时，其截交线是由直线段围合形成的平面多边形。这个多边形的每一条边都是截平面与平面立体某一个表面的交线，而多边形的顶点则是截平面与平面立体的棱线的交点。因此，求平面立体截交线的投影，可以归结为以下几个步骤：首先求出截平面与立体各个表面的交线，或者截平面与立体上棱线的交点；然后作出每一段交线或每一个交点的投影，并判断其可见性；最后，按照顺序将这些投影点或线段连接起来，即可得到截交线的完整投影。

已知长方体被正垂面截切后的两个投影，求其侧面投影，如图4-32所示。

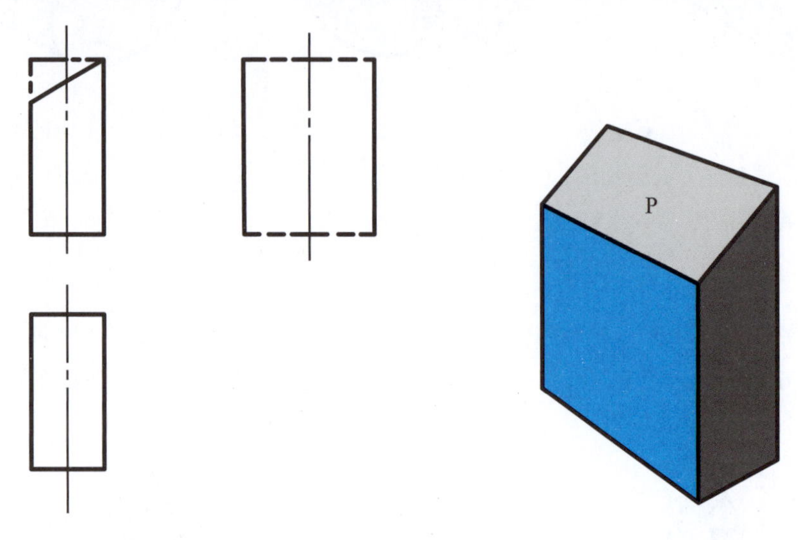

图4-32

由于截平面与正方体的四个棱面相交，因此形成的截交线是一个矩形。这个矩形的四个顶点就是正方体的四条棱线与截平面的交点。截交线的正面投影会积聚在Pv线上，其水平投影则与长方体的水平投影重合。在绘制侧面投影(即左视图)时只需确定这个矩形的四个顶点的位置即可。具体的绘图步骤如下：

(1) 求出截平面与棱线交点的侧面投影1'、2'、3'、4'，如图4-33所示。

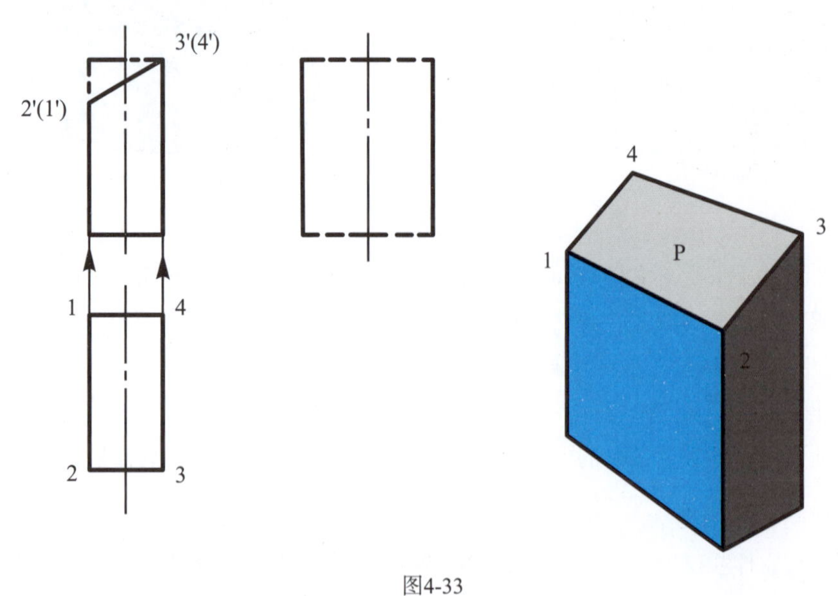

图4-33

(2) 依次连接这些交点，可以得到截交线的侧面投影，如图4-34所示。

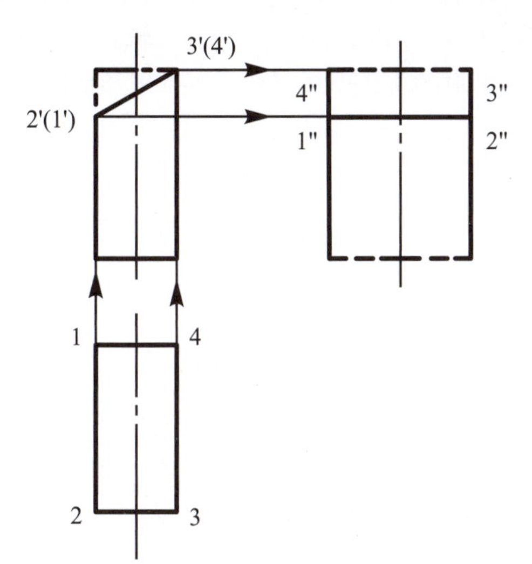

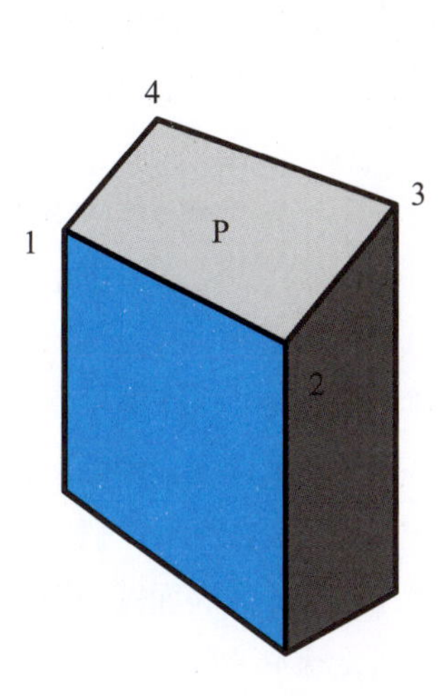

图4-34

(3) 补全其他轮廓线，以完成左视图的绘制，如图4-35所示。

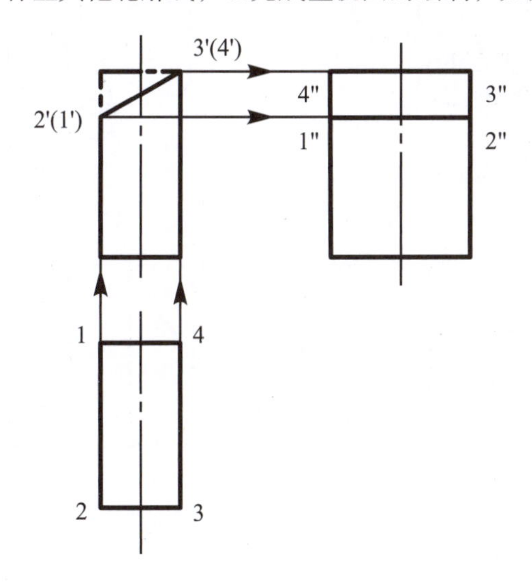

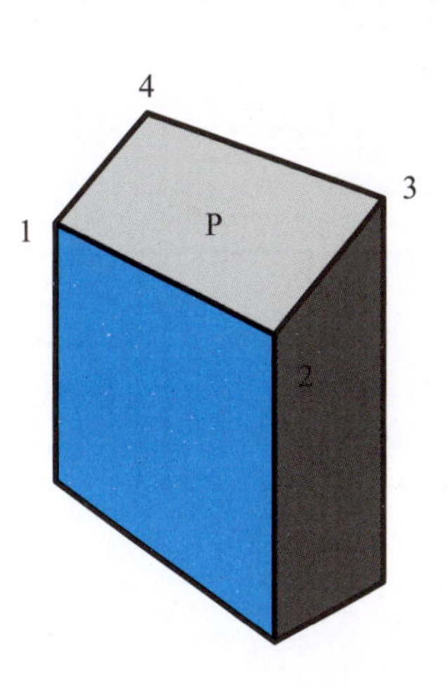

图4-35

2. 截平面与回转体相交

当截平面与回转体相交时，通常形成的截交线是一条封闭的平面曲线。绘制回转体截交线投影的步骤如下。

首先，分析回转体的形状特征及截平面与回转体轴线的相对位置关系，以此来确定截交线的具体形状。同时，分析截平面与投影面之间的相对位置关系，以便准确掌握截交线的投影特性，比如是否存在积聚性或类似性等。在此基础上，找出截交线的已知投影，并据此判断其未知投影的情况。

其次，进入绘制截交线投影的实操阶段。要找出一些特殊点，这些特殊点可能包括转向轮廓线与截平面的交点，以及截交线上的最高、最低、最左、最右、最前、最后等位置点。在确定这些特殊点后，根据需要补充一些中间点，以确保截交线的描绘足够准确和细致。

最后，将这些点按照截交线的自然走向顺次光滑地连接起来，从而完成截交线投影的绘制。

熟练掌握平面与常见回转体(如圆柱、圆锥、圆球以及组合回转体) 表面相交所得截交线的画法，是产品设计师在表达产品造型时的一种常用且重要的技能。

1) 平面与圆柱相交

平面与圆柱相交时，由于截平面与圆柱轴线的相对位置不同，其截交线的形状也会有所差异。截交线主要呈现出以下三种外形：第一种外形是矩形，这种形状出现在截平面与圆柱轴线垂直的情况下，如图4-36所示；第二种外形是圆形，这通常发生在截平面与圆柱轴线平行，或者截平面恰好经过圆柱的底面圆心时，如图4-37所示；第三种外形是椭圆形，这种形状出现在截平面与圆柱轴线既不平行也不垂直，而是呈一定角度相交的情况下，如图4-38所示。

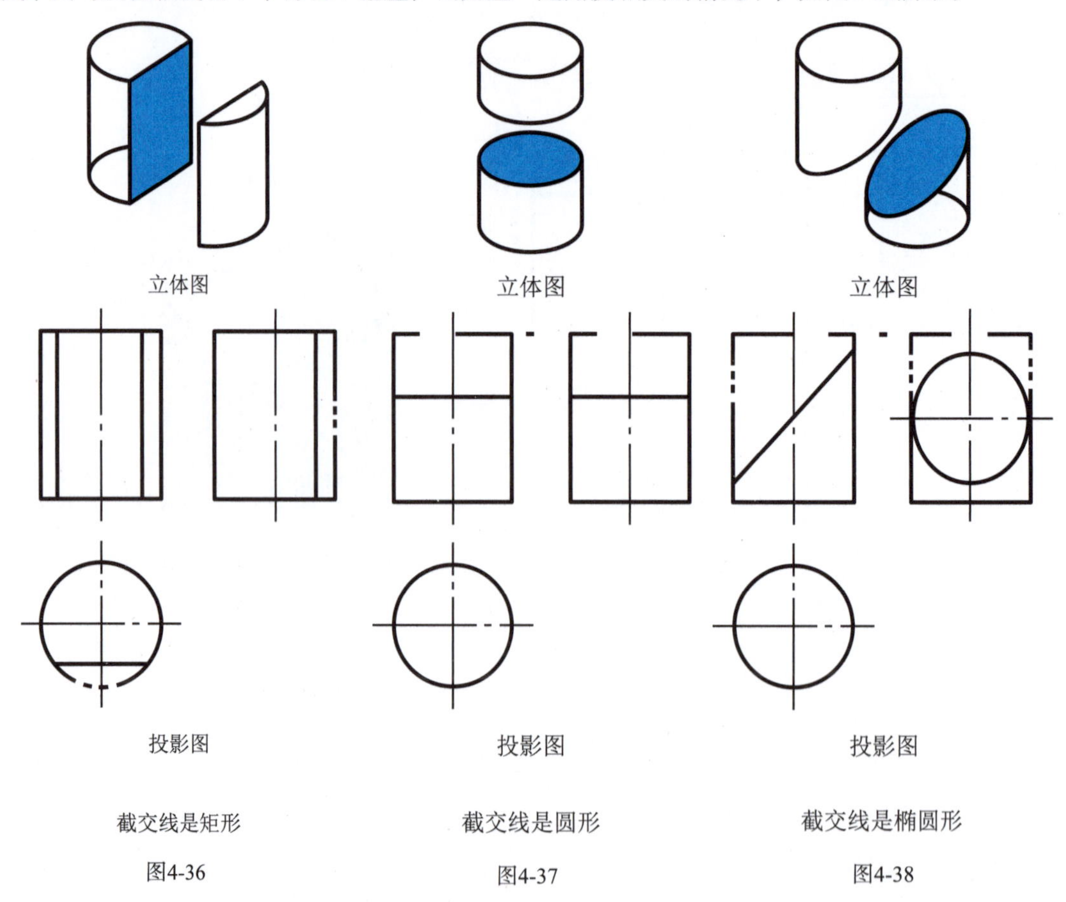

截交线是矩形

图4-36

截交线是圆形

图4-37

截交线是椭圆形

图4-38

(1) 求平面P截切圆柱后所得截交线的投影，如图4-39所示。

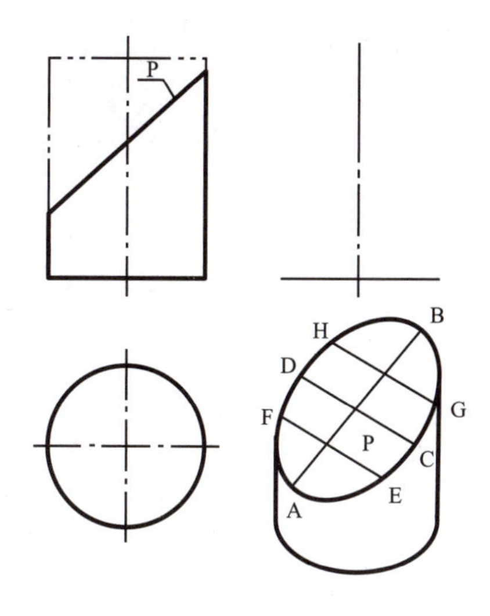

图4-39

圆柱的轴线是一条垂直于水平面的直线，当截平面P以一定的倾斜角度与圆柱相交时，形成的截交线为一个椭圆。这个椭圆的长轴标记为AB，短轴标记为CD。由于截平面P是一个正垂面，因此截交线的正面投影会积聚在P面上。同时，由于圆柱的轴线垂直于水平面，其水平投影会积聚成一个圆，而截交线作为圆柱表面的一部分，其水平投影也会积聚在这个圆上。至于截交线的侧面投影，则呈现为一个椭圆形状，但这是一个相似形，并不反映其真实大小。

在截交线上，有一些特殊点对于确定其投影范围至关重要，这些点包括确定投影范围极限的最高、最低、最左、最右、最前、最后的各点，以及位于圆柱体转向轮廓线上的点。当截交线为椭圆时，还需要确定出其长短轴的端点。在本例中，点A、B、C、D即为这些特殊点，其中A、B分别为椭圆的最低点和最高点，同时是长轴两侧的端点；C、D则分别为椭圆的最前点和最后点，也是短轴两侧的端点。通过这些特殊点，可以确定出a、b、c、d四个投影点的位置，如图4-40所示。

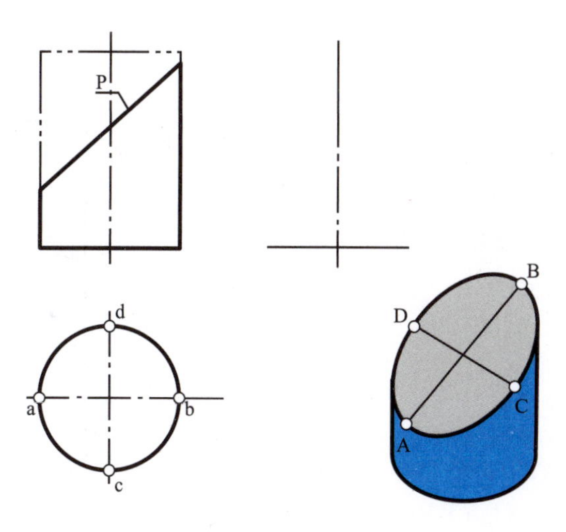

图4-40

在已经确定的四个特殊点之间，可以选取一般位置点E、F、G、H。由于这四个特殊点的位置已经明确，因此可以根据它们来确定一般位置点e、f、g、h在投影面上的对应位置，如图4-41所示。

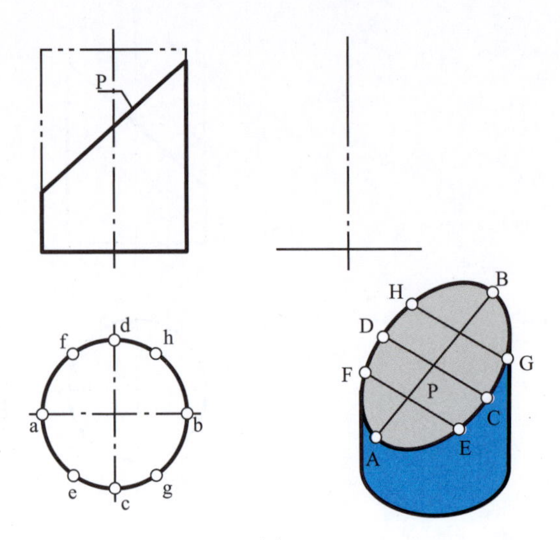

图4-41

根据已经确定的a点，可以进一步求出其在另外两个投影面上的对应位置a'和a"。这一过程是通过投影法则来完成的，具体的结果如图4-42所示。

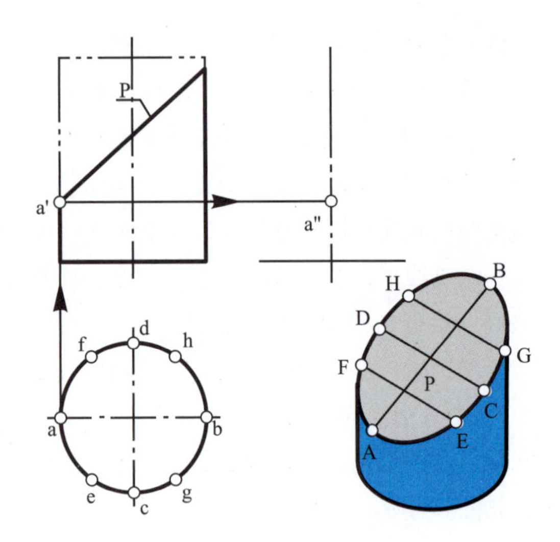

图4-42

同样地，根据已经确定的b点，可以求出其在另外两个投影面上的对应位置b'和b"。这一步同样遵循投影法则，并得出了明确的结果，如图4-43所示。

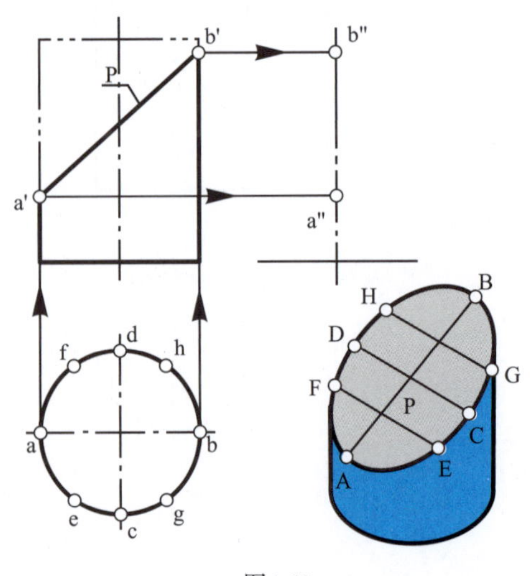

图4-43

由于c点和d点位于同一条水平线上，因此可以根据已经确定的c点和d点的位置，进一步求出它们在另外两个投影面上的对应位置c'、c"、d'、d"。这一步骤是通过应用投影原理来完成的，具体的结果如图4-44所示。

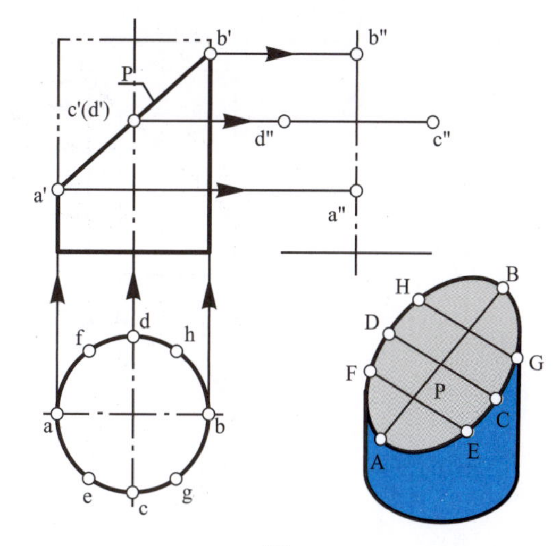

图4-44

同样地，由于e点和f点位于同一条水平线上，可以根据已经确定的e点和f点的位置，求出它们在另外两个投影面上的对应位置e'、e"、f'、f"。这一步骤同样遵循投影原理，并得出了明确的结果，如图4-45所示。

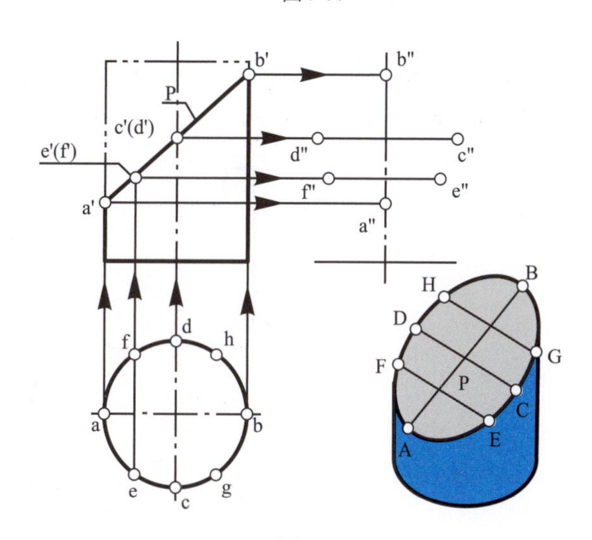

图4-45

由于g点和h点位于同一条水平线上，可以根据已经确定的g点和h点的位置，求出它们在另外两个投影面上的对应位置g'、g"、h'、h"。这一步也是通过应用投影原理来完成的，结果如图4-46所示。

将各点顺次连接并形成光滑的曲线，就可以得到平面P截切圆柱后的完整投影图，如图4-47所示。

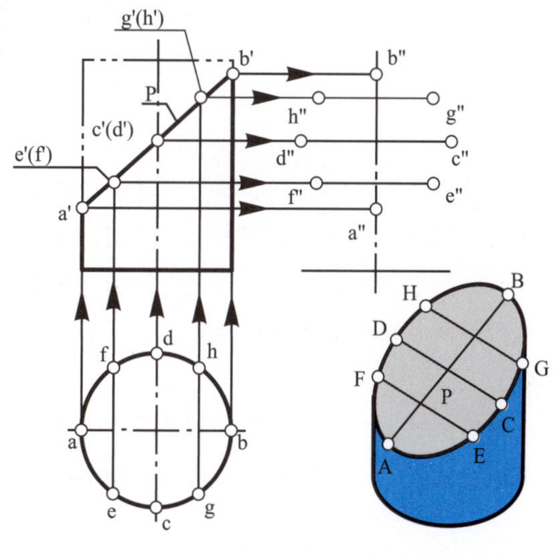

图4-46

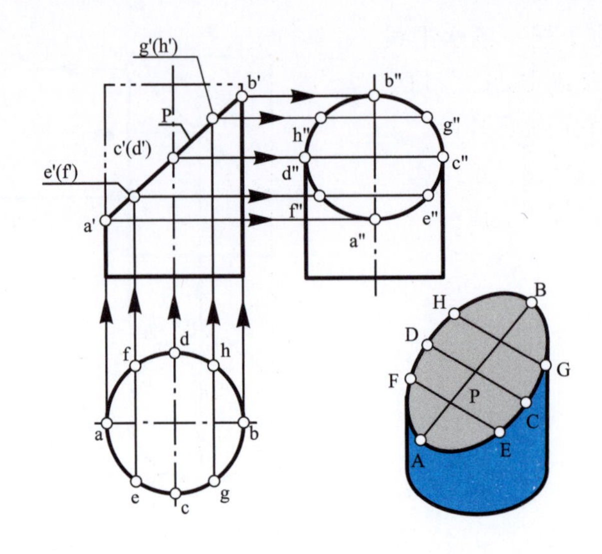

图4-47

(2) 已知圆柱体的正面投影，现在需要在此基础上补充绘制出圆柱体上端开槽后的水平投影和侧面投影，以确保图形的完整性和准确性，具体成果如图4-48所示。

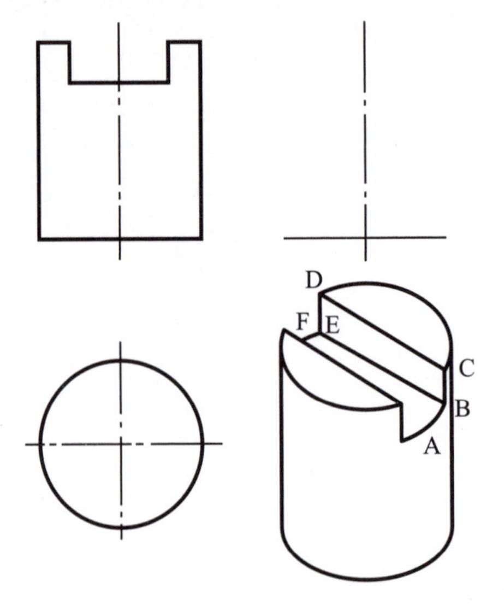

图4-48

立体的基本形体是一个轴线垂直于水平面的圆柱体，这个圆柱体被两个平行于圆柱轴线的侧平面，以及一个垂直于圆柱轴线的水平面在圆柱的上部截切，从而形成一个切口。具体来说，每个侧平面与圆柱顶面的交线分别是两条与正面投影方向垂直的线段，而与圆柱侧面的截交线则是两条与水平面垂直的素线。至于水平方向的切割面与圆柱的截交线，它们表现为两段圆弧。

根据圆柱体的配置关系，需要绘制出截切前整个圆柱体的侧面投影图。这一步是绘制过程的基础，确保了一个准确的起始点，如图4-48所示。

由于切割体的左右两侧是对称的，为了简化绘制过程，只需研究一侧特殊点的投影，另一侧则可以省略标注。在正面投影上，需要找到并标出特殊点的投影a'、b'、c'、d'、e'、f'，然后根据投影关系，可以从水平投影的圆上找出这些特殊点对应的水平投影a、b、c、d、e、f，如图4-49所示。

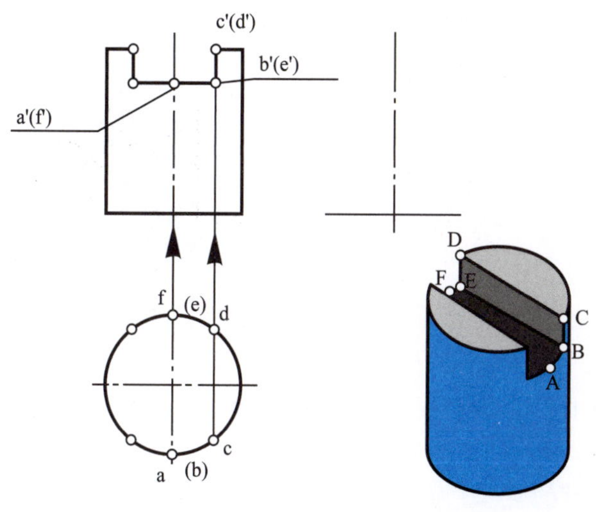

图4-49

根据已经得到的特殊点的正面投影和水平投影，可以进一步求出这些特殊点的侧面投影a"、b"、c"、d"、e"、f"，如图4-50所示。

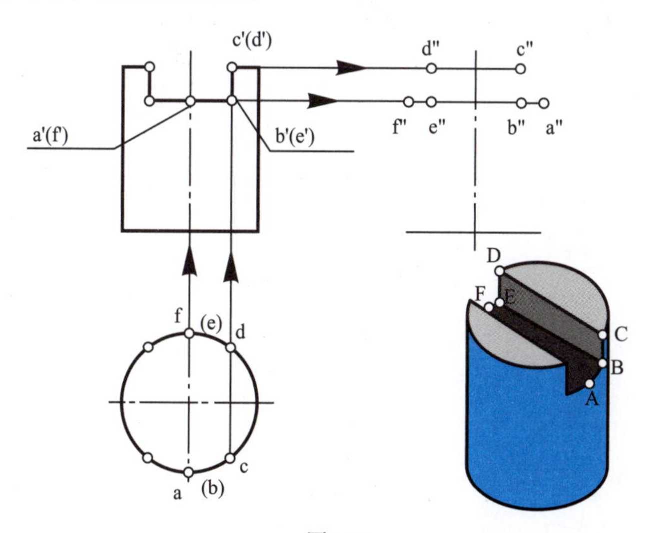

图4-50

在绘制投影图时，根据可见性判别原则，按顺序进行连线。在水平投影上，连接了c、d和b、e，而其他部分的投影则积聚在圆周上无须额外处理。在侧面投影中，依次连接了a"、b"、c"、d"、e"、f"，形成了切割体的轮廓线并用实线表示，其中c"和d"与顶面的侧面投影重合。需要注意的是，由于水平和垂直两截平面的交线b"e"在侧面投影中被遮挡，因此用虚线来表示这部分线条。最终得到了如图4-51所示的切割体投影图。

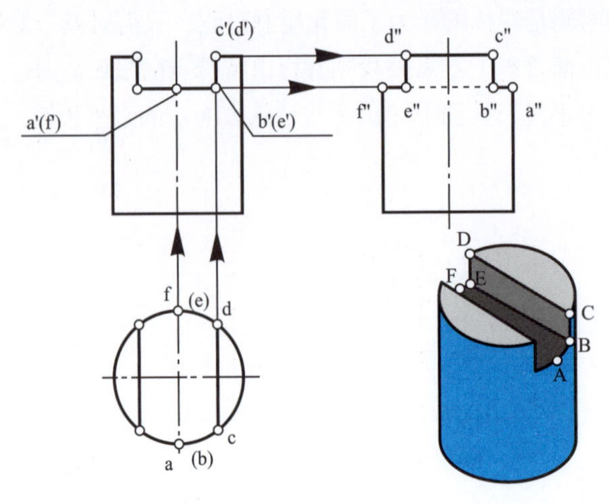

图4-51

2) 平面与圆锥相交

当平面与圆锥相交时，由于截平面与圆锥或与圆锥的素线相对位置的不同，其截交线的特征和形状也会有所差异。

圆锥的母线与其轴线的夹角记为α (即半锥角)，而截平面与圆锥轴线的夹角记为θ。根据这些夹角的不同，圆锥的截交线会呈现出五种不同的情形，如图4-52所示。

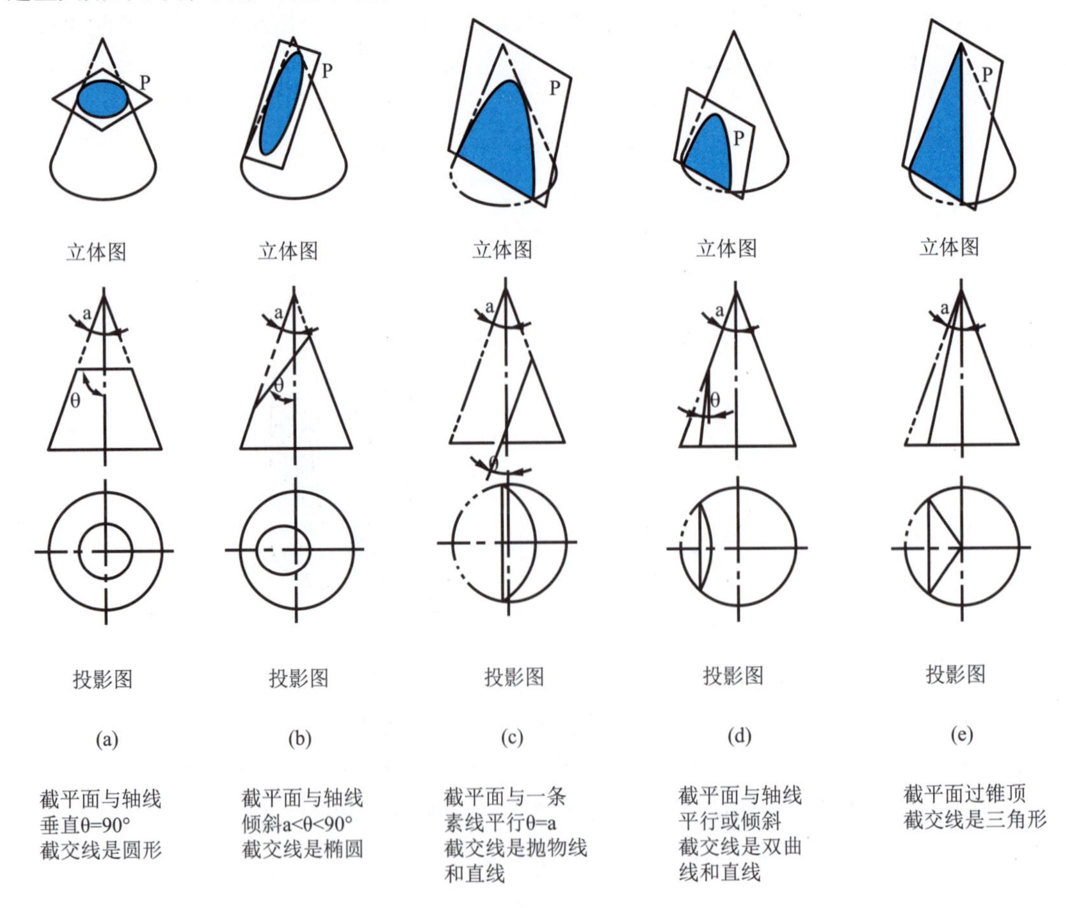

图4-52

(1) 已知圆锥被一个垂直于立面的平面所截切，现在需要分别求出截交线的水平投影和侧面投影，具体图示可参考图4-53。

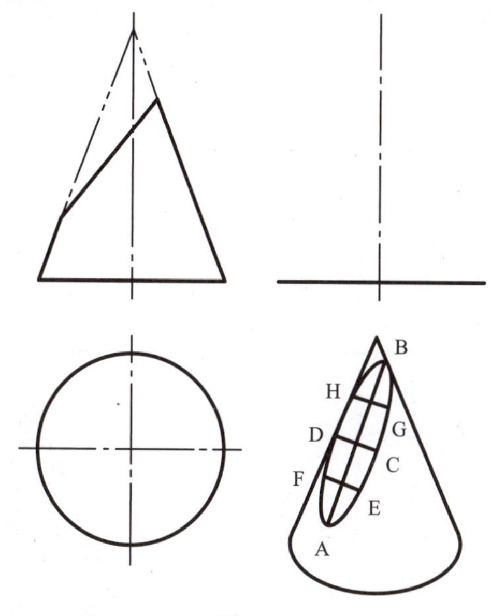

图4-53

被截切的基本形体是圆锥，截切平面是一个正垂面，它倾斜于圆锥轴线且倾斜角度 θ 大于半锥角 α 。此时，截交线呈现为椭圆形状，长轴为AB，短轴为CD。由于截交线的正面投影具有积聚性，因此可以利用这一特性确定其在正面投影图上的位置。而在水平投影和侧面投影中，截交线仍为椭圆形状，但为相似形，不反映真实大小。具体的绘制步骤需遵循这些投影特性进行。

① 确定特殊点。找到椭圆长轴和短轴的端点：点A和B是椭圆长轴的端点，在正面投影上分别对应为a'和b'。利用点、线的从属对应关系，可以直接求出这些点在水平投影a、b和侧面投影a"、b"的位置，如图4-54所示。

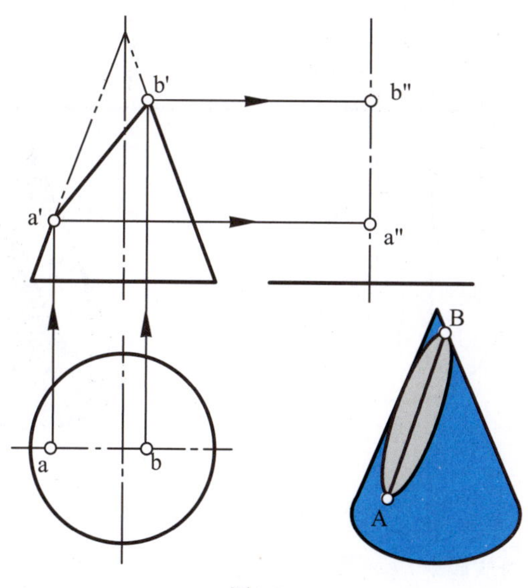

图4-54

椭圆的长轴AB与短轴CD互相垂直且平分，基于这一几何关系，可以确定短轴端点C和D的正面投影c'和d'。利用圆锥表面取点的方法，进一步求出这些点在水平投影c、d和侧面投影c"、d"的位置，如图4-55所示。

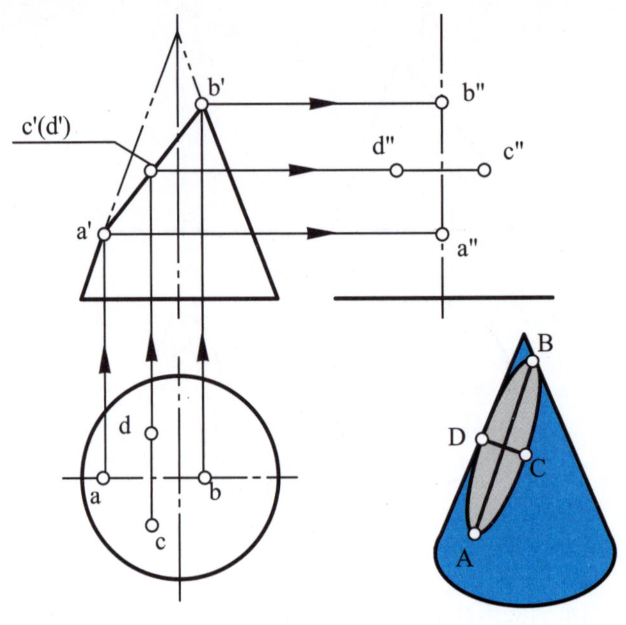

图4-55

点G和H位于圆锥侧面投影的轮廓线上，它们同样被视为特殊点。求解点G和H的各个投影的方法，与求解点A和B的投影方法相同，具体过程可参考图4-56。

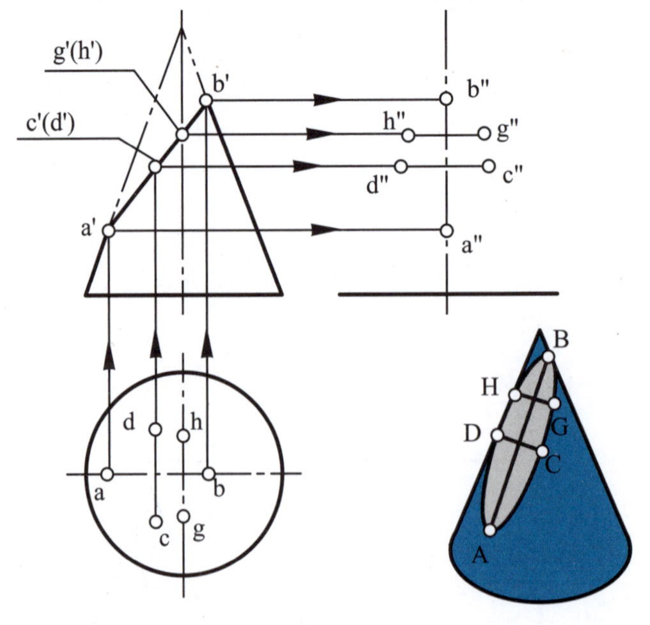

图4-56

② 绘制一般位置点。点E和F为一般位置点，可以先求出它们在正面投影上的对应点e'和f'，然后利用点和线之间的从属对应关系，直接求出它们在水平投影上的对应点e和f，以及在

侧面投影上的对应点e"和f"，如图4-57所示。

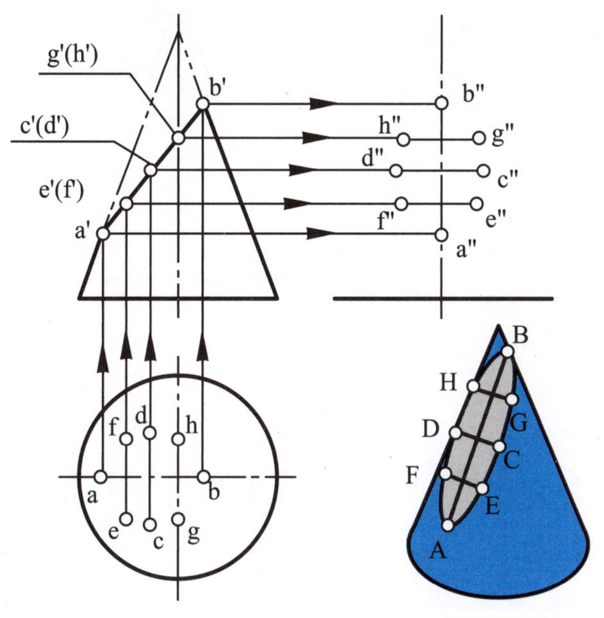

图4-57

③ 判别可见性，顺次过点光滑连线。椭圆的水平投影和侧面投影均清晰可见，分别按照A、E、C、G、B、H、D、F、A的顺序，将其水平投影的各点光滑地连接起来形成一个椭圆形状，再按照同样的顺序将其侧面投影的各点也光滑地连接起来形成另一个椭圆形状。这两个椭圆均应用粗实线绘制，以此来表示椭圆的水平和侧面投影。这个绘制过程及结果，如图4-58所示。

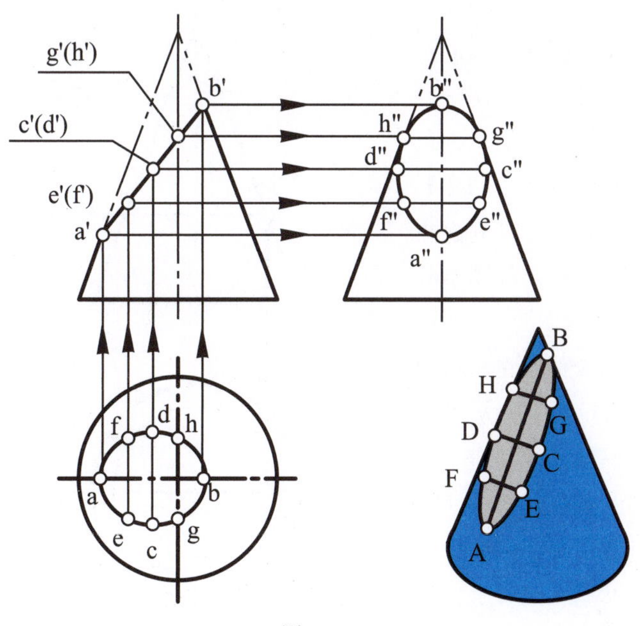

图4-58

(2) 已知一个圆锥被垂直于水平面的平面所截切，求该截交线的侧面投影，如图4-59所示。

被截切的基本形体是圆锥，当侧平面平行于圆锥轴线截切时，截交线形成双曲线。作图时，先确定并求出截交线上特殊点的正面、水平和侧面投影，利用正面投影和水平投影的积聚性简化作图，再求一般位置点的投影以完善图形，最后在侧面投影中将这些点光滑连接，形成反映实形的双曲线截交线。具体绘制步骤如下。

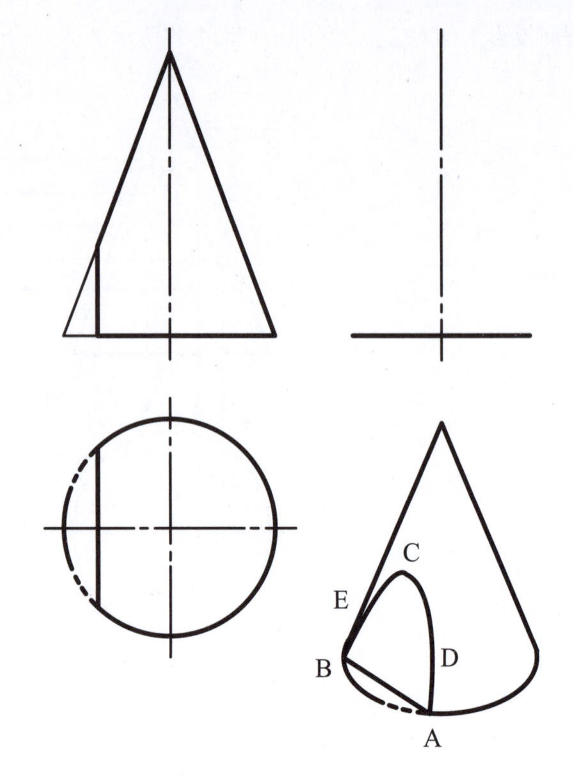

图4-59

① 已知A、B、C为截交线上的特殊点，且它们在正面投影上对应的点为a'、b'、c'。通过这些已知信息，进一步求出这些特殊点在空间中的实际位置点a、b、c，以及它们在侧面投影上对应的点a"、b"、c"，如图4-60所示。

② 已知D、E为截交线上的一般位置点，且它们在正面投影上对应的点为d'、e'。通过这些已知信息，进一步确定这些一般位置点在空间中的实际位置点d、e，并求出它们在侧面投影上对应的点d"、e"，如图4-61所示。

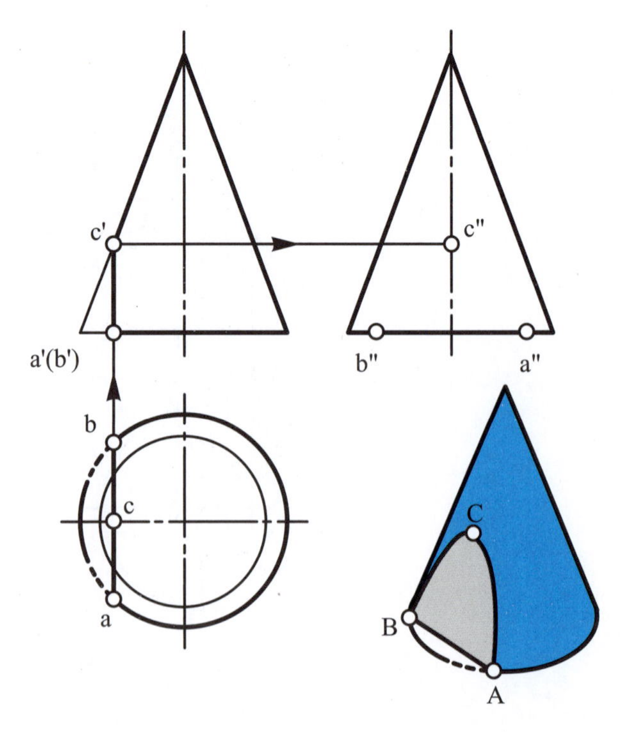

图4-60

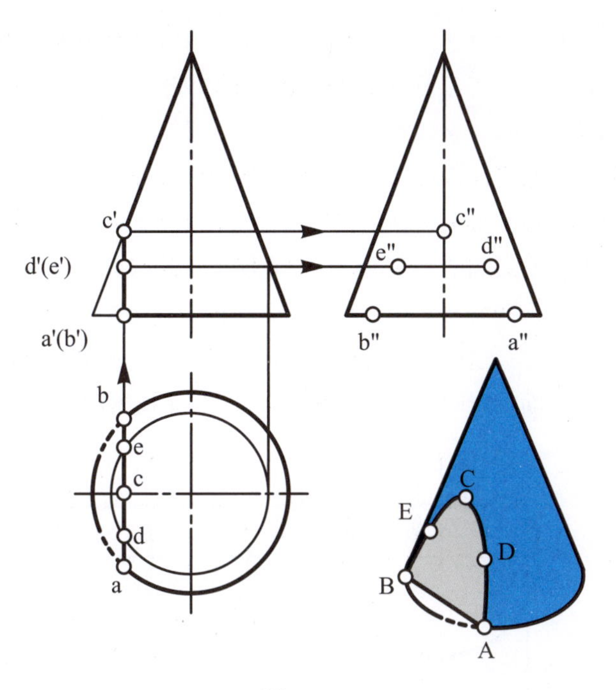

图4-61

③ 图中b"、c"、a"为截交线上特殊点的侧面投影，而e"、d"则代表一般位置点的侧面投影。将这些点光滑地连接起来，即b"、e"、c"、d"、a"，所得连线即为截交线的侧面投影，如图4-62所示。

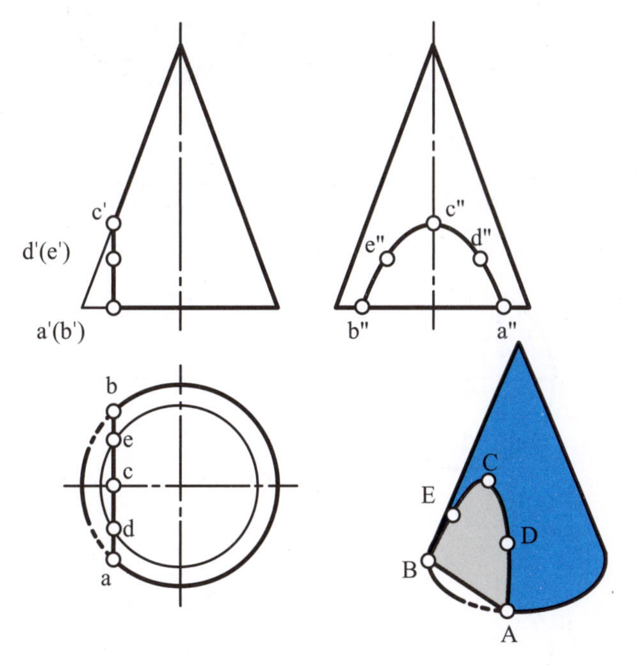

图4-62

3) 平面与圆球相交

当平面与圆球相交时，它们的截交线是一个圆。这一圆的投影形状会根据截平面与投影面的相对位置而有所变化：若截平面平行于投影面，截交线的投影会真实地反映出其圆形轮廓，即投影反映实形；若截平面垂直于投影面，截交线的投影则会呈现为一条直线，且该直线的长度恰好等于截交线圆的直径；若截平面倾斜于投影面，由于截交线圆与投影面不平行，其投影会变形为一个椭圆形状。

当考虑到一个圆球被水平面截去部分球冠后所形成的球体时，其截交线是一个圆。对于这个截交线圆，可以从两个投影面来观察其投影特性：在水平投影面上，由于截平面(即水平面)与该投影面平行，因此截交线圆的水平投影能够真实地反映出其圆形轮廓，即水平投影反映实形；而在正面投影面上，由于截平面与正面投影面垂直，截交线圆的正面投影不再保持其圆形形状，而是呈现为一条直线。这条直线的长度恰好等于截交线圆的直径，提供了截交线圆大小的一个直观度量。这种两面投影的关系，在图4-63中得到了清晰的展示。

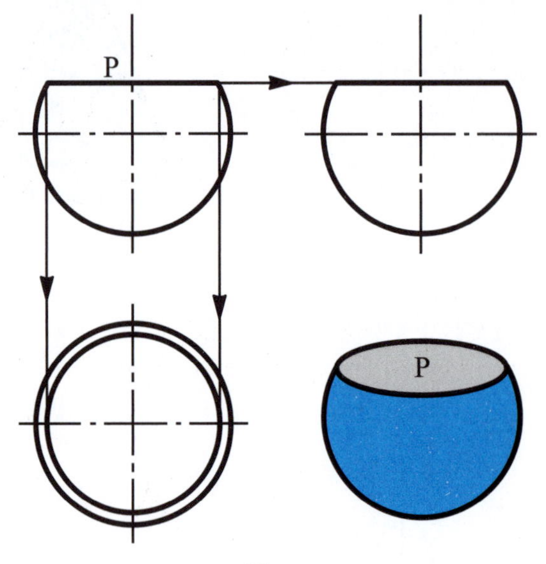

图4-63

当球体上切槽后的图形绘制完毕，可以得到球体的水平投影和侧面投影，这两个投影完整地展示了切槽后的球体形状，如图4-64所示。

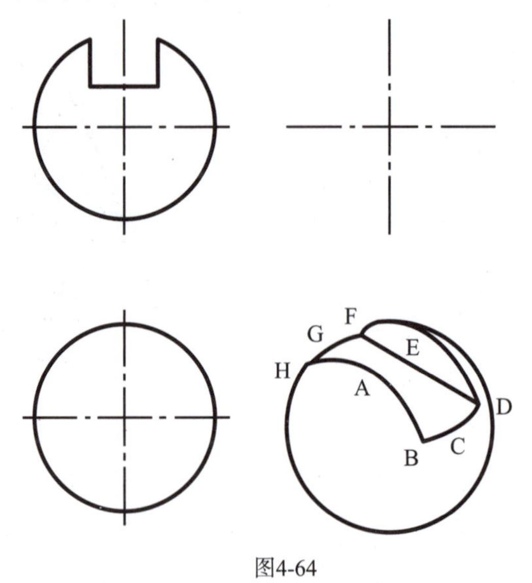

图4-64

球体被两个侧平面和一个水平面截切后，截交线在空间中均呈现为圆弧状。水平面与圆球的截交线在水平投影上反映实形，而正面投影和侧面投影中则积聚成线段；两侧平面与球体的交线在侧面投影上反映实形，正面投影和水平投影中同样积聚成线段。此外，三个截平面的交线形成两条正垂线。其绘制步骤如下。

在正面投影上，清晰地标注出a'、b'、c'、d'、e'、f'、g'、h'各点，如图6-65所示。

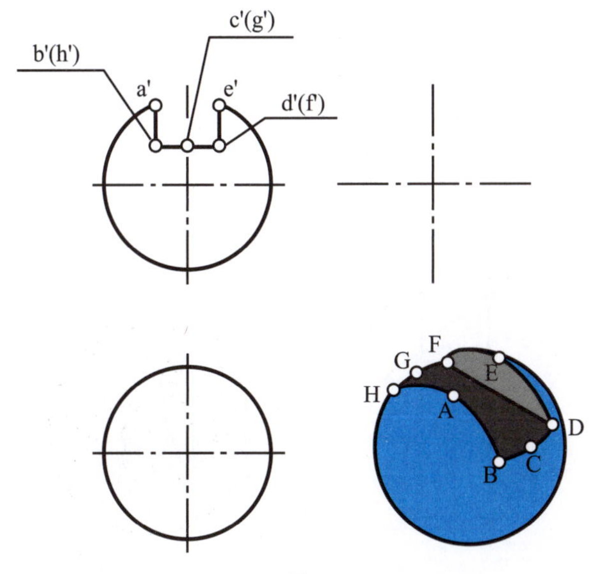

图4-65

要求出水平面与球体截交线的投影，需确定其在水平投影上为圆弧bcd和fgh(半径由正面投影c'或g'至轮廓线距离得出)，在侧面投影上为直线c"b"(或c"d")和g"h"(或g"f")。已知A、B、C、D、E、F、G、H为截交线上的特殊点，根据正面投影上的a'、b'、c'、d'、e'、f'、g'、h'，可求出空间中的a、b、c、d、e、f、g、h，以及侧面投影上的a"、b"、c"、d"、e"、f"、g"、h"各点，如图6-66所示。

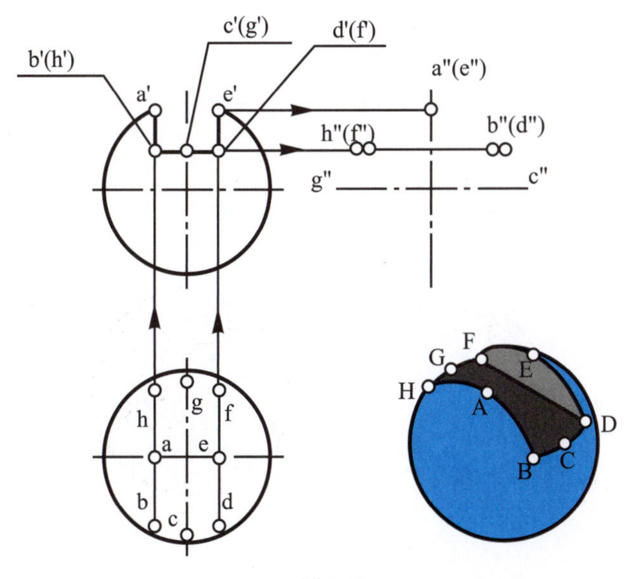

图4-66

要求出侧平面与球体截交线的投影，需先确定截交线的侧面投影和水平投影。在侧面投影中，截交线呈现为圆弧h"a"b"(圆弧f"a"d"与h"a"b"在此情境下是重合的)，这个圆弧的半径可以通过测量侧面投影上点a"(或e") 到球心的距离来得到。而在水平投影中，截交线则表现为直线hb和fd。确定这些投影后，可以在图6-67中准确地绘制出侧平面与球体截交线的投影。

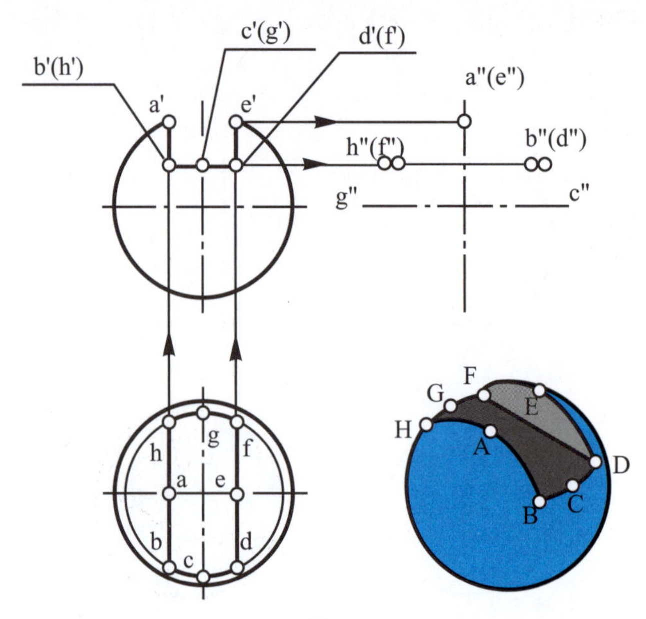

图4-67

截平面之间的交线投影，其水平投影为已求得的直线hb和fd，而侧面投影则是连接h"b"(注意f"d"与其重合)，由于该交线在侧面投影中不可见，因此应以虚线表示。完成这些投影后，可在图6-68中清晰展示截平面之间交线的完整投影。

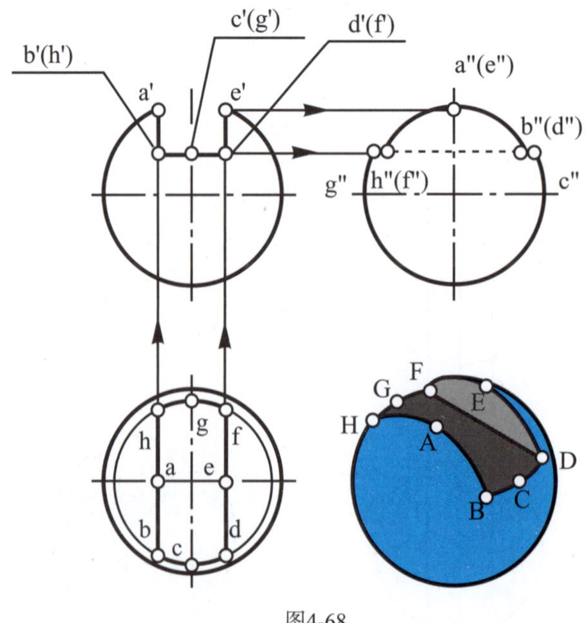

图4-68

4.2.2 相贯线

当两个立体相互交叉结合时，它们构成了相贯体，而这两个立体表面相交所形成的线条即为相贯线。根据立体表面的几何特征，可以将立体划分为平面立体和曲面立体两大类。相应地，相贯线也可以划分为三种不同的类型，如图4-69所示。

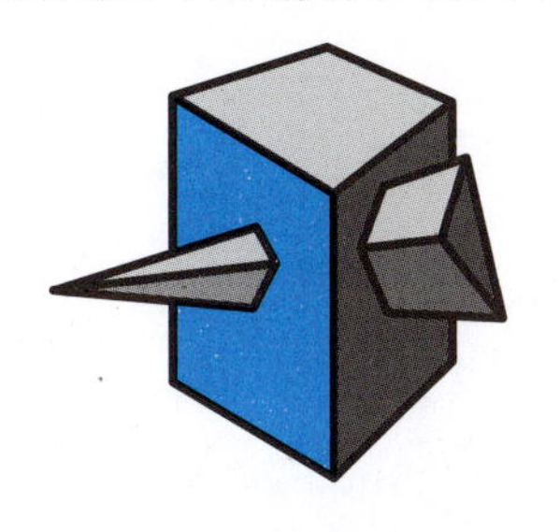

平面立体与
平面立体相交

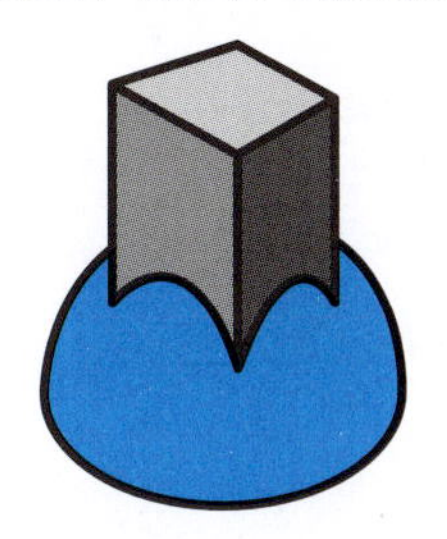

平面立体与
曲面立体相交

曲面立体与
曲面立体相交

图4-69

当两个立体相交形成相贯体时，它们表面相交形成的线条即为相贯线。根据立体表面的形态，立体可分为平面立体和曲面立体。其中，两回转体相贯的绘制方法是讨论的重点。为了求得相贯线的投影，需要先确定一系列特殊点的投影，随后根据这些点的可见性，依次光滑地连接它们在同一投影面上的投影。

绘制相贯线的方法主要包括表面取点法、辅助平面法，以及一些针对相贯线特殊情况的简化画法。在进行绘制时，要先分析组成相贯体的各个立体的位置关系及其投影形状，确定相贯线的已知投影，并选择合适的绘制方法。然后，求出相贯立体表面的一系列公有点，判断它们的可见性，并用相应的图线依次连接成相贯线在同一投影面上的投影。在此过程中，需要加深各立体的轮廓线直至与相贯线的交点处，同时标明相贯线的可见性，只有同时位于两个立体可见表面上的一段相贯线的投影才是可见的。

为了准确地画出相贯线，通常需要先确定相贯线上的一些特殊点，这些点能够确定相贯线投影的范围和变化趋势，如曲面立体转向轮廓线上的点、最前、最后、最高、最低、最左、最右点等。然后，在相贯线上绘制适当数量的一般点，开始连线，并完成相贯线的投影绘制。

1. 表面取点法绘制相贯线

利用圆的积聚性原理，可以根据部分视图上已有的曲面立体表面点的投影，来求解最终视图上的投影，这种方法被称为表面取点法。当两个回转体相交，且其中一个回转体的轴线与投影面垂直时(如圆柱体)，该回转体在该投影面上的投影会积聚成一个圆形。此时，相贯线在该投影面上的投影会与这个圆形重合。因此，可以将相贯线视为另一回转体表面上的曲线，通过在该回转体表面取点的方法，来绘制相贯线的其他投影。

以两个圆柱体垂直相交为例，可以根据它们的水平投影和侧面投影，来绘制正面投影，具体过程如图4-70所示。在这个示例中，我们利用表面取点法，结合圆柱体的积聚性特性，准确地绘制出相贯线在正面投影上的形状。

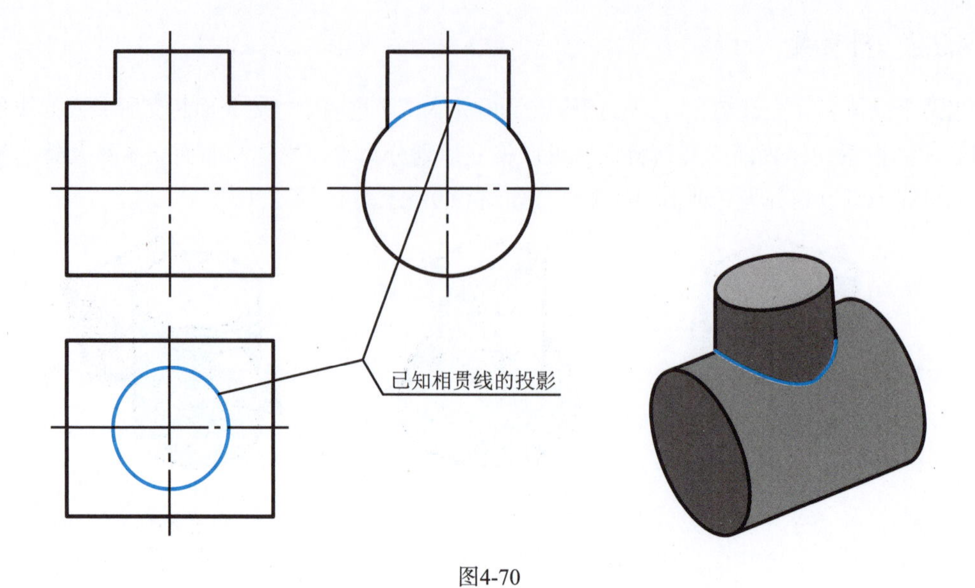

图4-70

当两个圆柱体的轴线垂直相交时，若其中一个圆柱(顶部圆柱) 的轴线与水平投影面垂直，则该圆柱面的水平投影会积聚成一个圆，并且相贯线的水平投影会与该圆完全重合。同时，若另一个圆柱的轴线与侧面投影面垂直，则该圆柱面的侧面投影也会积聚成一个圆。基于这两个已知的投影信息，可直接利用投影关系来求解相贯线的正面投影。其绘制步骤如下。

(1) 在已知侧面投影图和水平投影图中相贯线的投影上，精选并标注特殊点和一般点，以确保作图既简洁又清晰。鉴于相贯线作为闭合且对称的曲线特性，此处仅标记了三个关键点的投影：前两点分别标识为相贯线的最底部点和最前端点；第三点则是集最高、最左及位于转向轮廓线上的共有点，如图4-71所示。

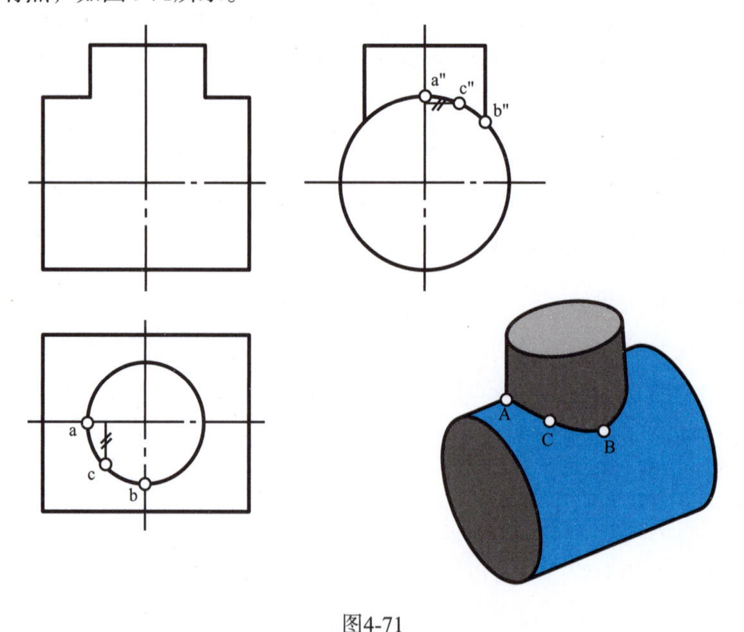

图4-71

(2) 根据点在水平投影面和侧面投影面上的投影，利用点的投影规律来绘制这些点在正面投影面上的投影，如图4-72所示。

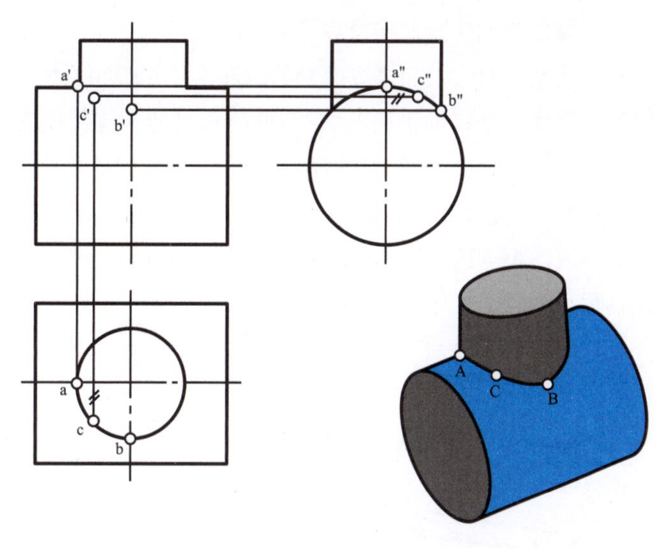

图4-72

(3) 根据相贯线的对称性特征，可以绘制出对面相应的点d'和e'，如图4-73所示。

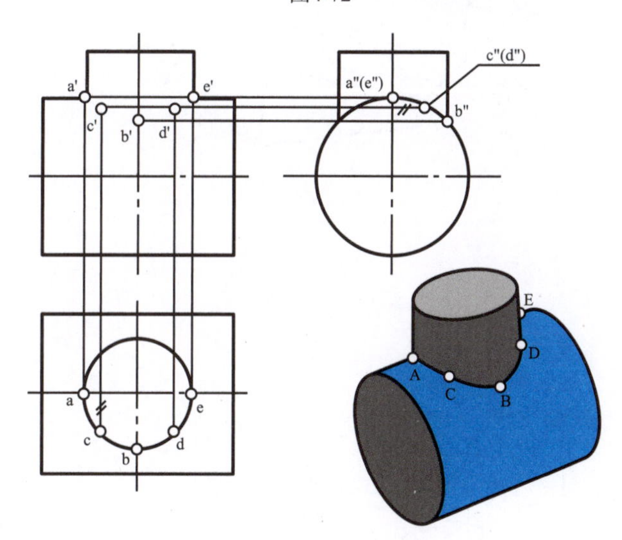

图4-73

(4) 在正面投影图上，将这些点依次连接起来，形成一条光滑曲线。由于相贯线具有前后对称的特性，因此其正面投影的可见部分与不可见部分是完全重合的。最终绘制出的相贯线，如图4-74所示。

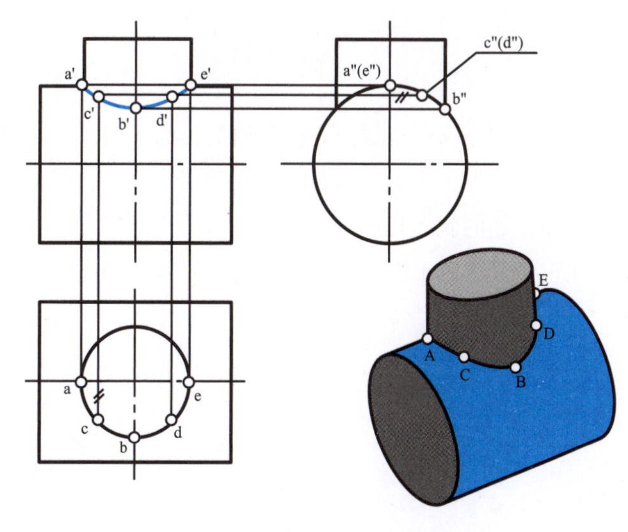

图4-74

2. 辅助平面法绘制相贯线

用辅助平面法求相贯线投影的原理，是基于相贯线是相交两立体表面的共有线和分界线的特性。假想一个辅助平面P，它与两个相贯的立体都相交。这个辅助平面与两个立体相交形成的截交线，正是由这两个立体截交线共同构成的。而这两个截交线的交点，也必然是相交两立体表面的共有点，即相贯线上的点A和B。通过确定这些特殊点和一般点的投影，可以求出相交立体表面上的这些共有点。最后，依据这些点的投影，就可以绘制出相贯线的投影。具体绘制过程，如图4-75所示。

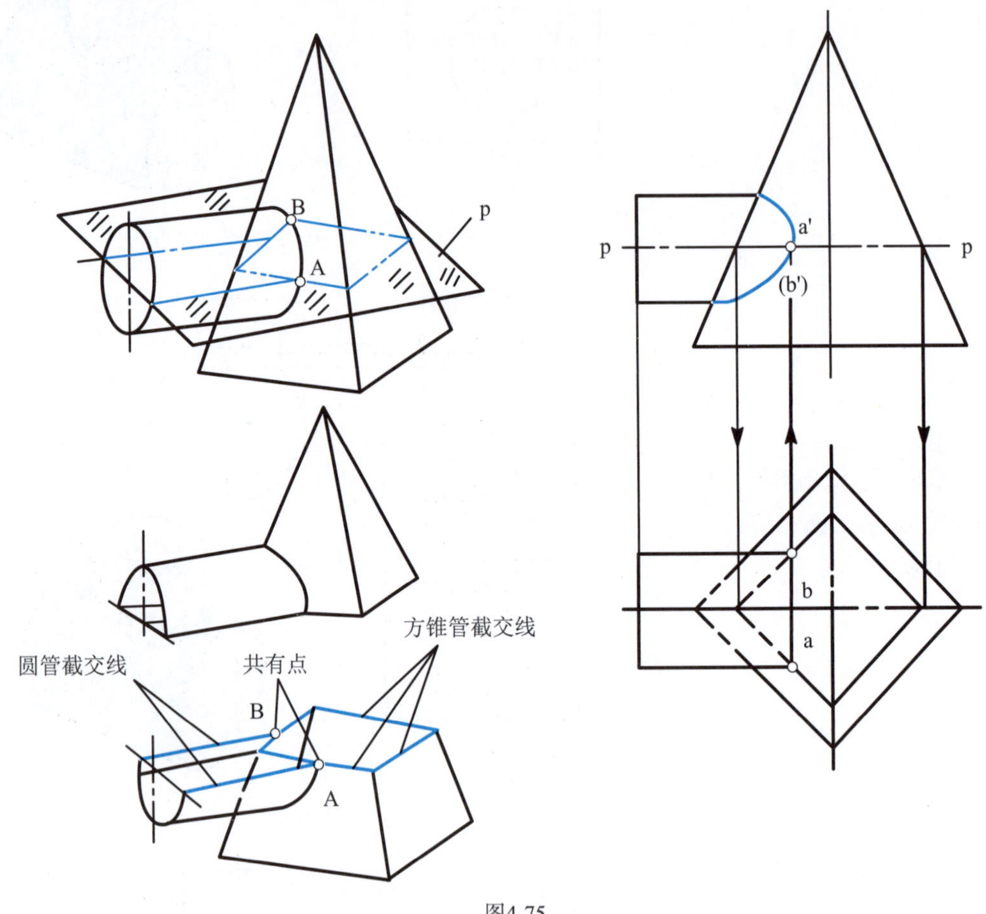

图4-75

已知圆柱与圆台相贯，完成其相贯线的正面和水平投影图，如图4-76所示。

在这个场景中，圆柱的轴线是侧垂线，而圆台的轴线为铅垂线，两者垂直相交。值得注意的是，圆柱面的侧面投影会积聚成一个圆，此时相贯线的侧面投影会与该圆重合。要绘制出相贯线的正面投影和水平投影，具体的绘制步骤如下。

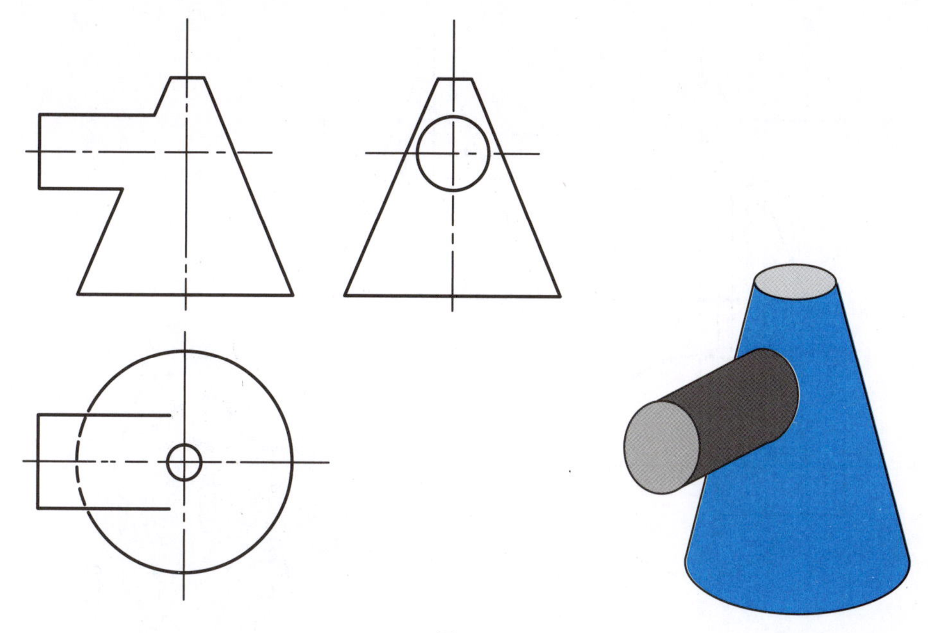

图4-76

(1) 在相贯线的侧面投影图上，先确定并明确标注出特殊点。随后，运用辅助平面法，求出这些特殊点及它们对应的对称点的水平投影和正面投影，如图4-77所示。

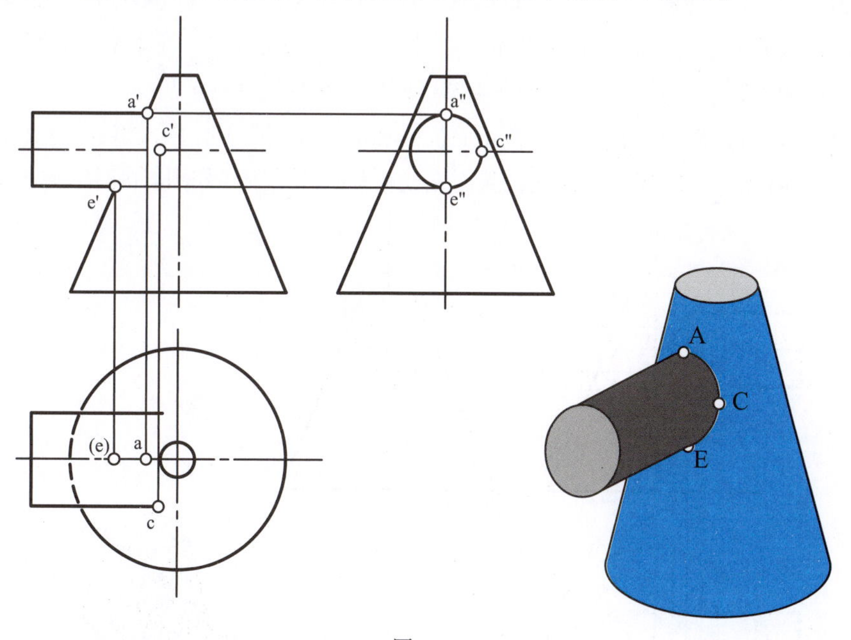

图4-77

(2) 在相贯线的侧面投影图上，确定并标注出一些一般点。再次运用辅助平面法，求出这些一般点及它们对应对称点的水平投影和正面投影，如图4-78所示。

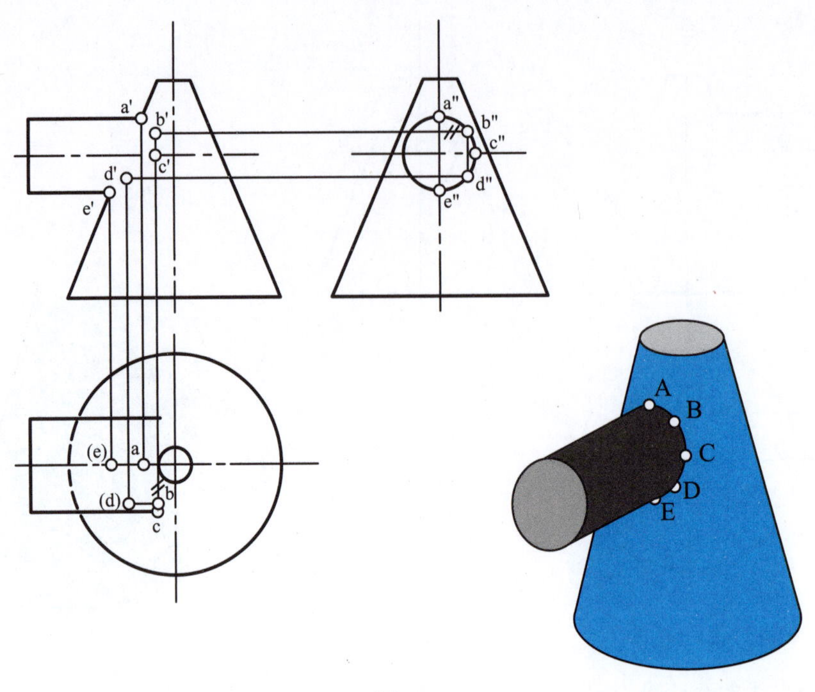

图4-78

(3) 进行可见性的判别，由于此相贯体具有前后对称性，其正面投影的前后部分是完全重合的。因此，只需画出圆柱面上的前半部分，即可代表整条相贯线。在水平投影图上，位于上半圆柱面上的相贯线是可见的，而位于下半圆柱面上的相贯线则不可见。

(4) 根据上述可见性的判别结果，在正面投影和水平投影图上，依次将这些点(包括特殊点和一般点及其对称点) 连接成光滑曲线，从而完成相贯线的绘制，如图4-79所示。

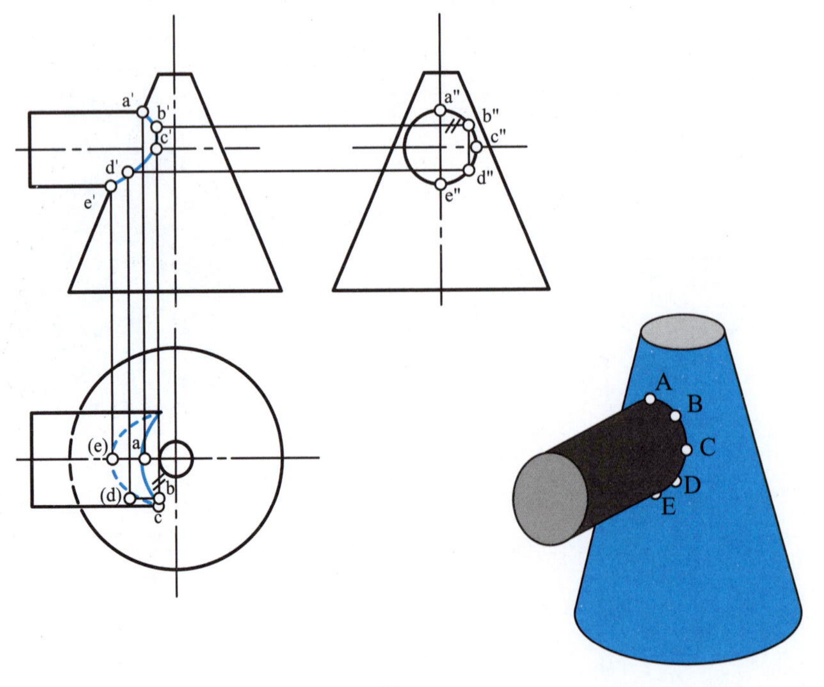

图4-79

3. 相贯线的特殊情况

两回转体相交时，其相贯线通常是一条封闭的空间曲线。不过也存在特殊情况，即相贯线可能呈现为平面曲线或直线。

(1) 当两个等径的圆柱体相交，并且它们相交的部分公切于一个圆球时，此时的相贯线具有特殊形态，如图4-80所示。

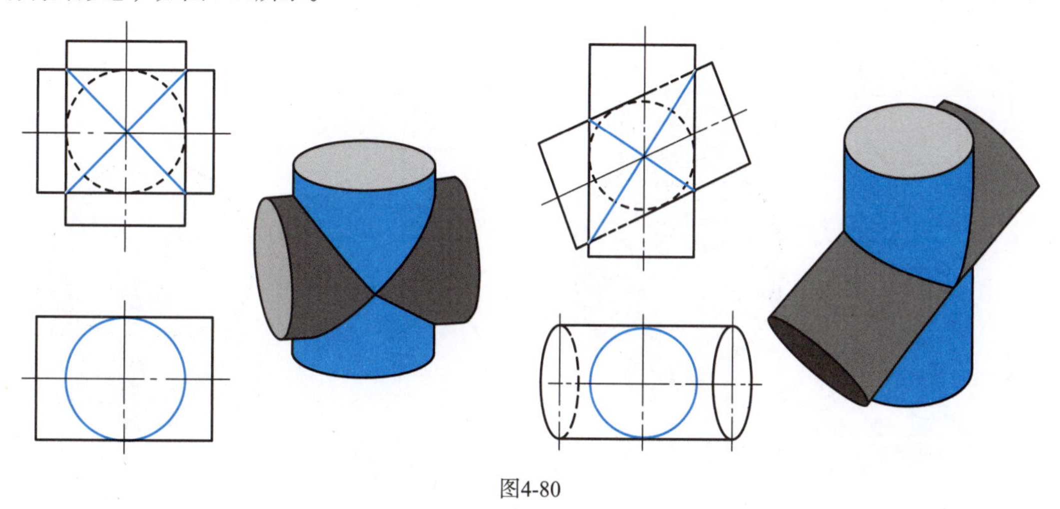

图4-80

(2) 当圆锥与圆柱相贯，并且它们公切于一个圆球时，其投影如图4-81所示。

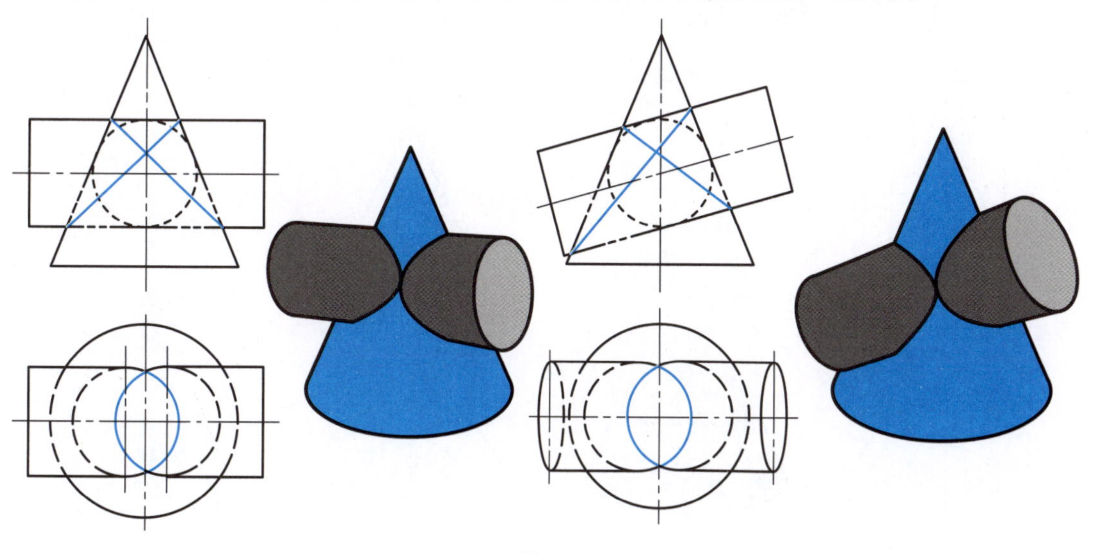

图4-81

(3) 在两个同轴回转体相交的情况下，它们的相贯线会是一个圆形，这个圆形垂直于它们的共同轴线。举例来说，当一个圆球分别与一个圆柱和一个圆锥同轴且贯穿相交时，就会形成这种特征的相贯线，如图4-82所示。

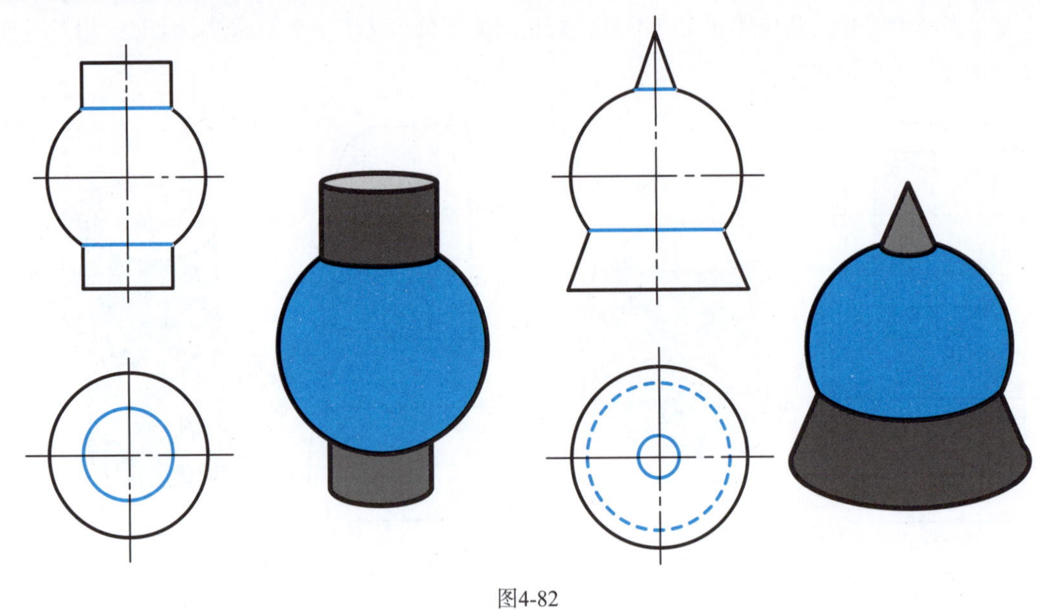

图4-82

(4) 圆锥与圆柱，以及两个圆锥在同轴条件下贯穿相交，其相交形态如图4-83所示。

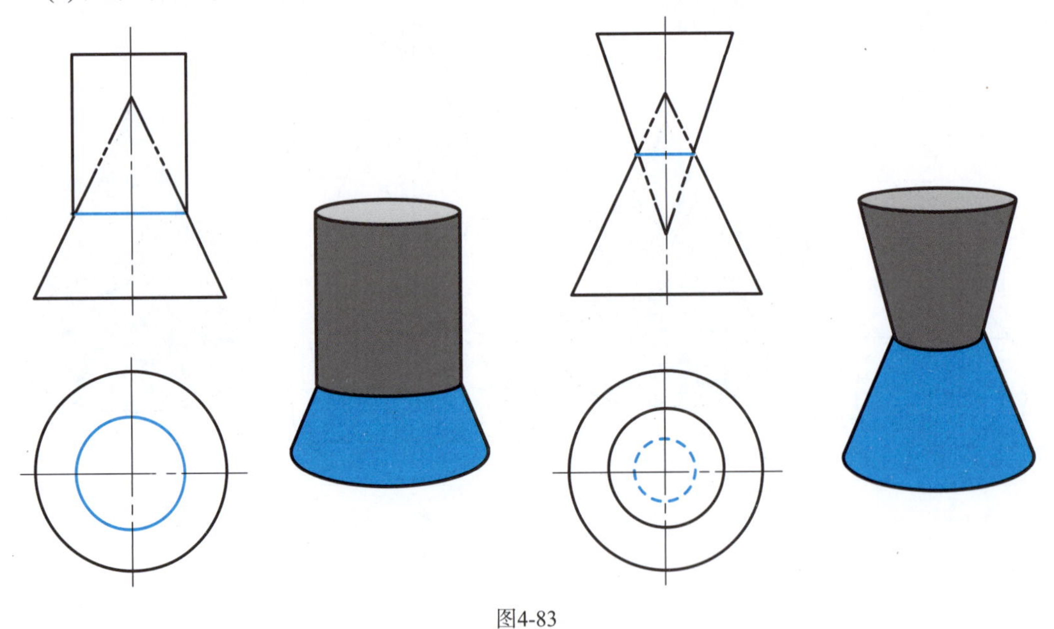

图4-83

(5) 当两个轴线平行的圆柱相交，或者两个具有公共锥顶的圆锥相交时，它们的相贯线在投影上表现为直线，具体形态如图4-84所示。

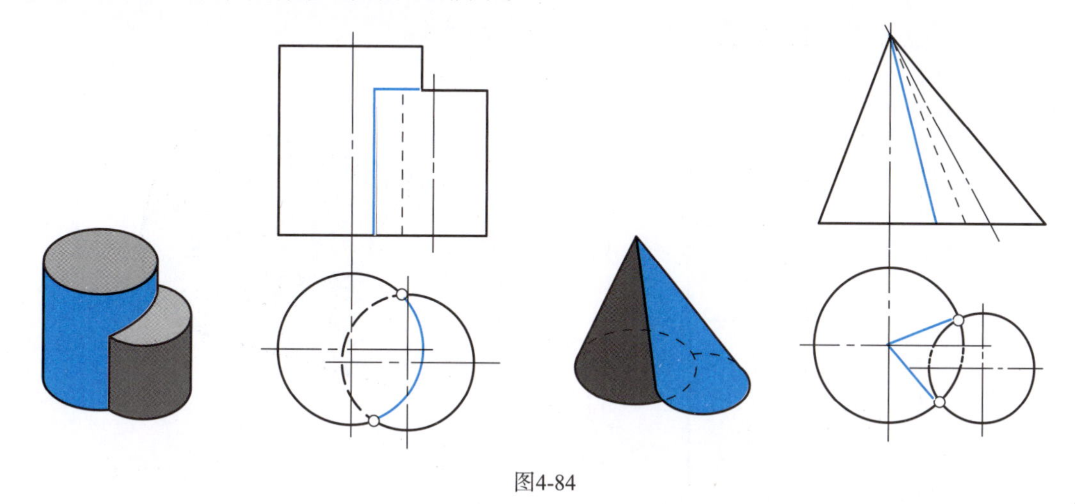

图4-84

4. 相贯线的简化画法

为了提升绘图效率，可以对相贯线的投影进行简化处理，采用直线或圆弧来近似替代原本的相贯线曲线。在具体操作中，可以利用大圆的半径来绘制出近似相贯线的圆弧，如图4-85所示。

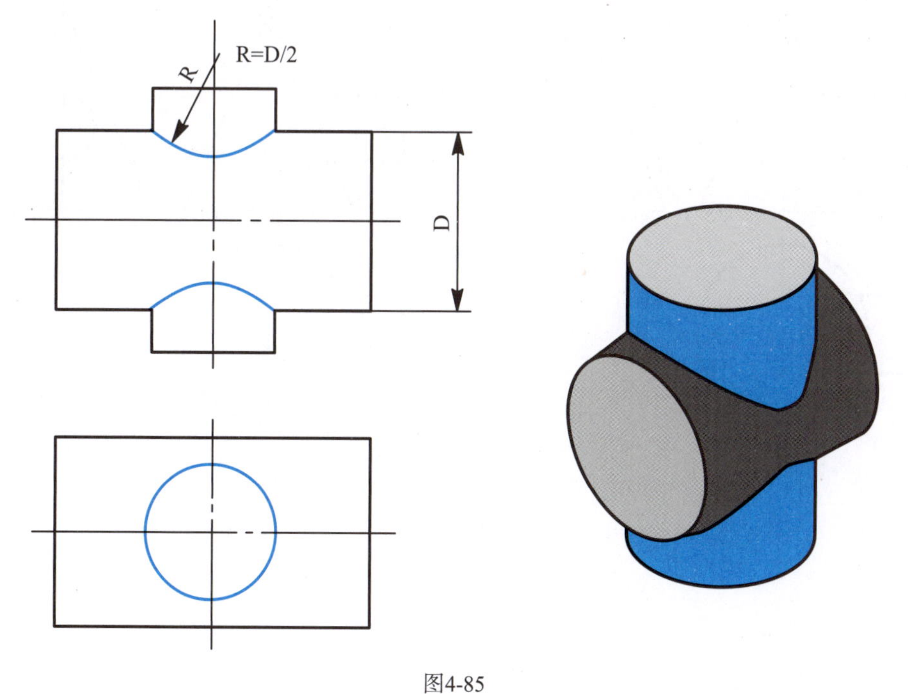

图4-85

当两个垂直正交且直径相差悬殊的圆柱相交时，其相贯线的投影可以简化为直线，如图4-86所示。

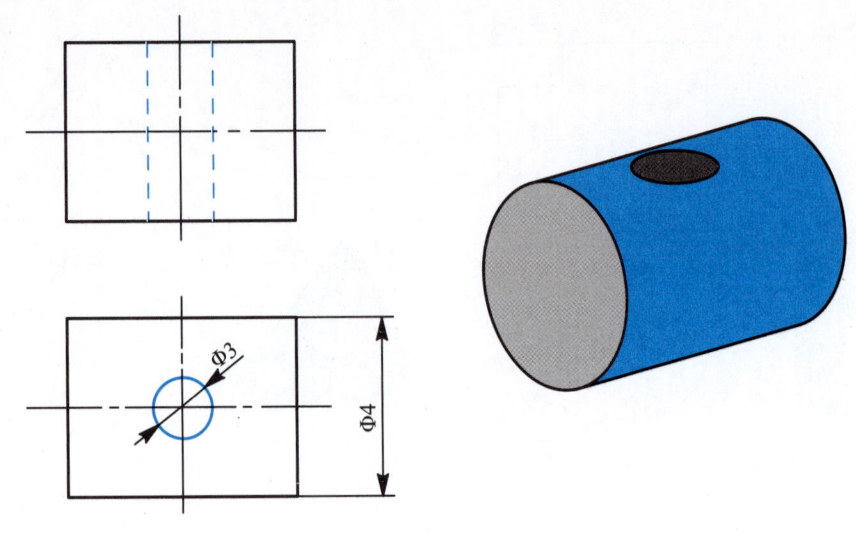

图4-86

相贯线是形体相交时自然产生的交界线。在绘制图样时，只需准确表现出贯穿体的大小、形态，以及它们之间的相对位置，相贯线本身可以进行简化处理，甚至不直接绘制出来，如图4-87所示。

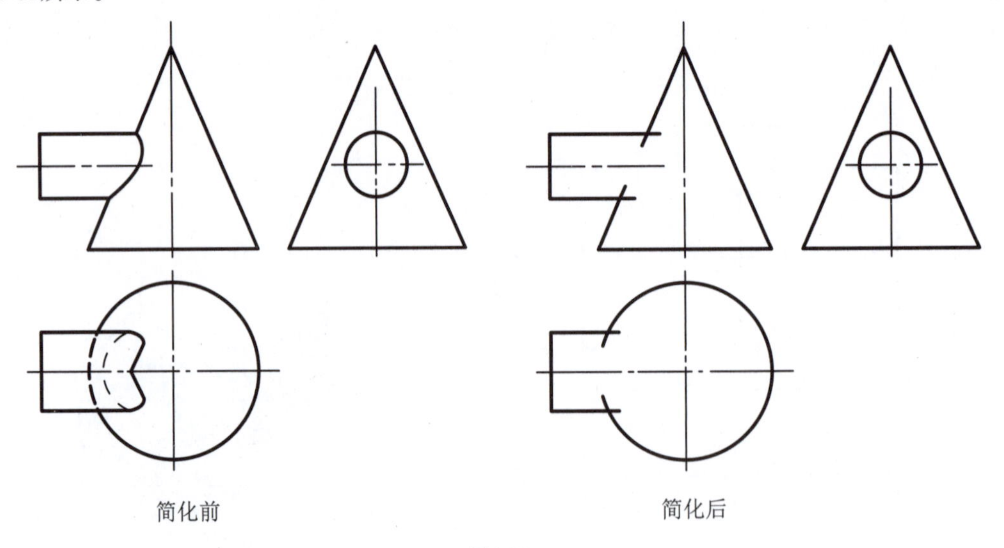

图4-87

第5章

组合体图样绘制

主要内容：本章介绍了组合体图样绘制的步骤和方法，并结合图文案例对组合体图样进行分析。

教学目标：掌握组合体图样绘制的步骤和方法。

学习要点：分析组合体图样，熟练掌握绘制组合体图样的方法。

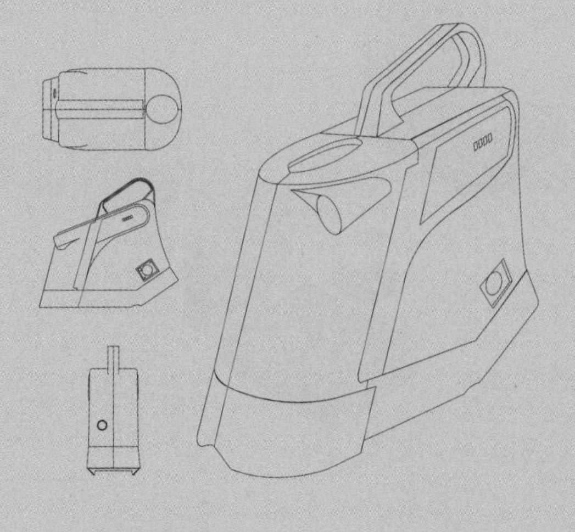

Product Design

组合体是由简单的基本形体组合而成的复杂形体。本章将深入探讨组合体的绘图方法、尺寸标注，以及识图技巧。

5.1 组合体概述

由两个或两个以上的基本形体，通过特定的组合方式所构成的立体，被称为组合体。图5-1中展示了一些常见的组合体示例。

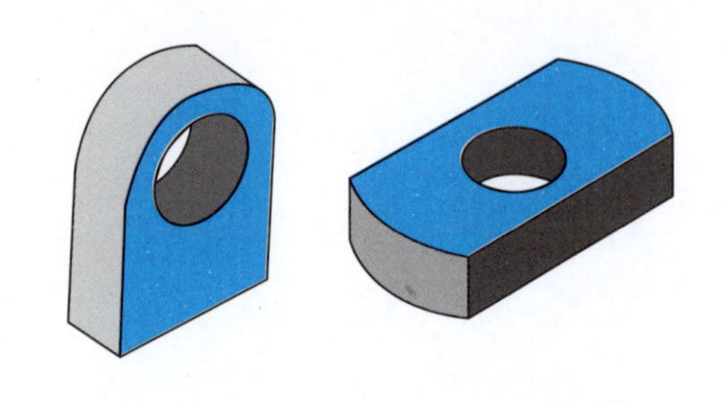

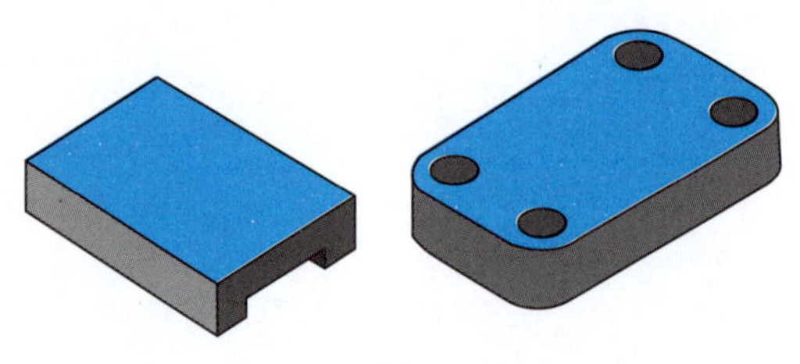

图5-1

5.1.1 组合体的组合形式

1. 组合体的组合方式

组合体的组合方式，主要有叠加和挖切两种。

(1) 叠加形式。组合体可以被视为由底板A、侧板B、圆柱C这三个几何单体通过叠加的方式组合而成，具体形态如图5-2所示。

(2) 挖切形式。组合体可以看作是由一个长方体通过挖切出立体A、立体B、立体C等部分而形成，示例形态如图5-3所示。

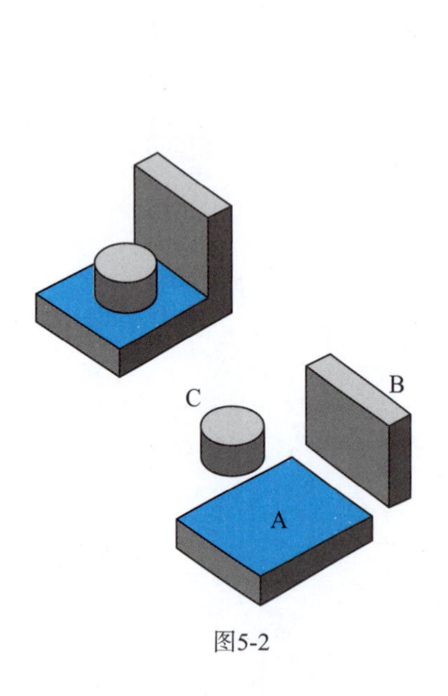

图5-2

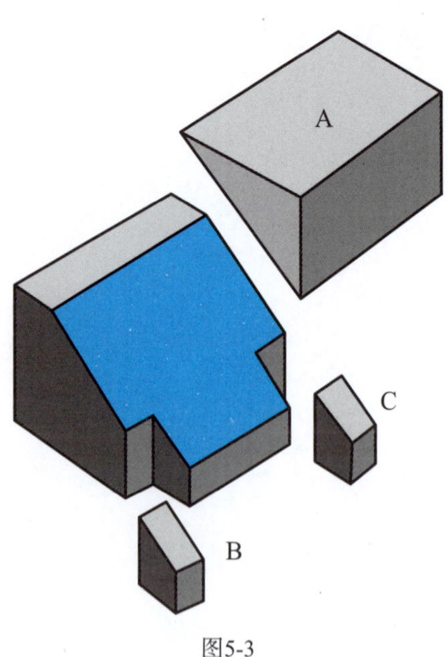

图5-3

2. 组合体表面的连接关系

组合体中两个基本体表面之间的连接关系，通常可以分为叠合、相切和相交三种形式。下面将分别探讨这三种形式的绘制方法。

(1) 叠合。当两个基本体通过叠加的方式在空间上相互连接，且它们的某一端面完全重合时，这两个重合的表面可以视为同一个表面，即两端面共面。在绘制主视图时，两个基本体连接的部分不需要画出分界线，具体形态如图5-4所示。

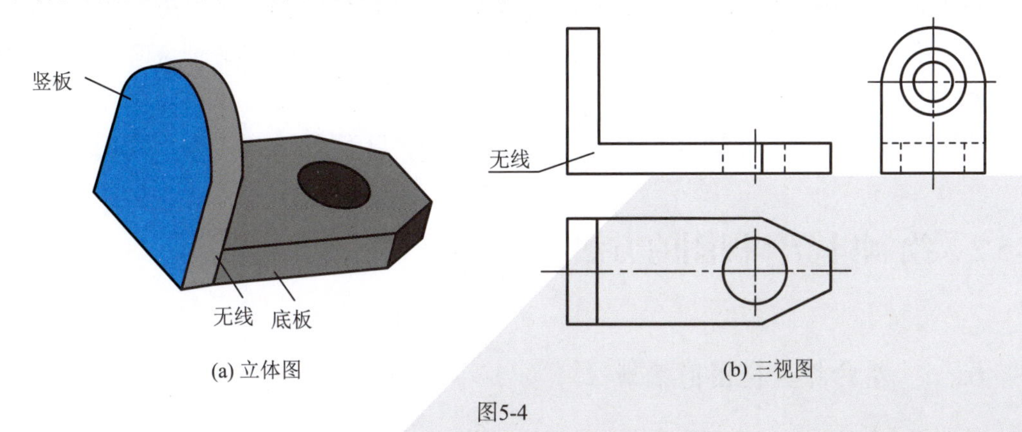

(a) 立体图　　(b) 三视图

图5-4

(2) 相切。当两个基本体的表面相切时，在它们的相切处并没有产生新的轮廓线，因此在绘图时不需要画出分界线，具体形态如图5-5所示。

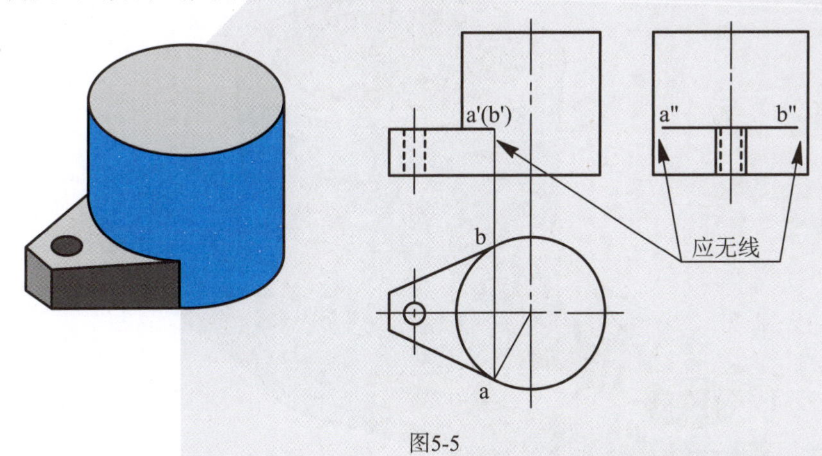

图5-5

(3) 相交。当两个基本体的表面相交时，需要绘制出这两个相交表面所产生的交线的投影，具体形态如图5-6所示。

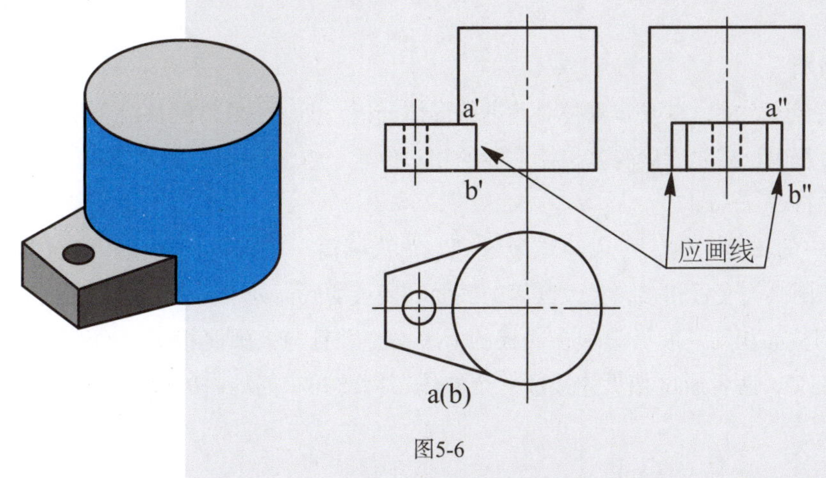

图5-6

5.1.2 组合体的形态分析

在绘制组合体前，需要先将其分解成若干个几何形体和更小的组合体，接着对这些分解后的部分进行详细分析，包括它们之间的相对位置关系、表面连接关系，以及分界线的特点。通过这种分析可以对组合体进行拆分并重新组合，从而形成一个完整且清晰的认识方法，这种方法被称为形体分析法。

在实际操作中，通常借助形体分析法来绘制组合体，以确保绘制的准确性和完整性。

5.2 绘制组合体视图的方法

5.2.1 组合体三视图的绘制

绘制组合体视图的方法与步骤通常涉及几个环节，下面以支座组合体为例，具体分析其三视图的绘制方法和步骤，如图5-7所示。

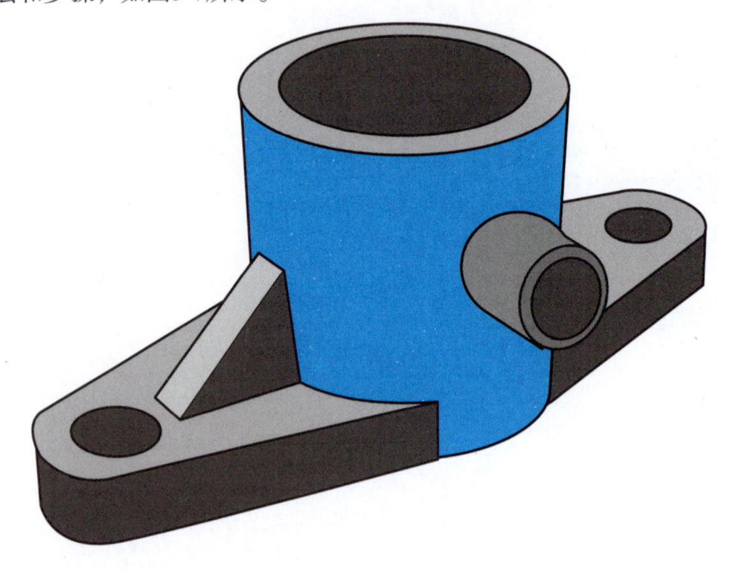

图5-7

1. 形体分析

在绘制组合体之前，首要步骤是对其进行形体分析，即识别并理解该组合体由哪些基本体构成。这一过程中，需要明确各基本体之间的相对位置、组合形式，以及它们表面间的连接关系和分界线的特点。

以图5-7中的支座为例，可以清晰地看到它由大圆筒、小圆筒、底板和肋板等几部分组成。其中，大圆筒与底板相接，且大圆筒的底面和底板的底面处于同一平面；底板的侧面则与大圆筒的外圆柱面相切。肋板叠加在底板的上表面，并且与大圆筒相交。另外，大圆筒与小圆筒的轴线正交，两者通过相贯连接成一个整体，因此在它们的内外圆柱面相交处形成了相贯线。

通过对支座进行详尽的分析，可以清晰地梳理出其形体特征，这对于准确绘制图样具有极大的帮助。在实际绘制过程中，可按照各个基本单元体的相对位置，逐一绘制它们的投影及它们之间的表面连接关系。最终，将这些部分综合起来，即可得到整个组合体的视图。

2. 选择主视图

在绘制的组合体视图中，主视图扮演着至关重要的角色。为了确保绘图的便捷性，组合体的摆放位置应当精心选择，以便其主要平面与投影面保持平行或垂直的关系。一旦主视图的投影方向得以确定，其他两个视图的投影方向也随之明确。因此，选择主视图是绘图过程中的一个关键环节，需要慎重考虑。

在选择主视图时，主要依据组合体的形体特征。理想的主视图应当能够最充分地展现组合体的形体特征，同时确保其他两个视图的表达也足够清晰。此外，需要考虑形体的安放位置，尽量让其主要平面和轴线与投影面保持平行或垂直，以便在投影时能够呈现出实形。

以图5-7中的支座为例，在比较了前、后、左、右、上、下各个投影方向后，我们选择从前往后的箭头方向作为主视图的投影方向，这样的选择是较为合理的。

3. 确定比例和图幅

在视图确定之后，需要根据物体的复杂程度和实际尺寸大小，遵循标准规定来选择适当的比例与图幅。为了保持图形的准确性和可读性，应尽量选取等比例进行缩放。通过估算组合体的外轮廓尺寸，可以预测出三视图在图纸上所占的面积，并据此选择合适的图幅。在选择图幅时，应确保留有足够的空间用于标注尺寸、视图间距、视图与图框间距，以及绘制标题栏等内容。

4. 布置视图位置和绘制基准线

在布置视图时，需要根据已确定的各视图在每个方向上的最大尺寸，同时考虑到尺寸标注和标题栏等所需的空间，匀称地将各视图布置在图幅上。在开始绘制之前，需要在每个视图中先绘制出基准线，基准线通常用于表示形体的对称线、轴线和底面位置线等关键信息。每个视图一般应绘制出两个方向的基准线，以确保图形的准确性和可读性，如图5-8(a)所示。

5. 绘制底稿

逐个绘制出各基本形体的三视图。在绘制过程中，应遵循从最能反映其基本形体特征的视图入手的原则，再按照投影规律画出其他两个视图，这样可以确保图形的准确性和一致性。以支座为例，其绘图步骤如图5-8(b) ~ 5-8(e)所示。

6. 检查与描深

底稿绘制完成后，需要仔细检查并改正其中的错误。然后，按照制图规范线型的标准对图形进行描深处理。在描深过程中，可见轮廓线应用粗实线绘制，而不可见轮廓线则应用细虚线表示，如图5-8(f)所示。

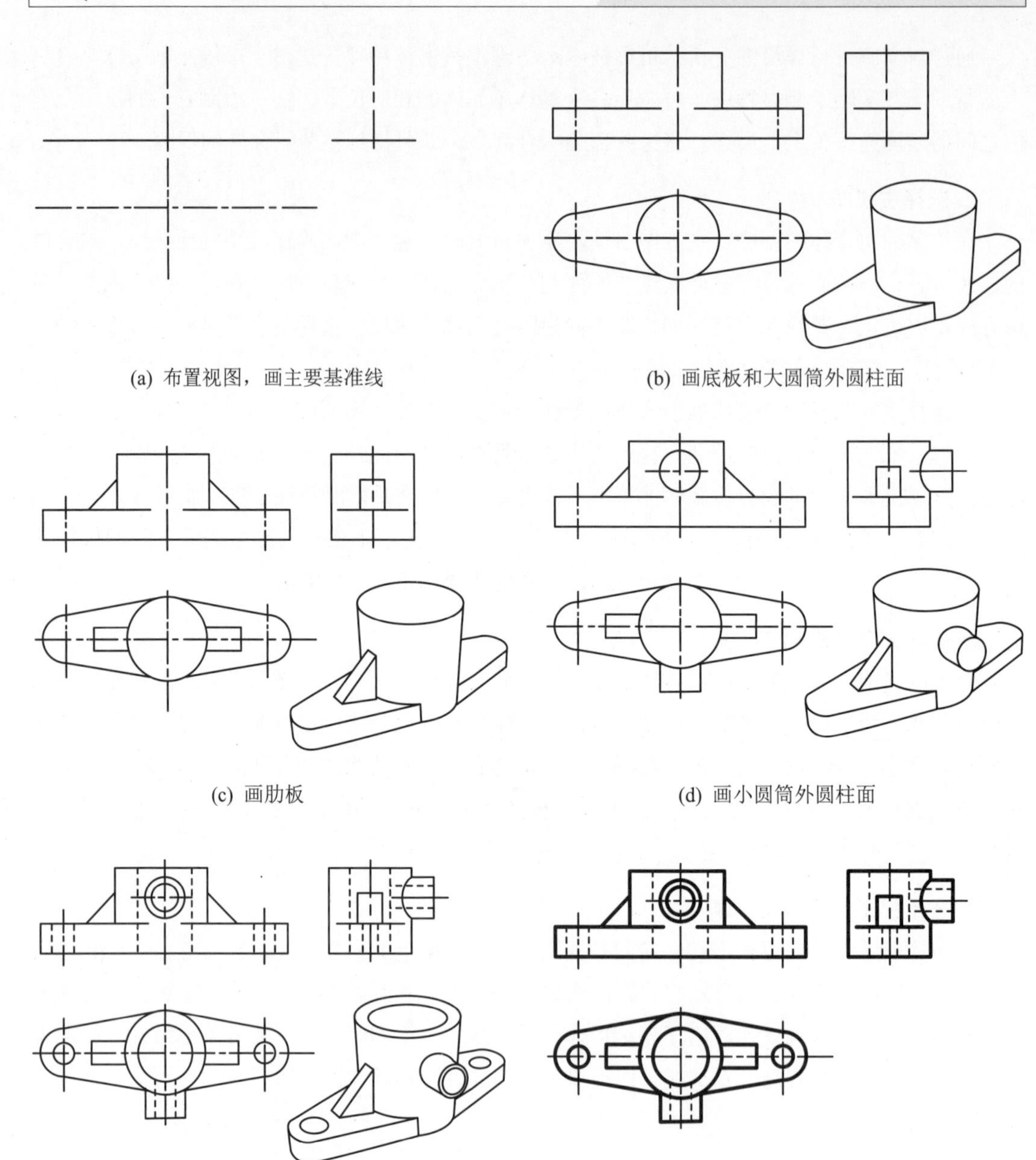

(a) 布置视图，画主要基准线

(b) 画底板和大圆筒外圆柱面

(c) 画肋板

(d) 画小圆筒外圆柱面

(e) 画四个圆孔

(f) 检查与描深，完成全图

图5-8

在绘制过程中，还需要注意以下几点：

(1) 为保证三视图的准确度和绘制效率，应尽可能将同一形体的三面投影联系起来作图，并依次完成各组成部分的三面投影。避免孤立地先完成一个视图，再画另一个视图的情况。

(2) 绘制顺序上，应先绘制主要部分再绘制次要部分；先绘制大形再绘制小形；先绘制轮廓形状再绘制细节形状；先绘制可见部分再绘制不可见部分。

(3) 考虑到组合体是由各个部分组合而成的整体，在作图时需要正确处理各形体之间的表面连接关系，以确保图形的准确性和完整性。

5.2.2　组合体三视图绘制案例

分析绘制组合体三视图的具体方法和步骤，如图5-9所示。

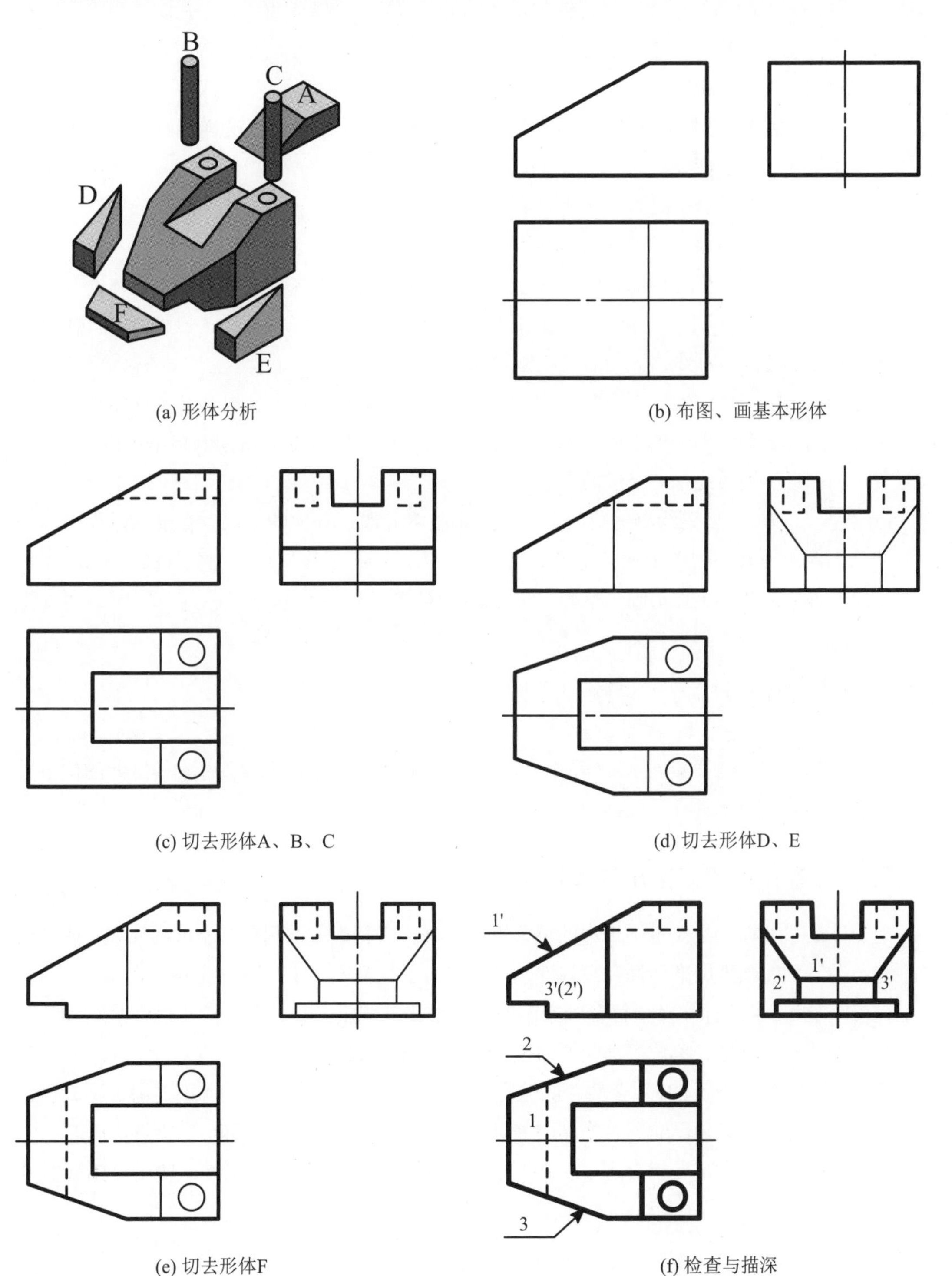

(a) 形体分析　(b) 布图、画基本形体

(c) 切去形体A、B、C　(d) 切去形体D、E

(e) 切去形体F　(f) 检查与描深

图5-9

(1) 形体分析。该组合体可以视为由一个基本体经过其他基本体的挖切而形成。在绘制此类挖切式组合体的各个视图时，首先要确定大的基本形体，然后仔细观察它是如何被逐步挖切形成的。通常，大的基本形体由组合体的最大轮廓来确定。如图5-9(a)所示，该组合体可以看作是一个五棱立体，其上端分别挖切了立体A、立体B和立体C，左前方和右前方则分别挖切了立体D和立体E，前端底部挖切了立体F。

(2) 选择主视图。选择右侧平面垂直投影作为主视图的投影方向，这样能够更好地展示组合体的主要特征和挖切情况。

(3) 确定比例和图幅。根据组合体的实际尺寸和复杂程度，选用等比例进行绘制，并选择了适合此比例的标准图幅，以确保图形的清晰度和可读性。

(4) 布置视图位置和绘制基准线。在绘制挖切组合体时，首先要绘制出基本形体，并合理布置各视图的位置。如图5-9(b)所示，根据组合体的形状和尺寸，将各视图匀称地布置在图幅上，并绘制出必要的基准线，以便后续绘制和标注。

(5) 绘制底稿。逐个绘制出各基本形体的三视图。在绘制过程中，根据基本形体被挖切的顺序进行绘制，以确保图形的准确性和一致性。组合体的绘图步骤如图5-9(c)至图5-9(e)所示，展示了从基本形体到最终挖切完成的全过程。

(6) 检查与描深。底稿绘制完成后，需要仔细检查并改正其中的错误。在描深过程中，注意到顶部的两侧通孔在视图中属于不可见轮廓线，因此用细虚线进行绘制，如图5-9(f)所示。经过描深处理后的图形更加清晰、准确，符合制图规范。

5.3 组合体的尺寸标注

组合体的视图虽然能够展示形体的形状，但无法表达其真实大小及各基本体之间的位置关系，因此需要对组合体进行尺寸标注。

5.3.1 组合体尺寸标注的基本要求

组合体的尺寸标注是技术图纸中的重要组成部分，它直接关系到图纸的可读性和物体的精确制造。为了确保图纸的准确性和高效性，以下列出了组合体尺寸标注的基本要求。

(1) 正确性。尺寸标注必须符合国家制图标准的相关规定。尺寸标注的正确性是基础，它要求标注的方式、符号、单位等都应严格按照国家制图标准执行。

(2) 完整性。尺寸标注必须全面，能够完全确定物体的大小和形状，既不遗漏也不重复。完整性要求尺寸标注必须全面覆盖物体的关键尺寸，以确保物体的大小和形状能够准确表达。

(3) 清晰性。尺寸布局应合理、清晰，标注在易于观察和查找的位置，便于读图和尺寸查找。

5.3.2 组合体的尺寸分析

1. 基本体的尺寸标注

基本体是构成组合体的基本单元，因此学习组合体的尺寸标注首先需掌握基本体的尺寸标注方法。在一般情况下，标注基本体尺寸时，需要包括长、宽、高三个方向的尺寸，以确保其形状和大小得到准确表达，如图5-10所示。

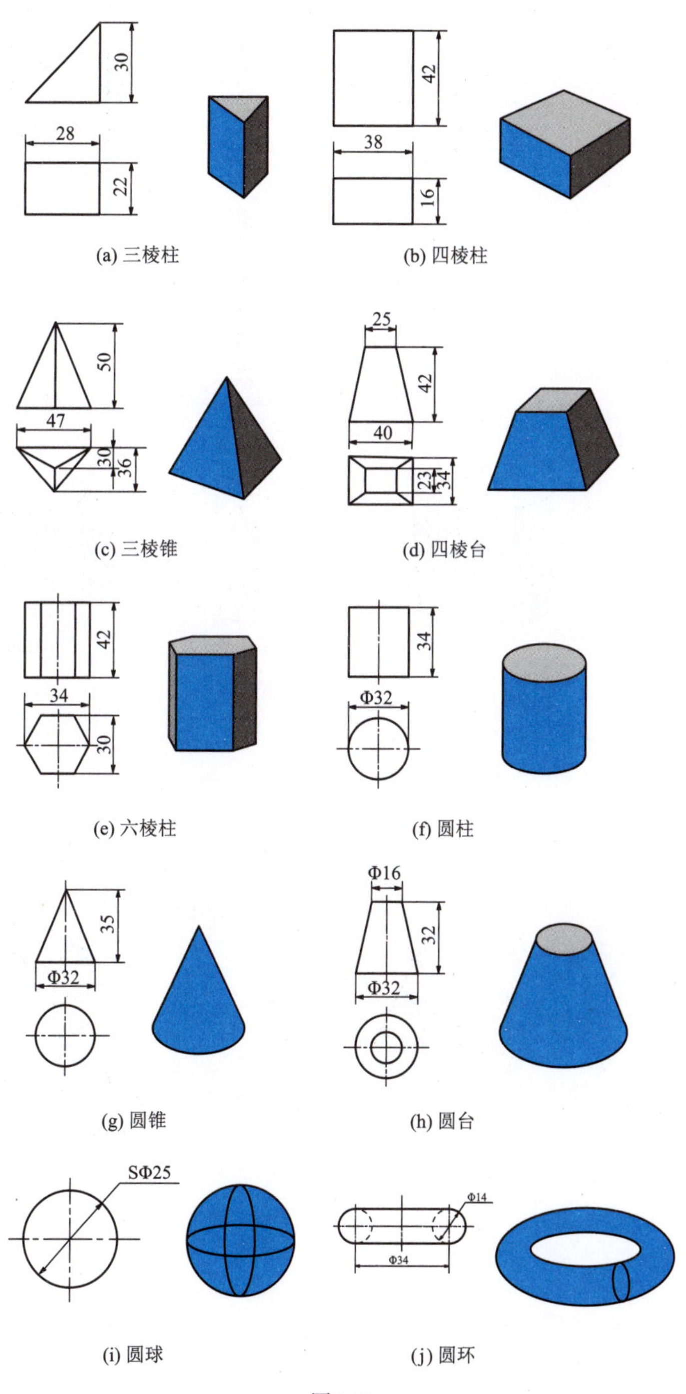

图5-10

对于带有缺口的立体，在进行尺寸标注时，不仅需要标注出整体的长、宽、高等基本尺寸，还需要特别指出缺口的位置。这样做可以确保图纸的准确性和完整性。图5-11展示了一些常见的带有缺口形体的尺寸标注示例，这些示例清晰地展示了如何标注缺口位置及其他关键尺寸。

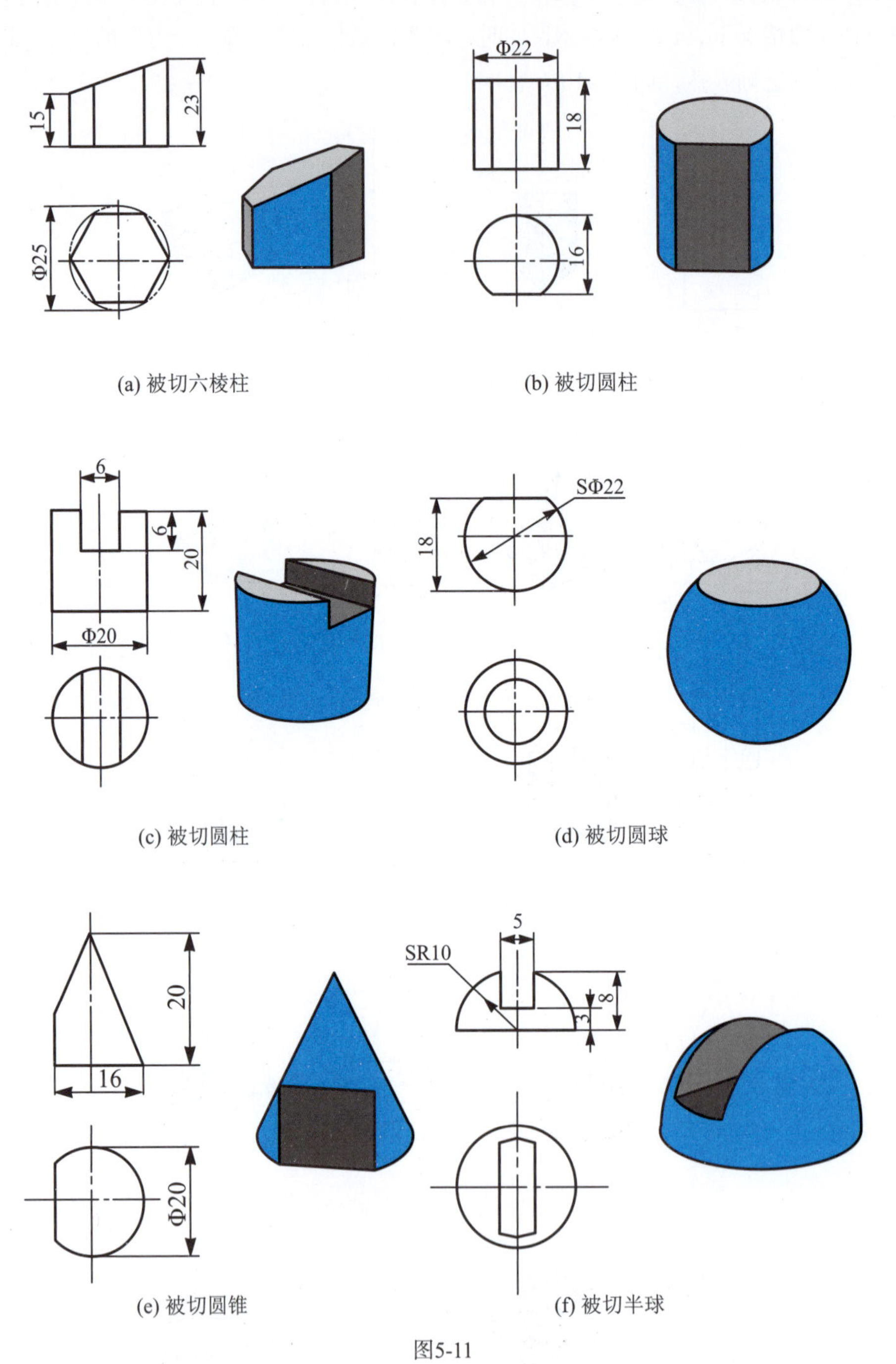

图5-11

2. 组合体的尺寸分类

组合体的尺寸，在基于形体分析的基础上，可以分为定形尺寸、定位尺寸和总体尺寸三类。下面以图5-12(a)所示的组合体为例进行说明。

(1) 定形尺寸。该尺寸用于确定组合体中各个基本体的形状和大小。如图5-12(b)所示，展示了组合体中两个基本形体的定型尺寸。

(2) 定位尺寸。该尺寸用于确定组合体中各基本体之间的相对位置。如图5-12(c)所示，标注了各基本体之间相对位置的尺寸。

(3) 总体尺寸。该尺寸用于确定组合体的总长、总宽和总高。如图5-12(d)所示，尺寸300为组合体的总高尺寸，同时底板的定型尺寸为420和250，分别代表了该组合体的总长和总宽尺寸。

通过这样的分类和标注，可以确保组合体的尺寸信息完整、准确，便于制造和装配过程中的参考和使用。

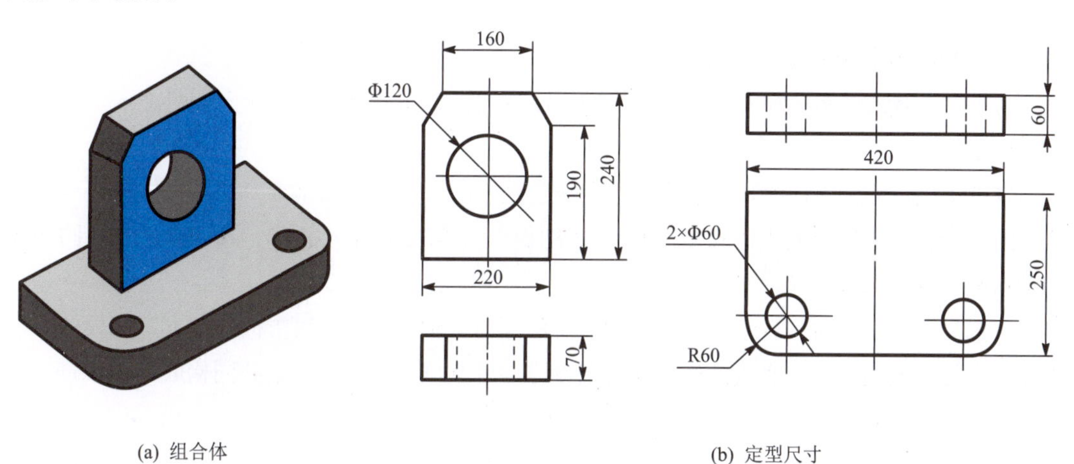

(a) 组合体　　(b) 定型尺寸

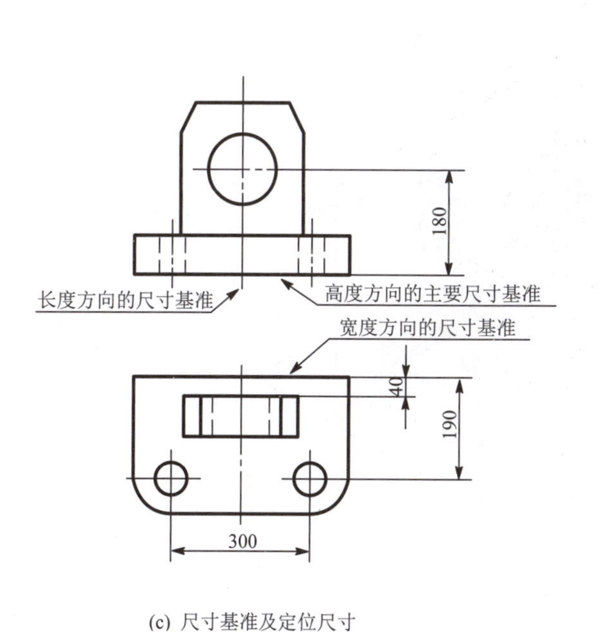

(c) 尺寸基准及定位尺寸

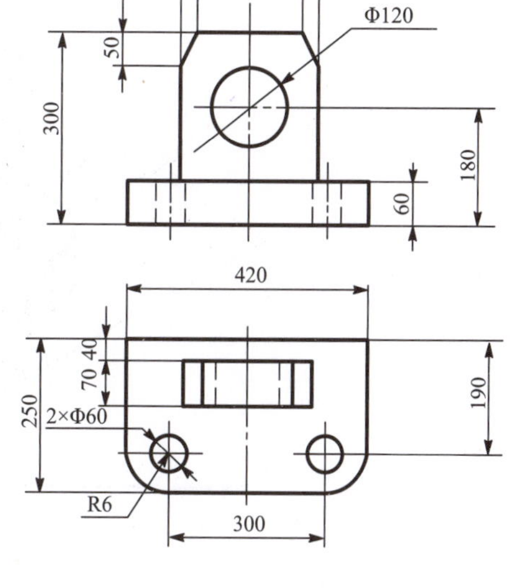

(d) 完整的尺寸标注

图5-12

3. 尺寸基准

尺寸基准是尺寸标注的出发点，用于确定尺寸在图形中的具体位置，它可以是一个点、一条直线或一个平面。在标注组合体的尺寸时，需要先明确尺寸基准。通常，选择组合体的底面、面积较大的平面、对称平面、回转体的轴线、中心线等作为尺寸基准。

例如，在图5-12(c)中，展示了在三个主要方向上确定的尺寸基准。这样的选择有助于确保尺寸标注的准确性和一致性，便于后续的制造和装配工作。

5.3.3 组合体尺寸标注的步骤

叠加和挖切是两种构成组合体时不同的方式，它们在尺寸标注方法上也有所区别。下面将分别介绍这两种尺寸标注的步骤。

1. 叠加类组合体的尺寸标注

为了更直观地展示叠加类组合体的尺寸标注方式，下面通过一个例子来说明。

1) 形体分析

以轴承座产品为例(见图5-13)，先确定长、宽、高尺寸标注的基准，根据形体分析法，将这个组合体分解成四个基本体：A(底板)、B(肋板)、C(圆筒) 和D(立板)。这四个部分共同构成了轴承座的整体结构。

在选择标注基准时，我们选择了图中假想的圆筒的轴线作为长度方向的基准，底板的后端面作为宽度方向的基准，底板的底面作为高度方向的基准。这三个平面共同构成了长、宽、高尺寸标注的主要基准。

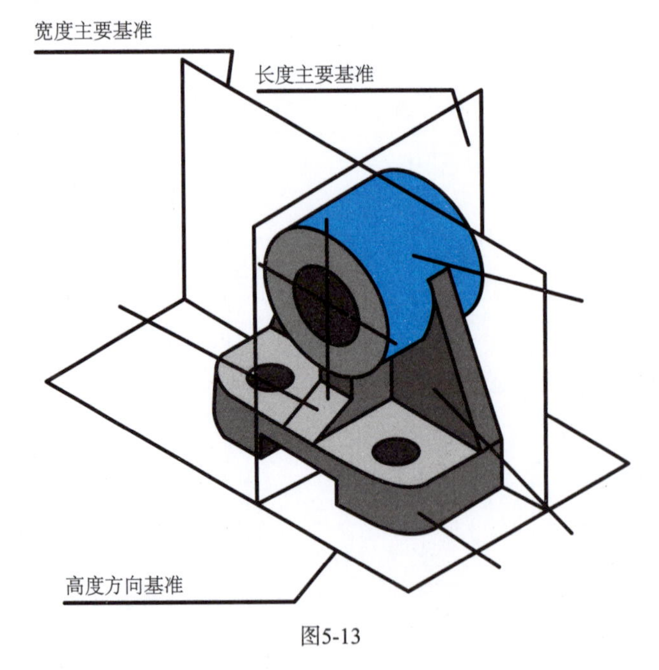

图5-13

2) 标注定形尺寸

组合体作为一个整体，是由若干个相对简单的基本体组合而成的。在进行尺寸标注时，要关注各个独立基本体的定型尺寸，而无须标注它们与其他组成部分相关的定型尺寸。具体来说，就是针对每个基本体，仅标注其自身的形状和大小所需的尺寸，如图5-14所示。这样的标注方式简洁明了，有助于准确表达组合体的整体结构。

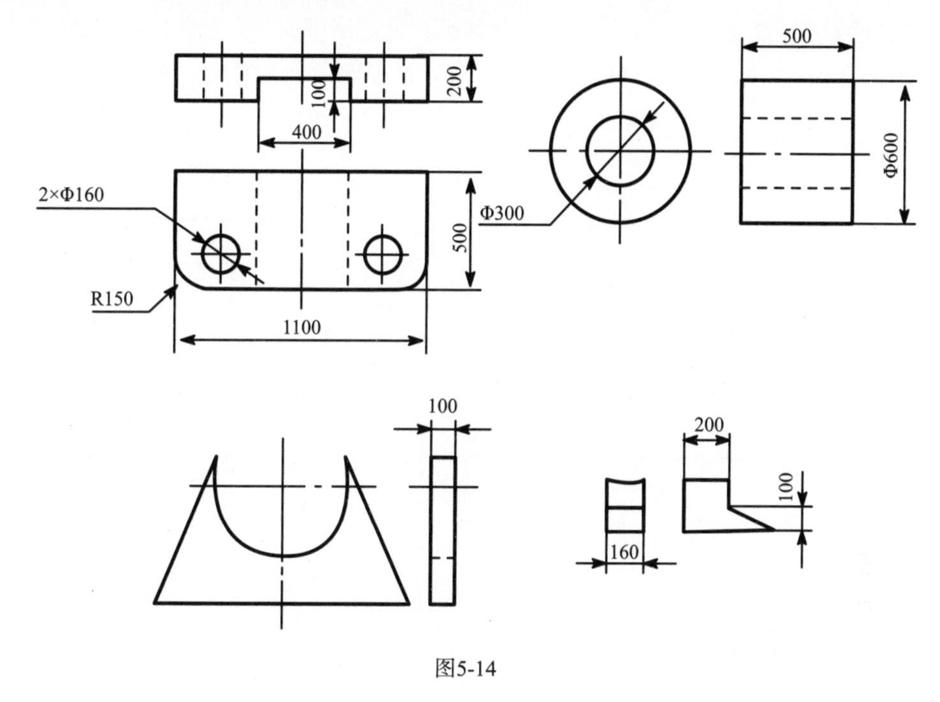

图5-14

3) 标注定位尺寸

标注定位尺寸时，需要参考各个视图中的尺寸信息。具体来说：主视图中的尺寸为700，俯视图中的尺寸为700和350，左视图中的尺寸为150。这些尺寸共同确定了组合体各部分的相对位置，如图5-15所示。

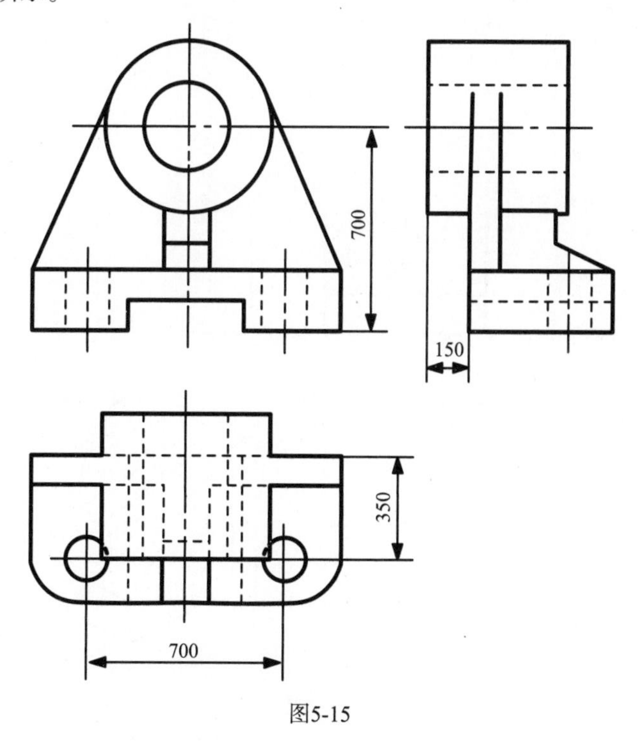

图5-15

4) 尺寸检查和调整

在进行尺寸检查和调整时，需要先分析总体尺寸，确保所有必要的尺寸都已标注，同时检查是否存在遗漏或重复标注的情况。此外，需验证尺寸的清晰度和合理性，以避免出现封闭尺寸链，确保尺寸标注的准确性和可读性。这一步旨在确保组合体的尺寸标注完整且无误，如图5-16所示。

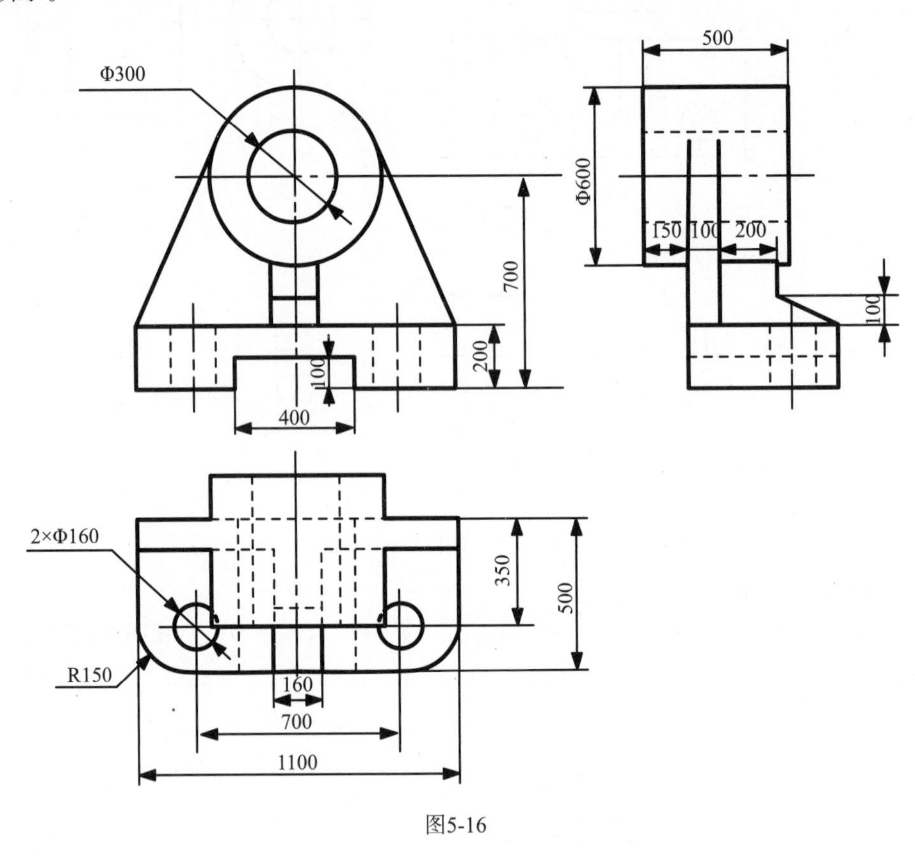

图5-16

2. 挖切类组合体的尺寸标注

下面举例说明挖切类组合体的尺寸标注。

1) 形体分析

在进行挖切类组合体的尺寸标注时，先参考图5-17来确定长、宽、高三个方向的尺寸标注基准。该组合体起始于一个长方体形状，随后经过两次挖切处理，一次在前部切除一个角，另一次在顶部开设一个两侧斜度相同的槽。

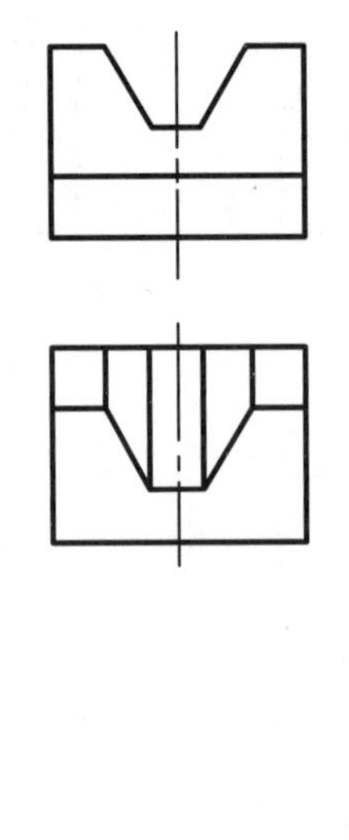

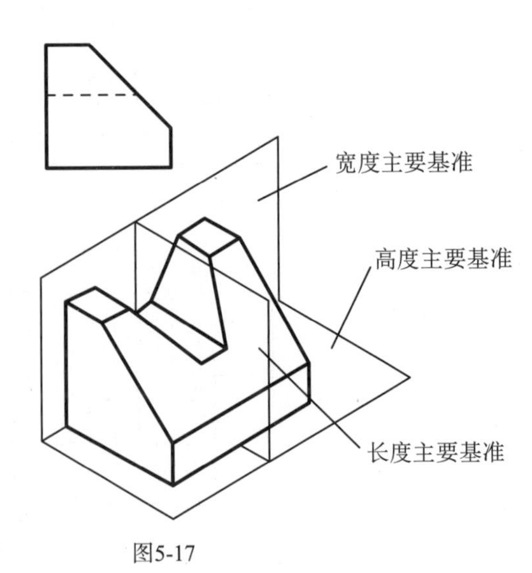

图5-17

2) 标注长方体的尺寸

在标注长方体的尺寸时，先确定其长、宽、高三个方向的基准尺寸，这些尺寸是长方体形状和大小的基础。接着细致考虑并准确标注出长方体的每一个边长，确保这些尺寸既无遗漏也无重复，同时保持清晰合理，以便于后续的加工和制造。这一完整的尺寸标注过程，旨在精确反映长方体的形状和大小，为后续的挖切处理提供准确的信息，如图5-18所示。

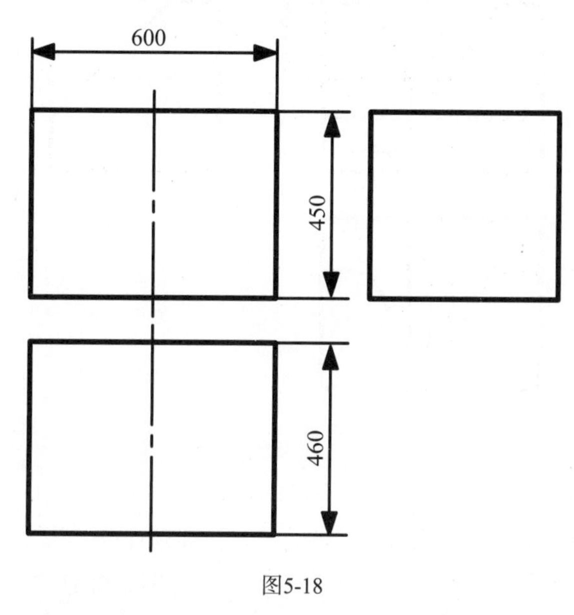

图5-18

3) 按挖切顺序标注各截切面的定位尺寸

在标注挖切类组合体的尺寸时，遵循挖切顺序来确定各截切面的定位尺寸。具体来说，组合体前面的斜角部分是由一个侧垂面截切形成的。为了准确定位这个侧垂面，需要标注两个关键尺寸，这两个尺寸能够确保侧垂面在三维空间中的位置准确无误。这一标注过程清晰地展示了如何通过两个定位尺寸来确定侧垂面的位置，如图5-19所示。

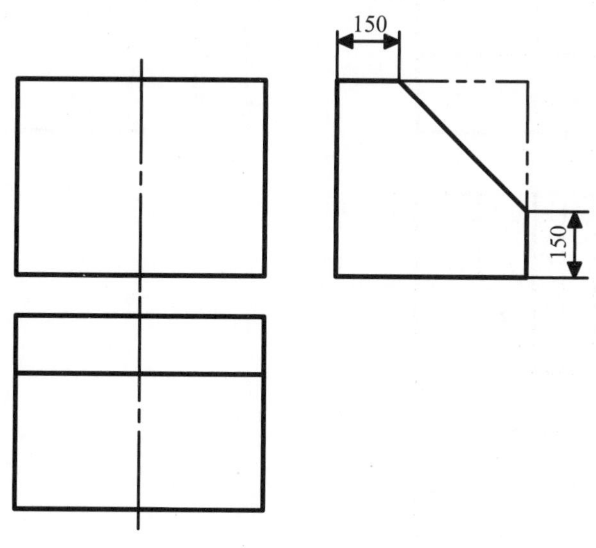

图5-19

组合体上方两侧具有相同斜度的槽，这个槽是由两个正垂面和一个水平面共同截切而成的。为了精确描述这两个正垂面的位置，可为它们各自标注两个定位尺寸，并且标注了一个额外的尺寸定位水平面，如图5-20所示。

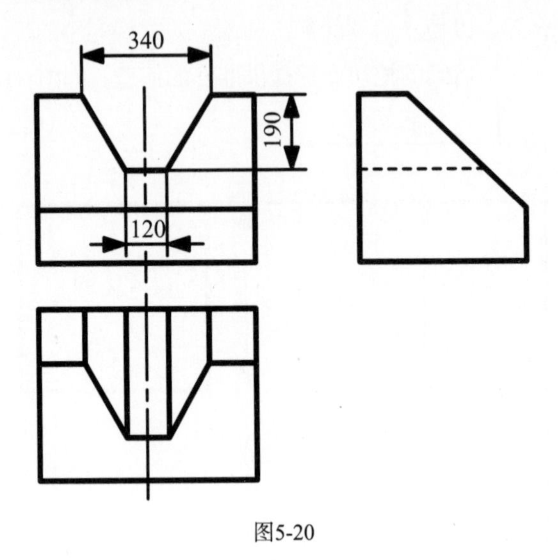

图5-20

4) 尺寸检查和调整

进行尺寸检查和调整时，需全面分析总体尺寸，仔细核查每一项尺寸是否存在遗漏或重复标注的情况，同时确认尺寸的清晰度和合理性，以确保不出现封闭尺寸问题，旨在保证尺寸标注得准确无误，如图5-21所示。

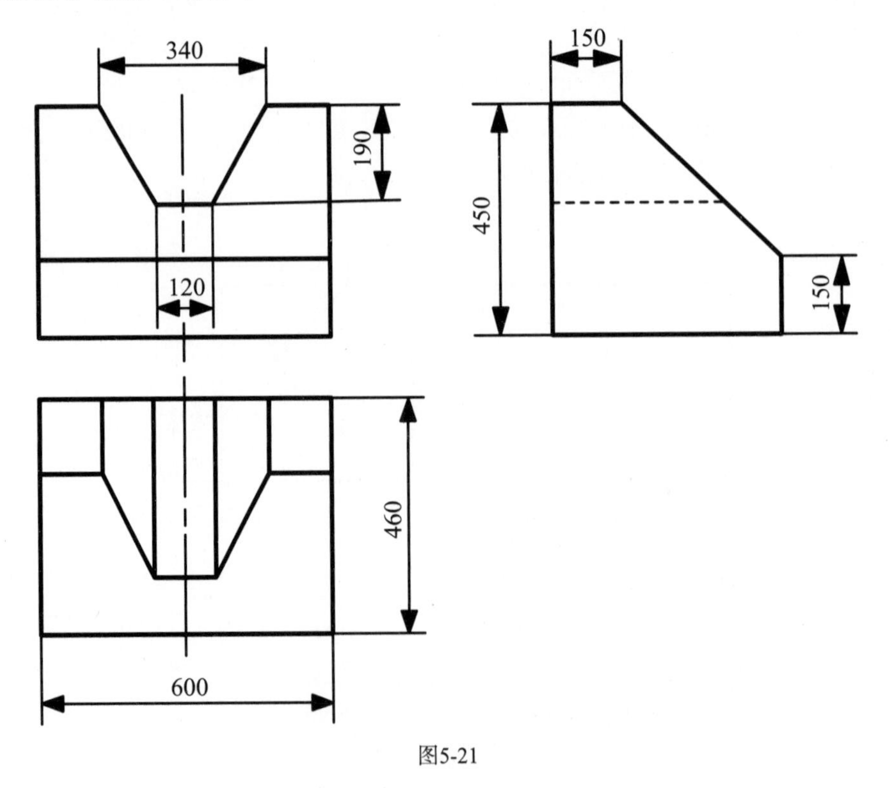

图5-21

5.4　组合体视图的解读

绘制组合体的视图，是将三维空间中的产品转化为二维平面图形的表达过程。而读取组合体的视图，则是通过已经绘制好的视图，进行投影关系的分析，从而在脑海中构想出三维立体形态的过程。

5.4.1　特征视图

特征视图主要由形状特征视图和位置特征视图两部分组成。

1. 形状特征视图

形状特征视图是指能够直观、准确地展现形体形状特点的视图。举例来说，在图5-22中，如果仅观察主视图和俯视图，无法了解该形体的具体形态，因此需要借助左视图来凸显该形体的形状特征。

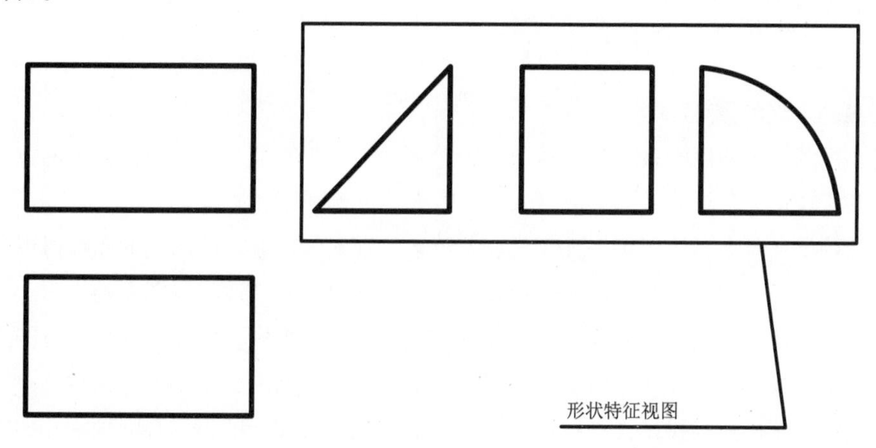

图5-22

而在图5-23中，要确定形体的具体形状，仅凭主视图和左视图是不够的，真正能够凸显该形体形状特征的是其俯视图。

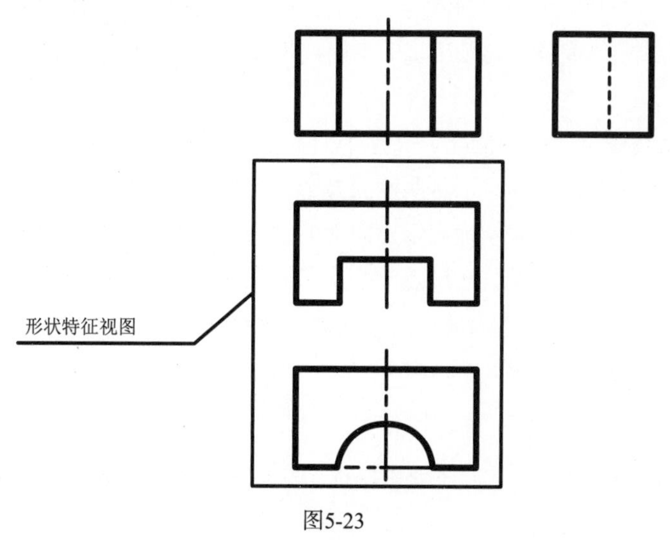

图5-23

2. 位置特征视图

位置特征视图是能够展示形体上各部分相对位置关系的视图。如图5-24所示，仅凭主视图和俯视图无法确切判定该形体的具体形态，而左视图(a)和(b)则是最能反映该形体位置特征的关键视图。

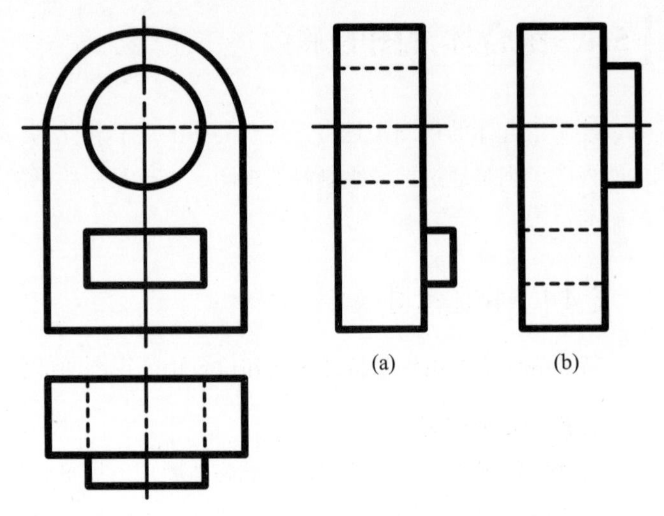

图5-24

5.4.2 图线和封闭线框的含义

1. 图线的含义和类型

图线在视图中主要用于表示物体的边缘、轮廓、交线等特征。它们通过投影的方式，将物体的三维形状转化为二维的平面图形，从而方便人员进行观察和测量。

图线的种类和形态多样，每一种都代表着特定的含义和信息。视图上的图线可以分为三种情况：一是面与面交线的投影，即两个或多个平面相交时，其交线在视图上的投影。这种图线通常用于表示物体的棱边或分界面。二是曲面转向轮廓线的投影，即曲面在特定方向上，其轮廓线在视图上的投影。这种图线能够反映出曲面的形状和走向。三是某面积聚性的投影，即当物体表面上的某个区域与投影面平行或垂直时，该区域在视图上的投影会呈现为一条线。这种图线通常用于表示物体的某个平面或平面区域。

2. 封闭线框的含义

封闭线框在视图中则用于表示物体的封闭表面或空间结构。它们通过一系列相连的图线，将物体的某个部分或整体完整地勾勒出来。封闭线框能够清晰地展示出物体的外形轮廓和内部结构。

视图上的封闭线框包含四种情况：一是平面的投影，即物体上的平面部分在视图上的投影，通常呈现为规则的封闭图形。二是曲面的投影，即物体上的曲面部分在视图上的投影，其形状可能不规则，但同样能够完整地表示出曲面的轮廓。三是曲面及其切平面的投影，即当曲面与某个投影面相交时，曲面及其在该点上的切平面在视图上的投影。这种封闭线框能够更准确地表示出曲面的形状和曲率。四是孔洞的投影，即物体上的孔洞或凹陷部分在视图上的投影，通常呈现为封闭的空心图形。

3. 图线与封闭线框的绘制

以图5-25展示的组合体为例，它主要由底板、立板和两侧的肋板组合而成。

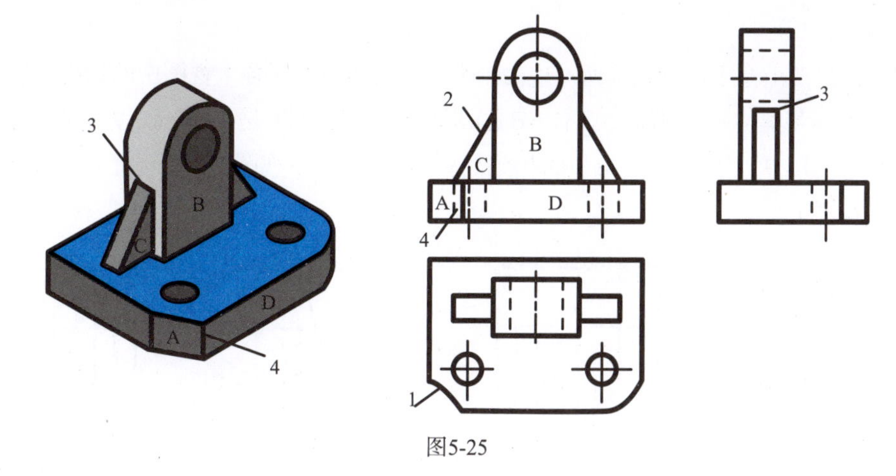

图5-25

在图5-25中，图线和封闭线框的含义如下：

(1) 直线1、2、3、4是面与面交线的投影，或者是面的积聚性投影。

(2) A、B、C、D面都是封闭线框，每个封闭线框可以代表物体上一个表面的投影。这个表面可以是平面、曲面，或者是它们相切形成的组合面；同时，封闭线框也可能是一个孔的投影，如立板和底板上的圆孔。

(3) 在视图中，相邻的两个封闭线框表示的是位置不同的两个面的投影。以主视图为例，B、C、D三个线框为相邻线框，可以通过俯视图或左视图来判断它们之间的前后关系。

(4) 大线框内包含的小线框，通常表示在大立体上凸出或凹下的小立体的投影。大线框内包含了一个圆形的小线框，通过主视图可以知道，这个圆形线框表示的是一个通孔。

5.4.3 读组合体视图的方法和步骤

1. 形体分析法

形体分析法是解读组合体视图的基本方法。它通常根据组合体的特点，从能够明显反映形状特征的主视图开始，按照线框将组合体划分为若干个组成部分。然后逐个对照分析这些部分的投影，分别想象出每个部分的形状，并判断、分析各部分之间的相对位置关系和组合形式。最后，综合想象出整个组合体的形状。这种读图方法主要适用于叠加式组合体。

下面以轴承座组合体为例，运用形体分析法，分析读图的步骤。

1) 划线框，分形体

找到线框分割明显的视图，将其划分为若干个线框，每个线框代表一个简单的形体。由于主视图上具有特征的部位较多，因此一般会从主视图入手进行拆分。如图5-26所示，将轴承座形体划分为A、B、C、D四个部分。

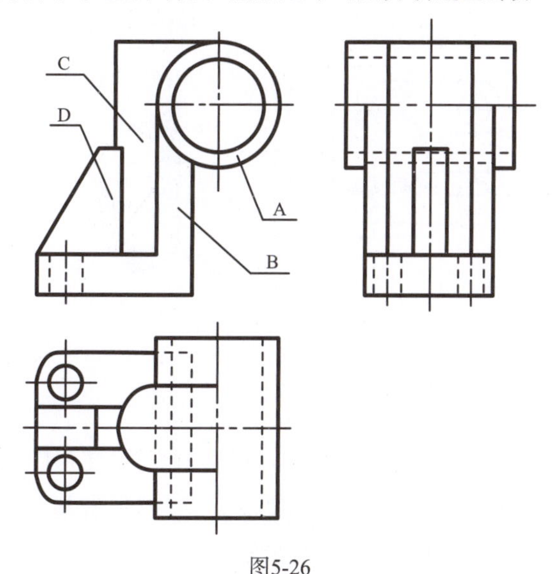

图5-26

2) 对投影，想形体

分别找到这四个基本体的线框所对应的投影视图，通过对照各个视图中的投影，想象出各基本体的形状。基本体A是圆筒，基本体B是L形底板，基本体C是支撑柱，基本体D是肋板，如图5-27所示。其中，基本体A、B、D的形状特征视图位于主视图上，而基本体C的形状特征则反映在俯视图上。

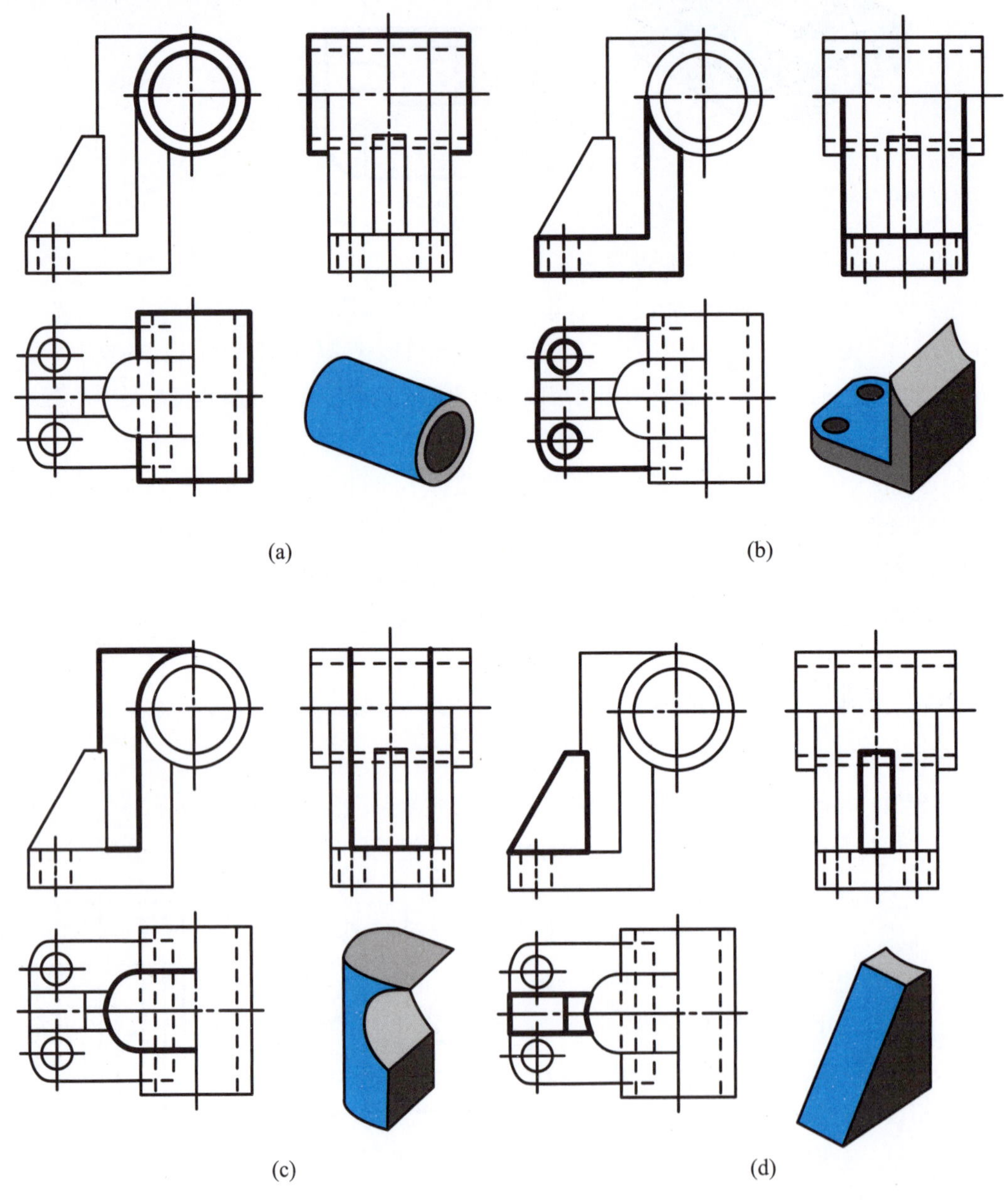

图5-27

3) 定位置，想整体

通过观察主视图，可以看出圆筒与L形底板相交、与支撑柱相切；支撑柱与肋板相交；支撑柱和肋板叠加在L形底板上。综合所有基本体的特征和位置关系，可以想象出组合体的整体形状和结构，如图5-28所示。

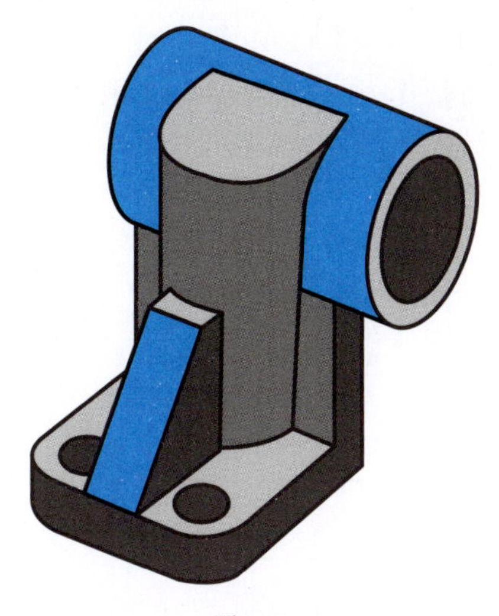

图5-28

2. 线面分析法

线面分析法是对形体分析法的一种补充，尤其适用于较为复杂的组合体。当仅用形体分析法不足以完全理解组合体的结构时，可以采用线面分析法来辅助识图分析，从而更准确地想象出组合体的形状和构造。

线面分析法主要运用线面的投影规律，通过深入分析视图中线条、线框的具体含义，以及它们所代表的空间相对位置，来逐步读懂视图。这种方法能够帮助我们更细致地理解组合体的各个部分，及其相互之间的关系。

以压板的三视图为例，我们可以运用线面分析法来想象出该产品的立体形态和结构，如图5-29所示。通过仔细分析视图中的线条和线框，能够理解压板的各个组成部分，以及它们之间的连接方式，从而构建出完整的立体形象。

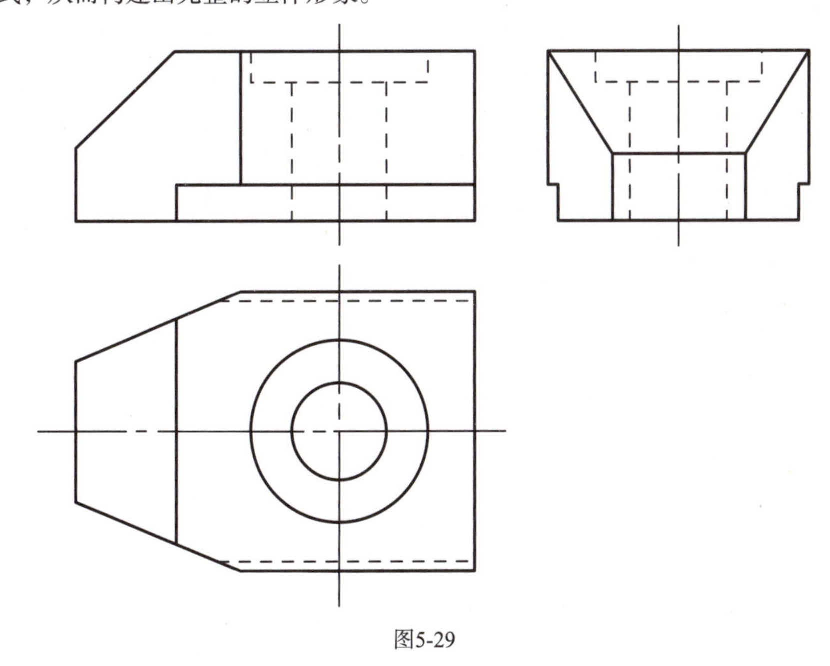

图5-29

三视图中，俯视图包含一个梯形线框1，如图5-30所示。观察主视图，发现该梯形平面在投影时会积聚成一条斜线1'，由此可以推断出面1是一个垂直于正立面的梯形平面。由于平面1与侧立面和水平面均处于倾斜位置，因此其侧面投影1"与水平面投影1呈现为相似形，但这并不能真实反映面1的实际形状。

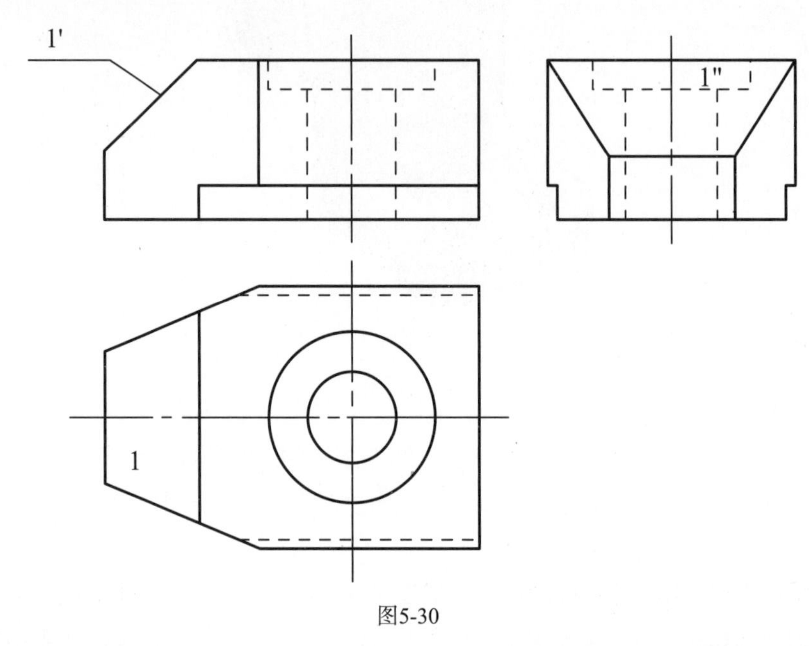

图5-30

在三视图中，主视图包含了一个七边形线框2'，而在俯视图中，由于该平面会积聚成一条斜线2，因此可以推断出面2是垂直于水平面的，如图5-31所示。平面2对于正立面和侧立面都处于倾斜位置，所以其侧面投影2"呈现为一个与七边形线框相似的形状，但这并不能真实反映面2的实际形状。

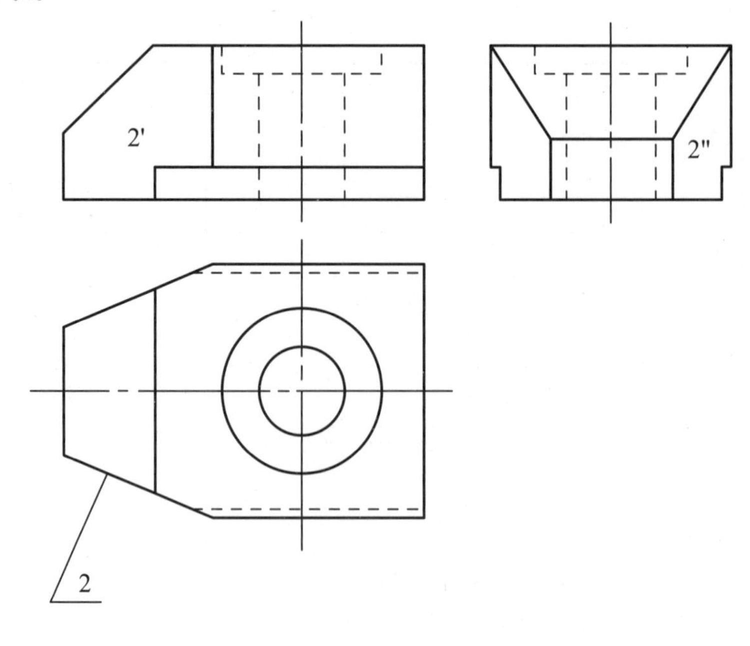

图5-31

在三视图中，俯视图展现了一个四边形线框3，通过它可以找到代表3面的三个投影；同时，主视图显示了一个长方形线框4'，由此可以定位到4面的三个投影，如图5-32所示。根据这些投影图，可以确定3面为一个水平面，而4面则为一个正平面。长方体的前、后两边正是由这两个小平面截切所形成的。

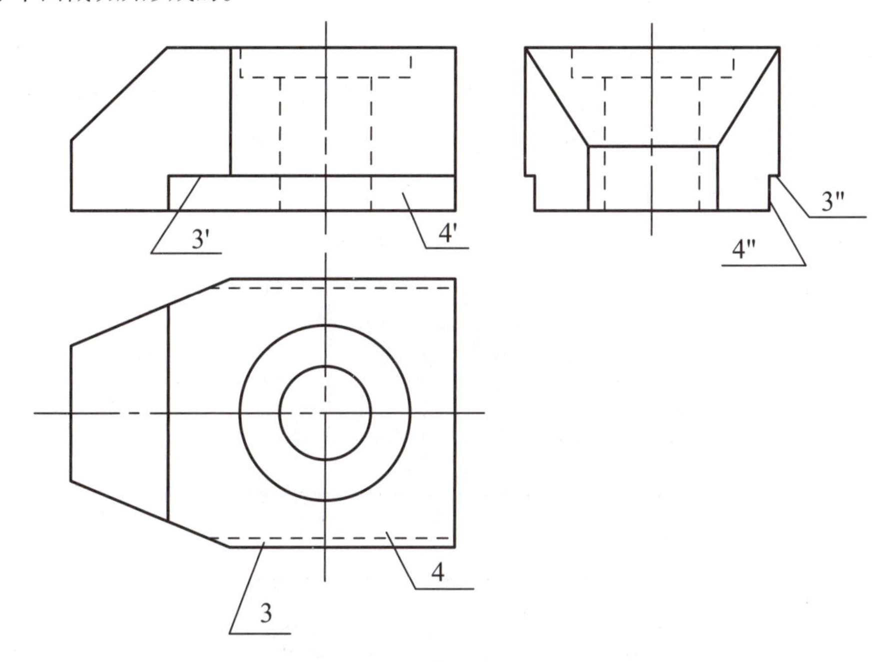

图5-32

经过分析，我们了解了压板各部分的形状与结构特征，最后将这些信息综合起来，成功地想象出了压板的整体形状，具体形态如图5-33所示。

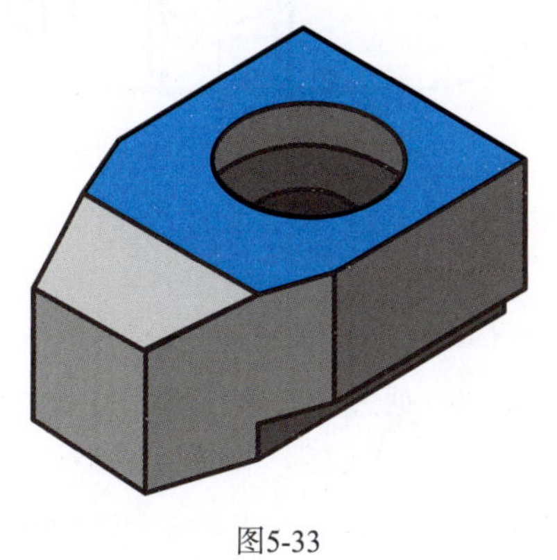

图5-33

5.4.4　根据组合体的两个视图补绘第三个视图

补绘视图是一项融合了识图与绘图技能的综合性训练。首先，基于已有的两个视图所提供的条件，结合视图之间的配置关系，灵活运用形体分析法和线面分析法来构想出物体的整体形状。接着，在这个构想出的立体形状和构造的基础上，开始着手补画第三个视图。

在绘制过程中，我们应遵循投影规律，将物体拆分成若干个组成部分，并按照一定的顺序逐一绘制出这些部分的第三个投影。为了提高效率和准确性，可以先补绘物体的主要部分，再补绘次要部分。对于每一个部分，都应先勾勒出它的外形轮廓，再进一步细化内部的细节特征，直至整个物体的第三个视图绘制完成。

本节将通过案例，说明补绘视图的具体过程。

1. 补绘左视图

根据给定的组合体的主视图和俯视图所提供的条件，先运用形体分析法和线面分析法，结合视图之间的配置关系，想象出组合体的整体形状。在这个构想出的立体形状的基础上，补绘出左视图，绘制结果如图5-34所示。

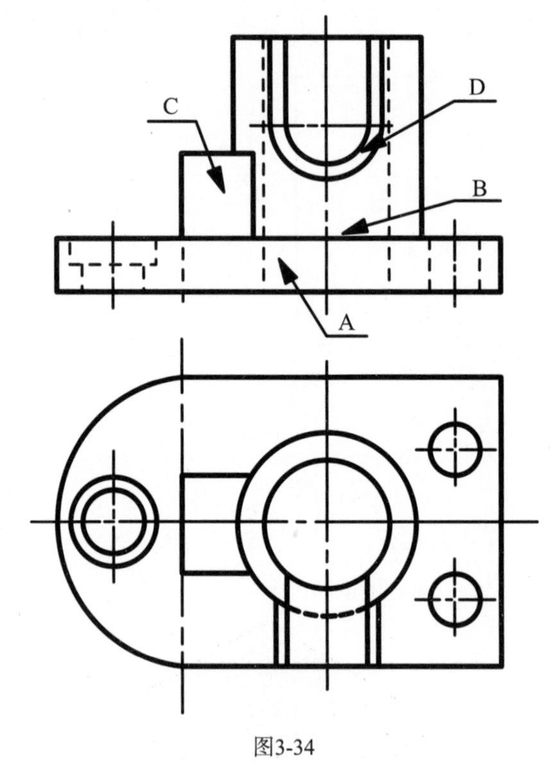

图3-34

1) 绘制分析

(1) 采用形体分析法，将组合体的主视图细致地划分为A、B、C、D四个部分。

(2) 想象这四个部分的立体形状。通过仔细研究投影关系，在俯视图中找到与这四个部分相对应的投影。经过深入分析可知，形体A是一个带有半圆柱的底板，上面还设有一个沉头孔和两个通孔；形体B是一个圆筒形状，其前端设计有一个U形槽；形体C呈现为长方体；形体D则是由一个小半圆柱和一个小长方体合并而成，上面还开有一个U形槽。

(3) 结合主视图和俯视图对各个形体进行综合分析，明确它们之间的空间关系：形体B和形体C是直接叠加在形体A之上的；形体D与形体B相交，并且两者的顶面处于同一水平面上；形体B与形体C也相交，且它们的底面平齐。

(4) 通过全面地综合分析，并依据三视图之间的配置关系，想象出组合体的完整形状，如图5-35所示。

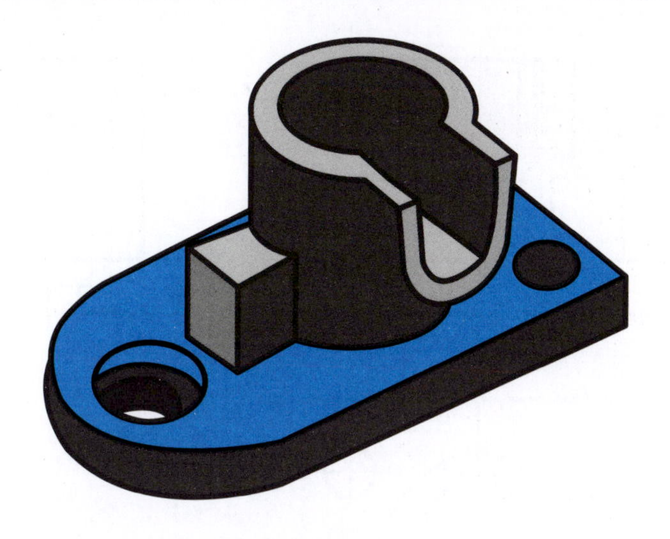

图5-35

2) 绘制左视图

(1) 根据主视图和俯视图的信息，先绘制底板A的左视图，如图5-36所示。

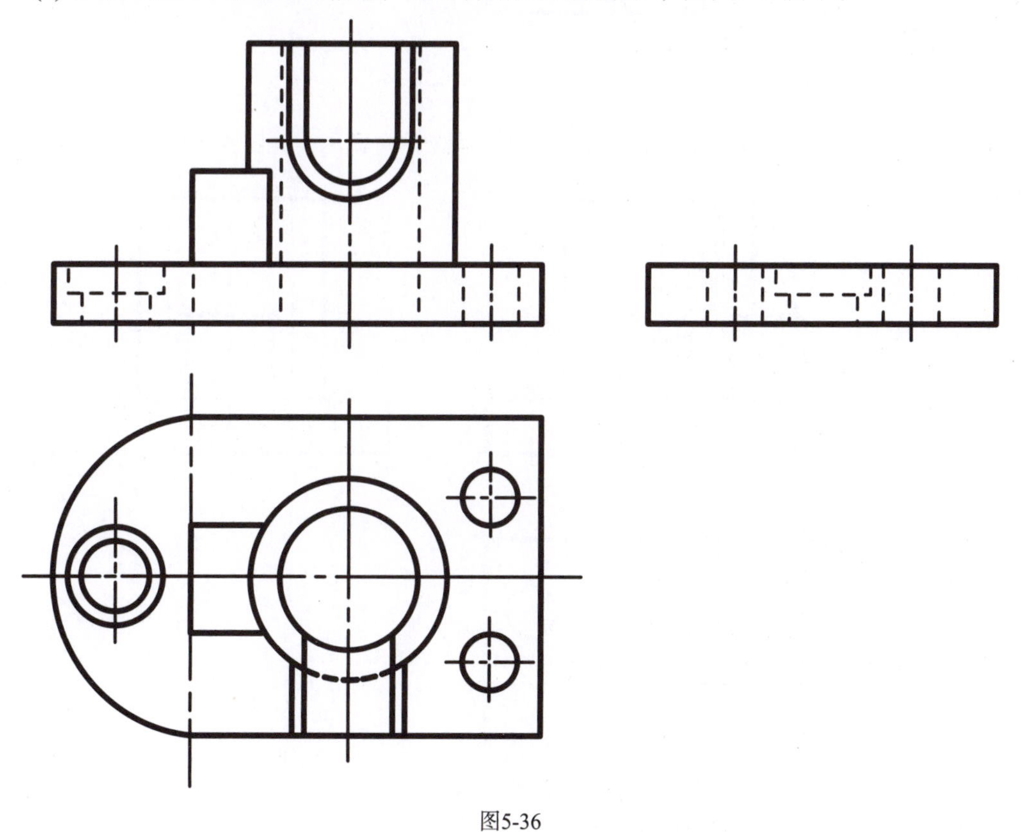

图5-36

(2) 再次利用主视图和俯视图的信息来绘制圆筒B的左视图。在此过程中，注意暂时不绘制圆筒前端槽的投影部分，如图5-37所示。

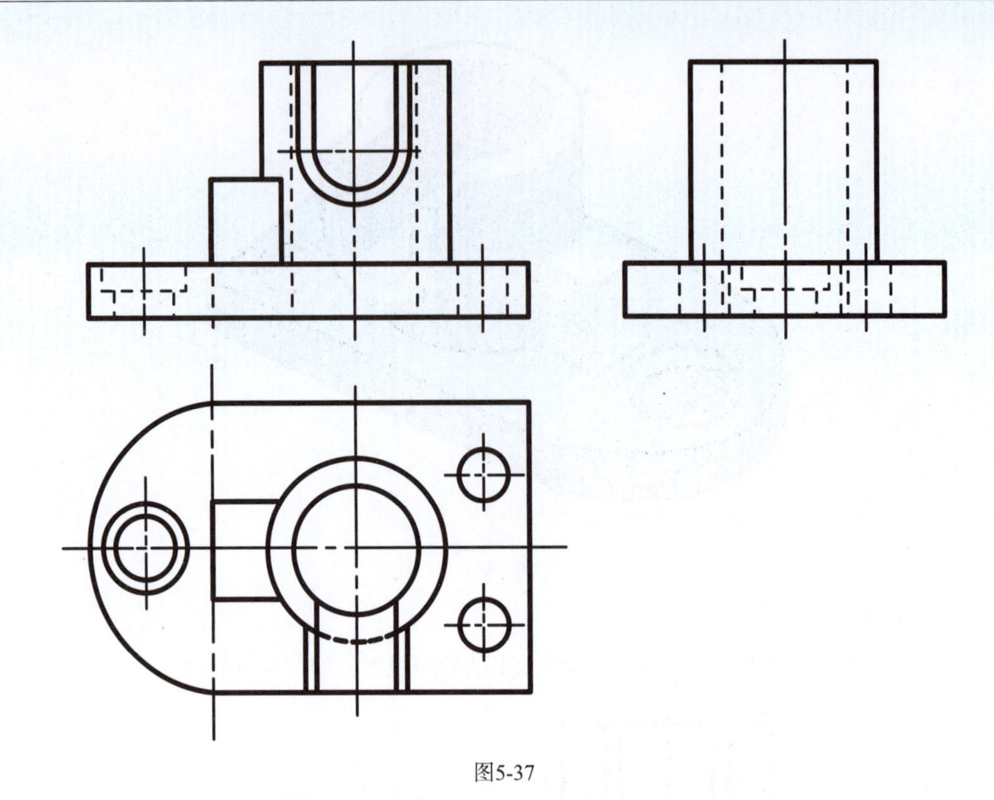

图5-37

(3) 根据主视图和俯视图提供的信息，绘制长方体C的左视图，如图5-38所示。

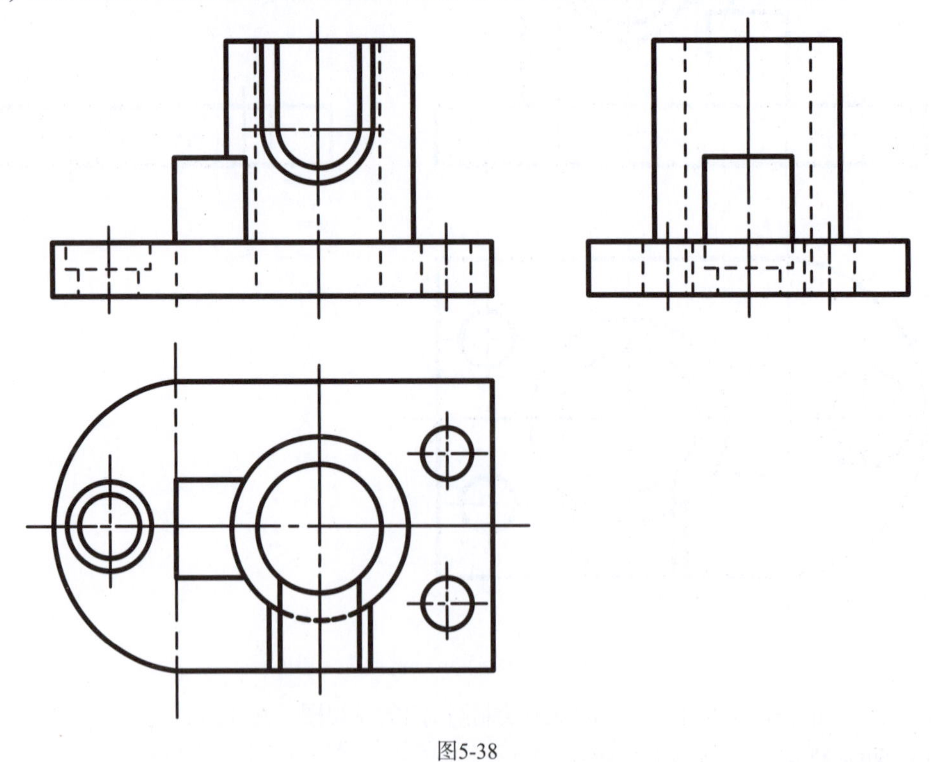

图5-38

(4) 依据主视图和俯视图的指导，绘制形体D的左视图。在这一步中，需要特别绘制出形体圆筒的前端槽的投影。

(5) 对整个左视图进行检查，并对线条进行加深处理，以确保图形的清晰度和准确性。最终的图形效果，如图5-39所示。

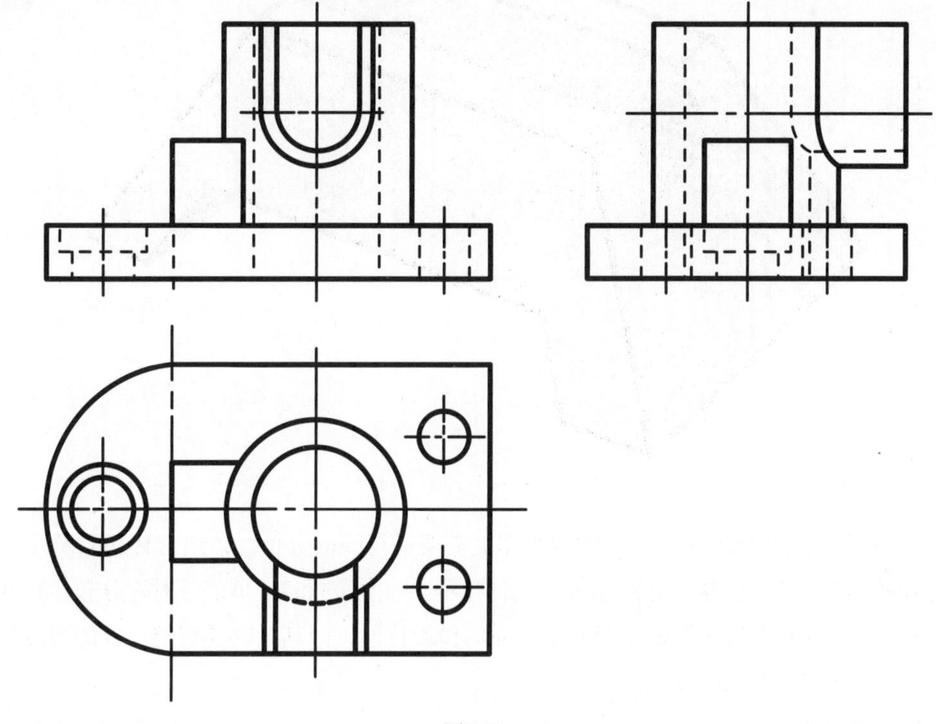

图5-39

2. 补绘俯视图

根据组合体的主视图和左视图所提供的信息，可以补绘出完整的俯视图，如图5-40所示。在这个过程中，需要仔细分析主视图和左视图中的投影关系，确保俯视图中的各个线条和线框都能准确地反映出组合体的实际形状和结构。

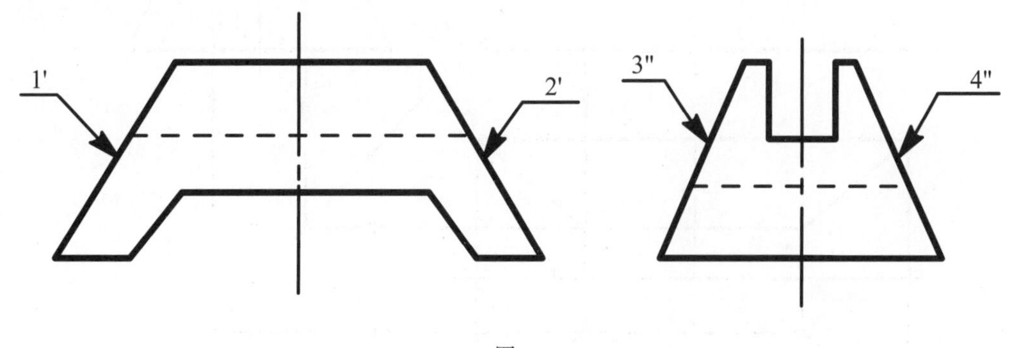

图5-40

1) 绘制分析

(1) 根据主视图和左视图的信息，可以判断该组合体为一个四棱台。通过对照视图之间的配置关系，可以进一步确认，该组合体的底部从前往后被挖切了一个梯形槽，而顶部则是从左至右被切割了一个方形槽。具体的图形展示，如图5-41所示。

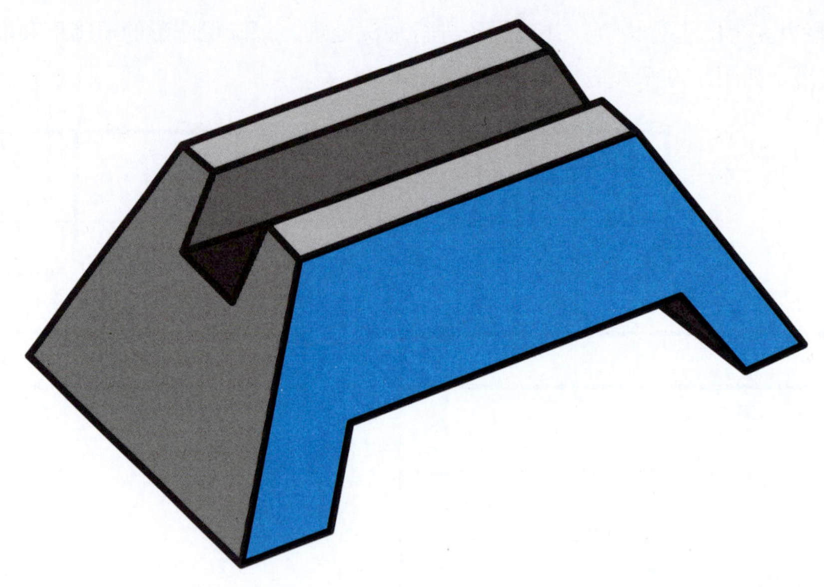

图5-41

(2) 为了完整地补绘出该组合体的俯视图，需要进行线面分析。该组合体包含两个形状复杂的正垂面1和2，它们呈左右对称分布；同时有两个侧垂面3和4，呈前后对称分布。这四个面(1、2、3、4) 均为八边形。根据投影面垂直面的投影特性，即其投影具有类似性的特点，可以推断出这四个面的水平投影也应为八边形。

2) 绘制俯视图

(1) 绘制出四棱台的水平投影，如图5-42所示。

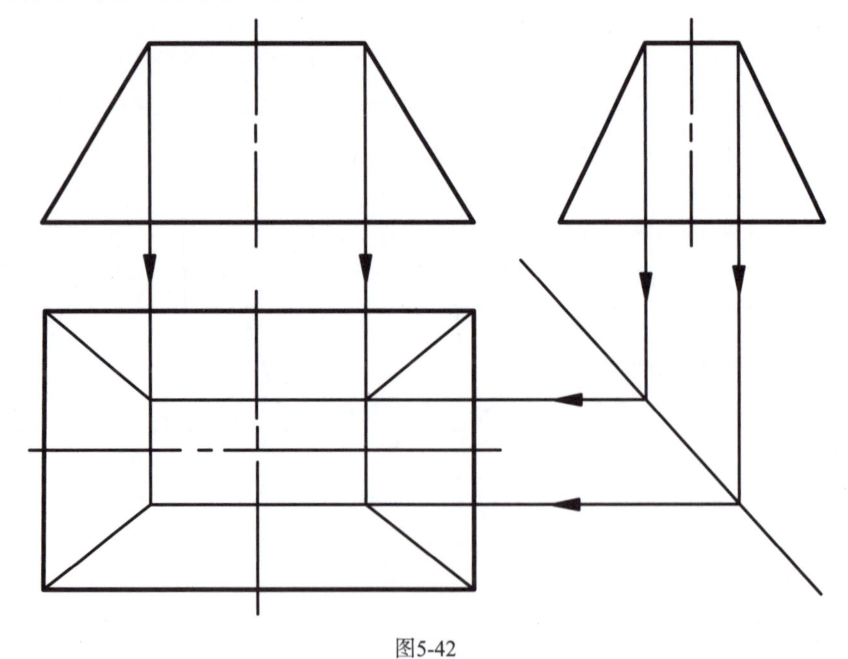

图5-42

(2) 在四棱台的水平投影的基础上，进一步绘制出顶部挖切方形槽后的投影效果，如图5-43所示。

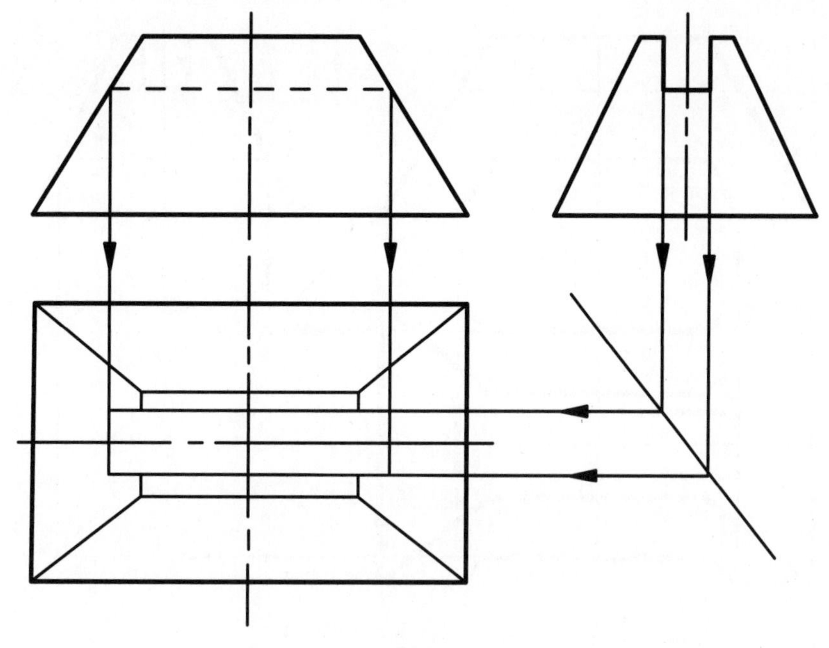

图5-43

(3) 继续在图形上表示出四棱台底部挖切梯形槽后的水平投影，如图5-44所示。

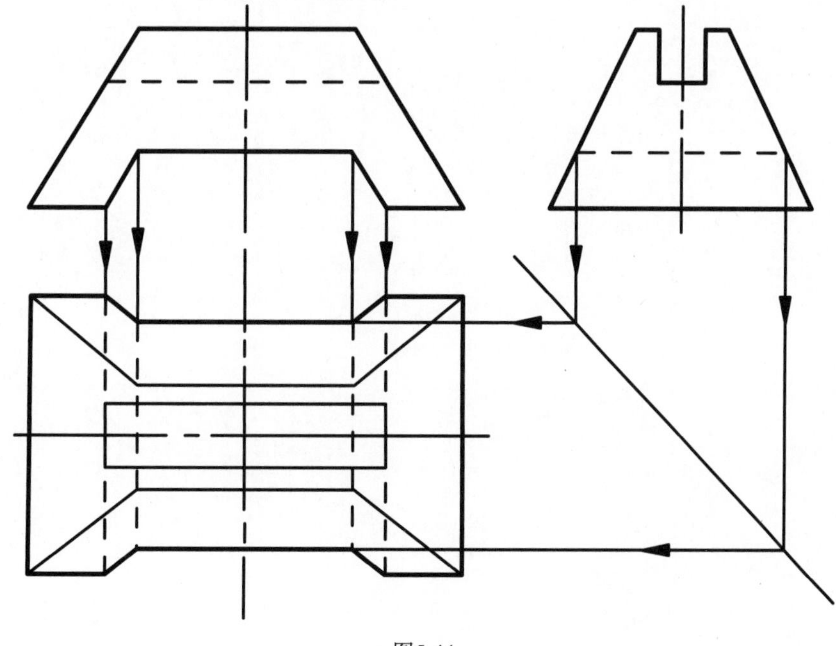

图5-44

(4) 对整个俯视图进行检查，并对线条进行加深处理，以确保图形的清晰度和准确性，如图5-45所示。

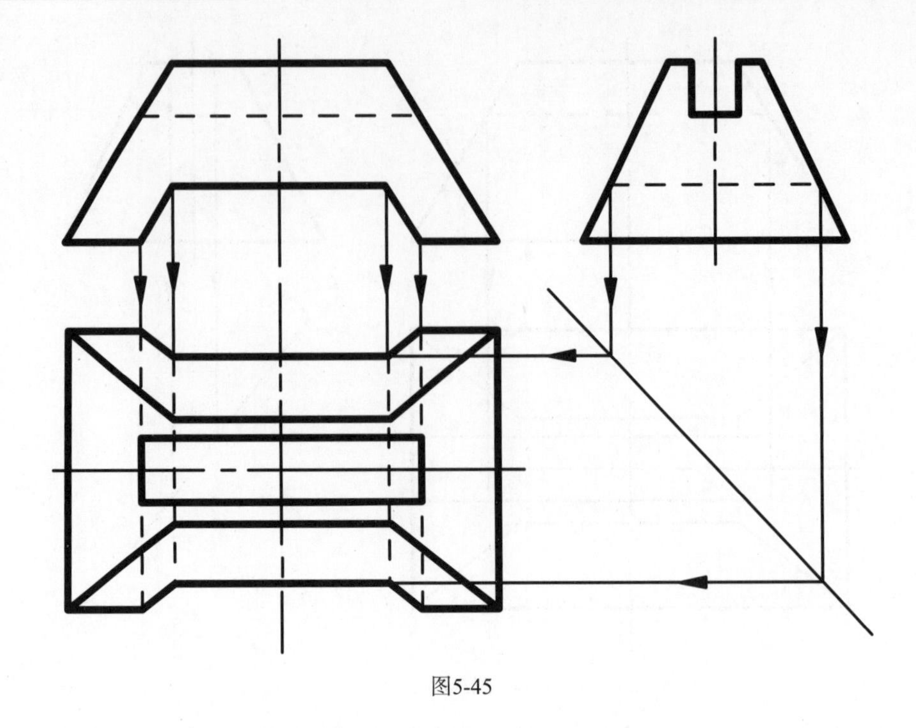

图5-45

第6章

制图的常用表达方法

主要内容：本章介绍了产品设计制图常用的视图绘制方法和产品不同部位的表现形式，结合案例讲解产品设计制图中的剖面图和简化画法。

教学目标：掌握产品设计制图常用的视图绘制方法和产品不同部位的表现形式。

学习要点：对产品设计制图中剖面图和简化画法的正确应用。

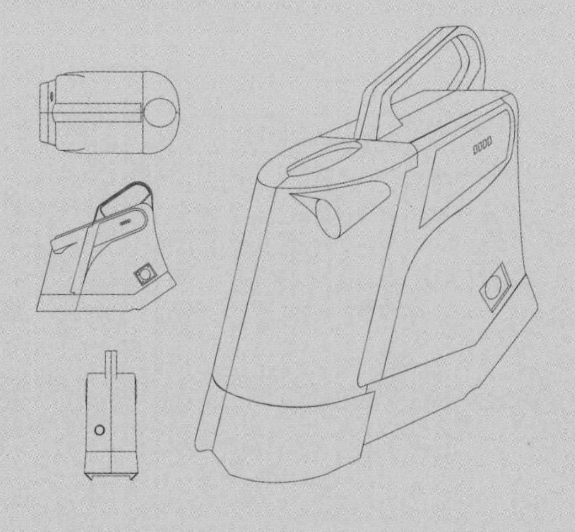

Product Design

为了准确绘制和识别产品设计图样，掌握产品设计各种表达方法的特点及其画法至关重要。在实际的产品设计流程中，鉴于产品造型及其零部件形状的多样性，仅凭之前学习的三视图往往难以全面、清晰地展现复杂产品和零部件的全部细节。为确保表述的正确性、完整性和规范性，国家制图标准明确规定了图样的具体画法。

本章将重点介绍国家标准中规定的视图、剖视图、剖面图的绘制方法，同时涵盖其他常用的规定画法和简化画法。

6.1 视图

根据国家标准规定，在空间多面投影体系中，利用正投影法所绘制的产品或其零部件的图形被称为视图。视图主要用于展示产品或零部件的外部形状和结构特征，通常仅描绘其可见部分；在必要情况下，也会采用细虚线来示意不可见部分。

视图主要可以分为基本视图、向视图、斜视图、局部视图等几种类型。

6.1.1 基本视图的画法

国家标准《机械制图》中关于图样画法的规定指出，在表达物体时，可以选用六个基本视图。这六个基本视图由正六面体的六个投射面形成，具体包括主视图、俯视图、仰视图、右视图、左视图、后视图，如图6-1所示。

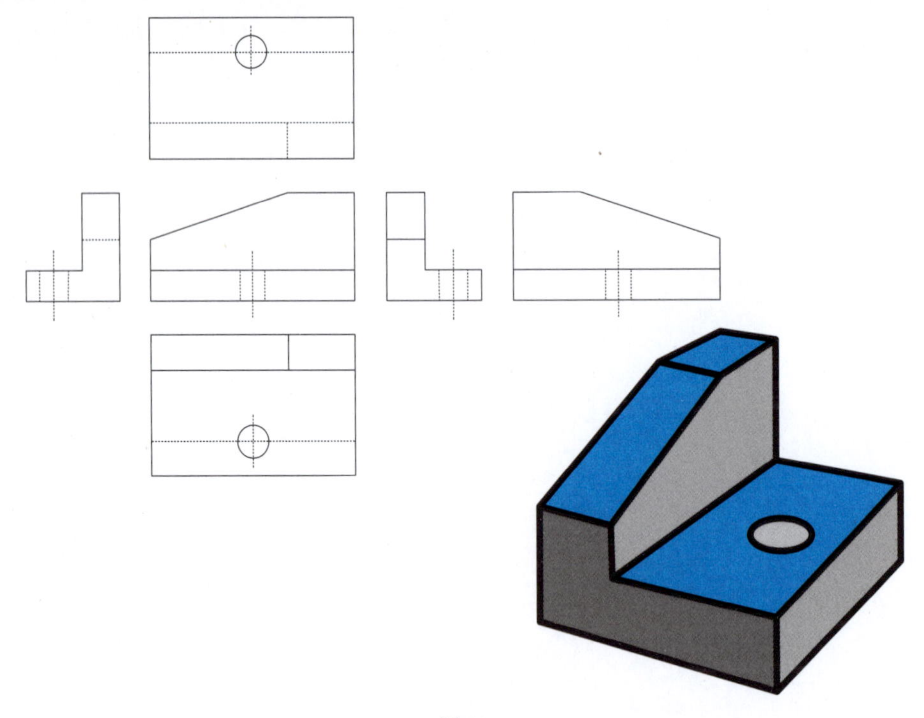

图6-1

- 主视图，是由物体的前方向后投射得到的视图。
- 俯视图，是由物体的上方向下投射得到的视图。

- 仰视图，是由物体的下方向上投射得到的视图。
- 右视图，是由物体的右方向左投射得到的视图。
- 左视图，是由物体的左方向右投射得到的视图。
- 后视图，是由物体的后方向前投射得到的视图。

举例来说，把一个六面箱体的各个面按照规定的方式展开成一个平面时，可以清晰地看到各个视图之间的配置关系。这些视图，包括主视图、俯视图、仰视图、右视图、左视图和后视图，按照它们在空间中的相对位置进行排列，形成一种既便于观察又易于理解的布局，如图6-2所示。

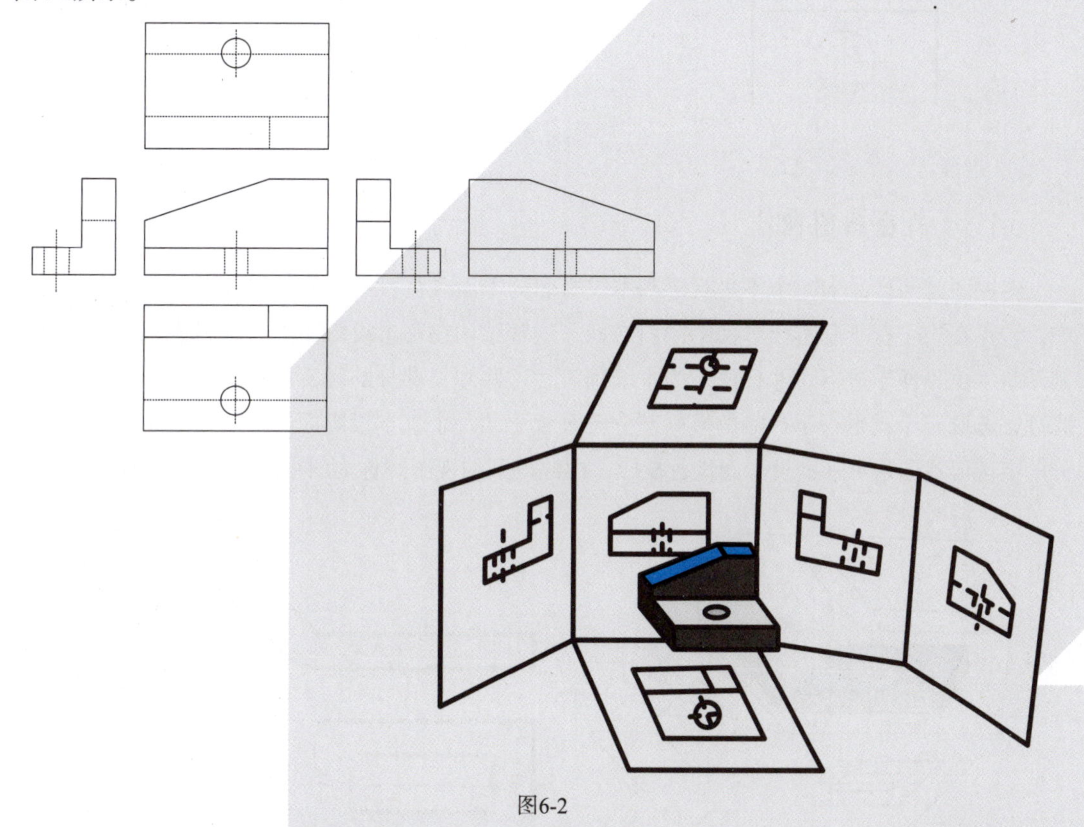

图6-2

当投影面展开后，各视图之间依然严格遵循“长对正、高平齐、宽相等”的投影规律，确保视图间的准确对应与尺寸一致性。

6.1.2　向视图的画法

向视图是一种可以自由配置的基本视图，其特定方向由设计者根据实际需求自行确定。在实际产品设计中，由于图纸布局的限制及专业表达的需要，往往无法在同一张图纸上同时展示全部六个基本视图。

在配置向视图时，为了清晰明确，应在向视图的上方使用大写拉丁字母来标注该视图的名称。同时，在与之相对应的视图附近，使用箭头明确指示出投影的方向，并在箭头上方或旁边标注与向视图上方相同的字母，以便读者能够准确理解各视图之间的关系，如图6-3所示。

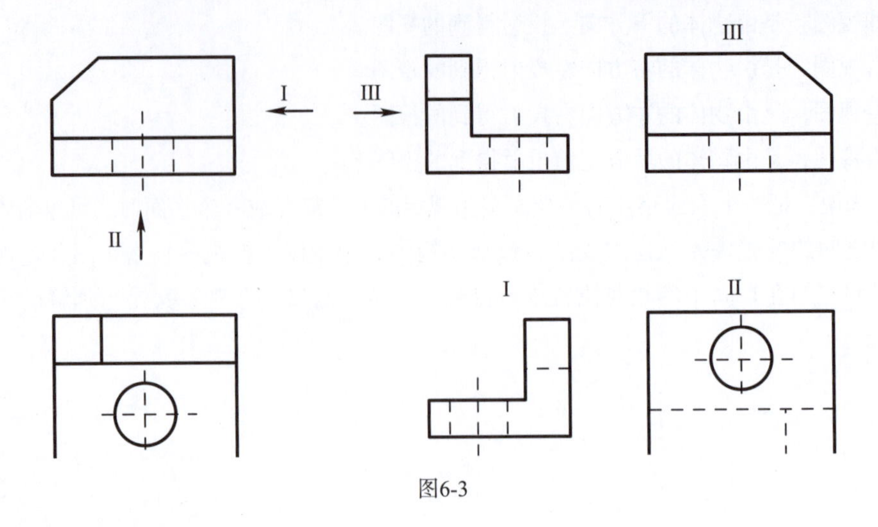

图6-3

6.1.3 斜视图的画法

斜视图是当产品向一个不平行于基本投影面的平面进行投射时所得到的视图。在产品设计中，若存在不平行于基本投影面的倾斜结构，这些结构在基本投影面上的投影将无法真实反映其形状，也不便于进行尺寸标注。为了准确表达这些倾斜部分的真实形状，可以依据换面法的原理，选取一个既平行于产品的倾斜部分又垂直于某一个基本投影面的辅助投影面。将倾斜部分的结构形状向这个辅助投影面进行投影，由此得到的视图即称为斜视图，如图6-4所示。

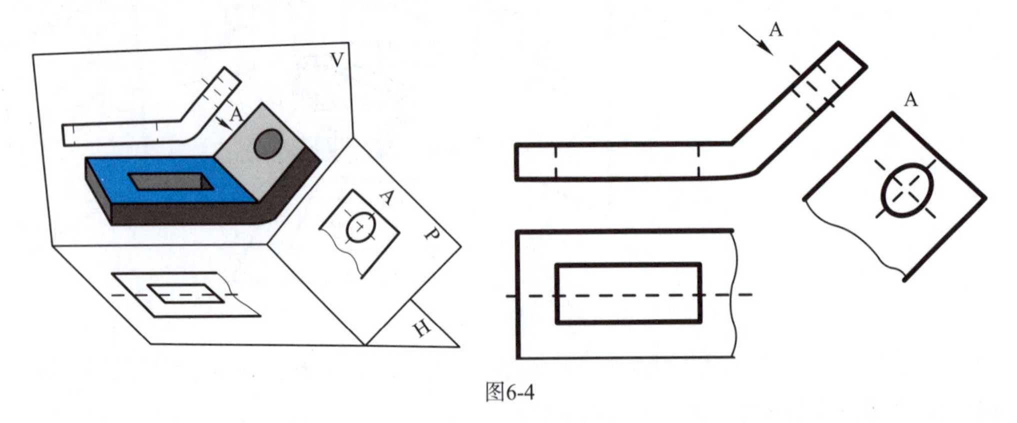

图6-4

图中的立体图展示了弯板的右上部分具有倾斜结构，这一结构在主视图和俯视图中均无法真实反映其形状。为了准确表达这一倾斜部分，可以将弯板向一个既平行于“斜板”又垂直于正立投影面的辅助投影面P进行投射，从而得到“斜板”的投影图。接着，将这个投影图展平并与正立投影面重合，就可以得到“斜板”的斜视图。

值得注意的是，斜视图仅用于反映产品上倾斜结构的真实形状，对于无须表达的其他部分，可以选择省略不画，并用波浪线或双折线进行断开处理，以保持图纸的简洁性和清晰度。

6.1.4 局部视图的画法

若产品某个部分的形状未能充分展现，同时绘制完整的基本视图又显得冗余，此时可以选择仅针对该局部结构的形状，向基本投影面进行投影绘制。这样形成的视图被称作局部视图，如图6-5所示。

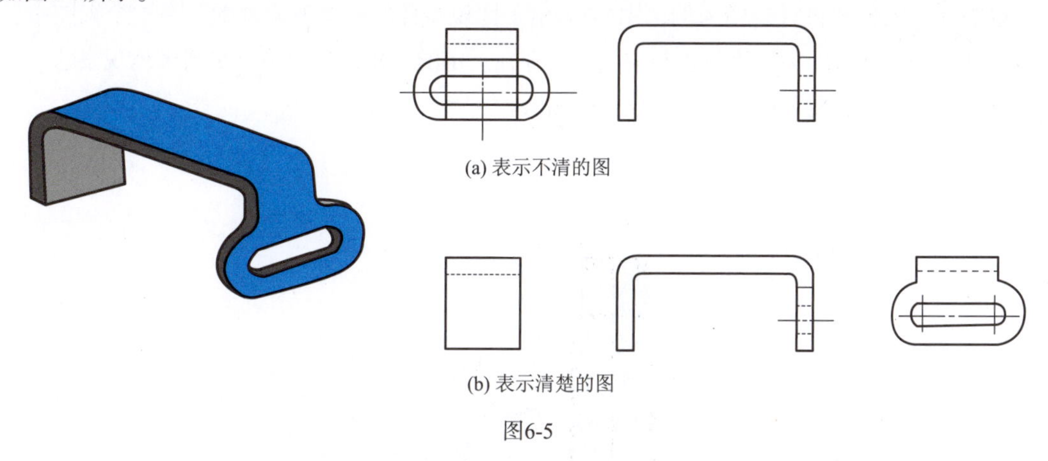

(a) 表示不清的图

(b) 表示清楚的图

图6-5

6.1.5　局部放大图的画法

在产品外形图或零件图中，如果存在细小结构，可能导致图线过于密集，进而使得尺寸标注变得困难。为了解决这个问题，可以采用大于原图的比例来绘制这部分图形，这样的图形被称为局部放大图。

局部放大图通常会使用罗马数字来标注其相对应的原始位置，并且会明确注明放大的比例。在图形的断裂处，会画上波浪线以示区分。为了方便理解和查看，局部放大图应尽量配置在被放大的部位附近。值得注意的是，局部放大图不仅适用于视图，也同样适用于剖视图和剖面图。以图6-6为例，展示了零件四个局部的放大图，其中Ⅰ和Ⅱ为视图形式的局部放大图，而中间的两个局部放大图则采用了剖视图的形式。

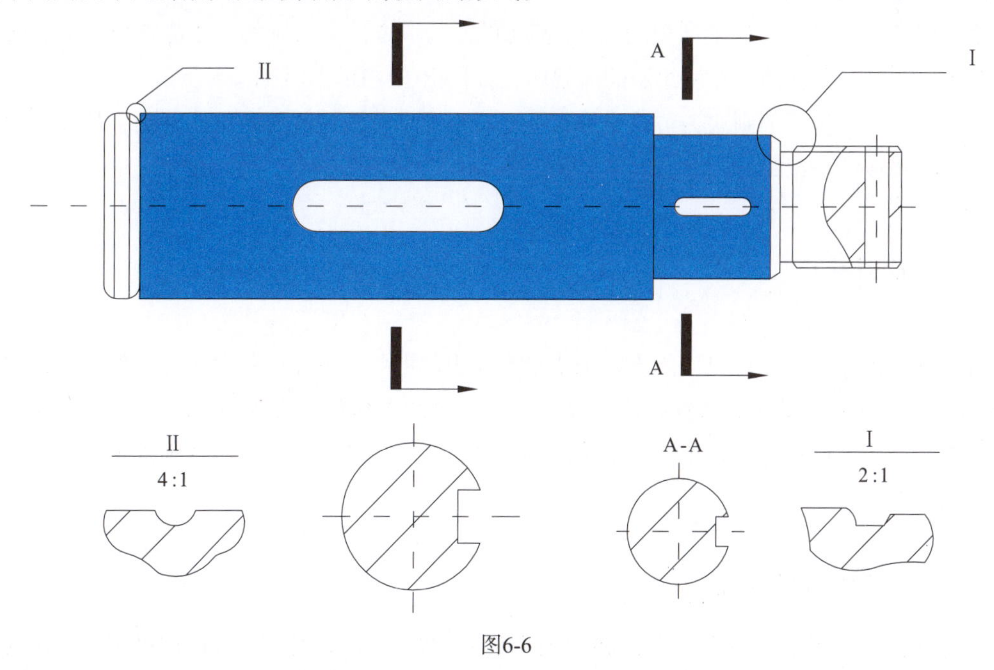

图6-6

6.1.6 剖析视图的画法

以圆规上零件的设计制图为例，图6-7展示了圆规零件的一个普通视图。在这个视图中，可以看到右侧圆环状的插铅笔位置与左侧主体存在一定的夹角倾斜。为了更清晰地观察这一结构并准确表达设计意图，可采用剖析视图的画法。

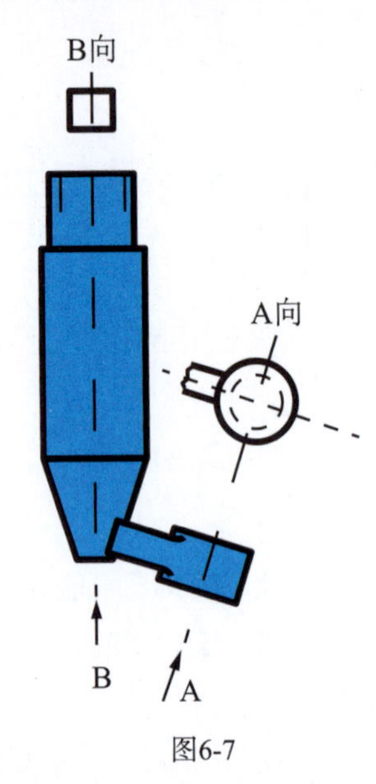

图6-7

首先，沿A方向的指向进行观察，并绘制了它的局部斜视图。这个斜视图是在A箭头的延长线方向上绘制的，它展示了插铅笔位置的实际形状。为了方便识别，在所绘制的斜视图附近标出了“A向”字样。

其次，为了着重表达圆规底部截面的方形形状，沿着B方向的指向进行观察，并在这个普通视图中绘制了向视图。这个向视图是在B箭头的延长线方向上绘制的，它清晰地展示了底部截面的实际形状。同样地，在所绘制的向视图上方标出了“B向”字样。

通过采用剖析视图的画法，可以更加直观地观察和理解圆规零件的结构特点，从而为设计和制造提供准确的依据。

6.2 剖视图

在绘图实践中，尽管可以使用虚线来描绘产品内部那些不可见的部分轮廓，但当产品内部的结构比较复杂时，这些虚线往往会相互重叠，导致图形显得杂乱无章，给识图带来极大不便。为了解决这一问题，我们引入了剖视图的绘图方法，它能够更直观、清晰地展现产品内部的复杂形状。

6.2.1 剖视图的作用

前面所讲的视图主要用于表达产品的外部结构形状。然而，对于产品的内部结构，仅凭外部观察往往难以看清。虽然对于那些内部不可见的图形可以尝试用虚线来描绘，但这种方法不仅烦琐，而且在内部结构复杂时，很难准确、清晰地表达，还可能给标注尺寸和读图带来困难。此时，我们就可以采用国家标准规定的剖视方法，它能够清晰地描绘出物体内部的形状，如图6-8所示。

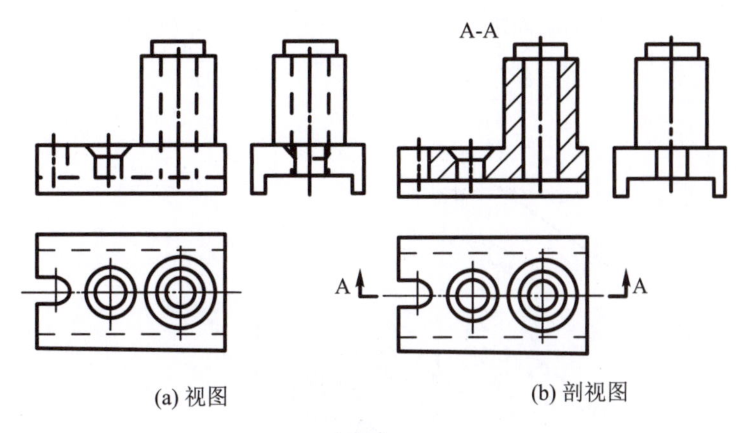

(a) 视图　　(b) 剖视图

图6-8

6.2.2　剖视图的基本概念

剖视是一种通过假想平面来剖开物体的绘图方法。在这个过程中，我们将位于观察者和剖切面之间的部分移走，然后将剩余的部分向投影面进行投影，所得到的图形就被称为剖视图。在剖视图中，原本在剖切前以虚线表示的不可见轮廓线，现在变成了可见的实线。而被剖切到的那部分平面，则被称为剖面，如图6-9所示。这样的处理方式使得我们能够更加清晰地观察和理解产品的内部结构。

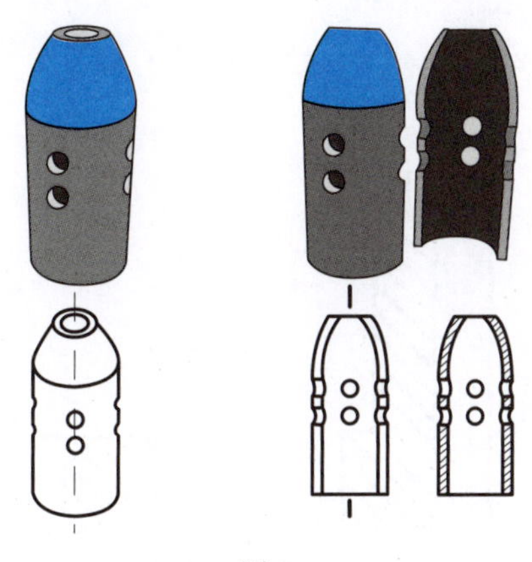

图6-9

6.2.3　剖视图的画法及剖面符号

1. 剖视图的画法

剖视图是揭示物体内部结构的重要工具，其绘制需精准确定剖切面位置，并规范地使用线条表达。

(1) 确定剖切面的位置。通常采用平面作为剖切面，这一平面最好能够通过物体的对称面或轴线，同时保持与相应的基本投影面平行。当剖切面恰好通过物体的对称面时，可以如图6-10(a)所示这样进行剖切。

(2) 画剖视图。使用粗实线来描绘剖切平面所剖切到的断面轮廓线，如图6-10(b)所示。完成这一步后，需要补全位于剖切面之后的可见轮廓线，如图6-10(c)所示。至于那些位于断面之后且仍然不可见的结构形状，其细虚线在剖视图中可以选择省略不画，以保持图形的简洁明了。

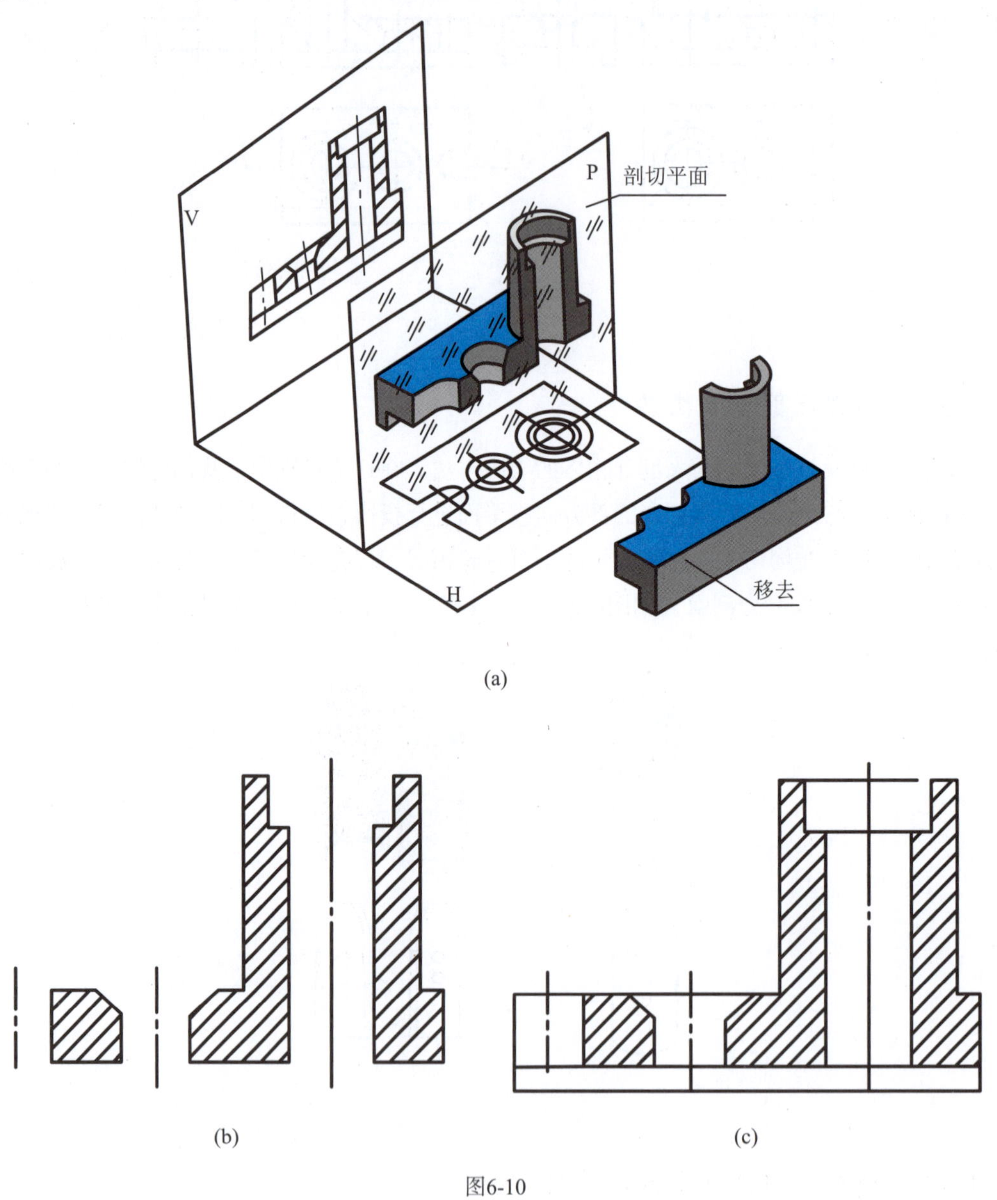

(a)

(b) (c)

图6-10

2. 画剖面符号

在绘制剖视图时，还需要使用特定的剖面符号来表示被剖切的部分。这些剖面符号不仅有助于清晰地展示物体的内部结构，还能增强图纸的可读性。常用的剖面符号，如图6-11所示。

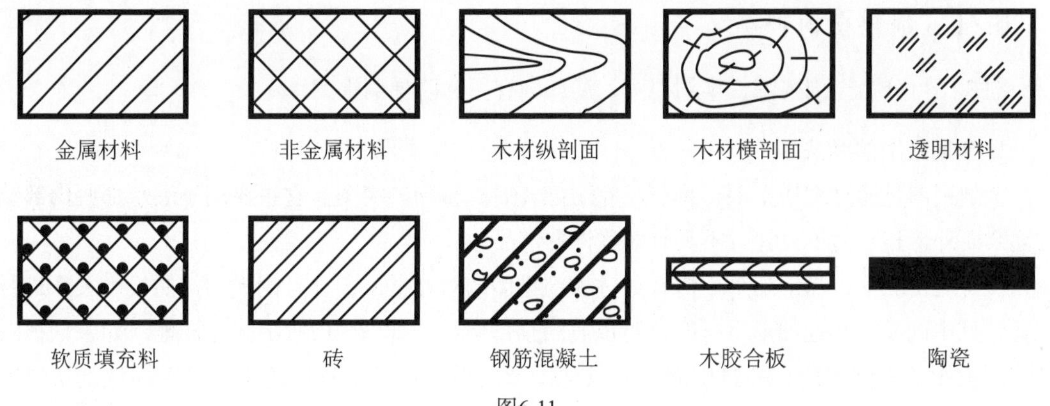

图6-11

在剖切平面所剖视的区域内，需要绘制剖面符号。根据国家标准规定，当无须在剖面区域中明确指示材料类型时，可以采用通用剖面线进行表示。为了标准化和易于识别，通用剖面线最好选用与主要轮廓线或剖面区域的对称线形成45° 角的等距细实线。此外，在同一张图样中，对于同一产品的各个剖视图，其通用剖面线的方向及间隔应当保持一致，以确保图纸的一致性和易读性。

6.2.4 剖视图的标注

剖视图的标注是确保图纸清晰易懂的关键，它指明了剖切位置和投影方向。

(1) 在剖视图的上方，需要用大写字母水平书写来标出剖视图的名称，如“X-X”，如图6-8(b)所示。

(2) 在对应的视图上，用粗短画来表示剖切面的起讫和转折位置，并用箭头或粗短画指明投射方向。同时，在剖切符号旁边，要标注与剖切图相同的大写字母，如“X”，如图6-8(b)所示。

(3) 如果剖视图是按照基本视图关系配置的，并且中间没有其他图形隔开，那么可以省略投影方向的箭头。另外，当单一剖切面恰好通过产品的对称面，并且剖视图也是按照基本视图关系配置时，可以选择不加任何标注。

6.2.5 剖视图的规范

剖视图作为工程图纸的重要部分，其绘制需遵循一定规则，避免常见问题。

(1) 剖切平面应平行于某一投影面，并精准地通过孔、槽的中心线或对称平面，以确保内部结构得以真实、清晰地表达。

(2) 需要注意的是，剖切仅是一种假想操作，实际产品并未被切开或移除部分。因此，在绘制其他视图时，仍应将其视为完整物体进行绘制，不受剖切影响。

(3) 剖视图上需标注剖视图名称、剖切位置和投影方向，但在某些情况下，这些标注可以部分或全部省略，但需确保图纸整体清晰易懂。

(4) 剖面部分需按规定绘制剖面符号。特别地，当剖面宽度小于2mm时，可采用涂黑的方式代替剖面符号。

6.2.6 剖视图的种类

剖视图可分为全剖视图、半剖视图、局部剖视图和阶梯剖视图。

1. 全剖视图的画法

全剖视图是通过剖切平面，将产品完全剖开后所得到的视图。它主要用于展示那些内部结构复杂而外形相对简单，并且不具有对称性的产品。

在特定情况下，当剖切平面恰好通过被剖物体的对称平面，并且剖视图按照投影关系进行配置，且中间没有其他图形干扰时，可以省略全部标注，如图6-12所示。同样地，如果剖视图是按照投影关系配置的，并且中间没有其他图形，那么也可以省略箭头，只需标注剖切位置即可。

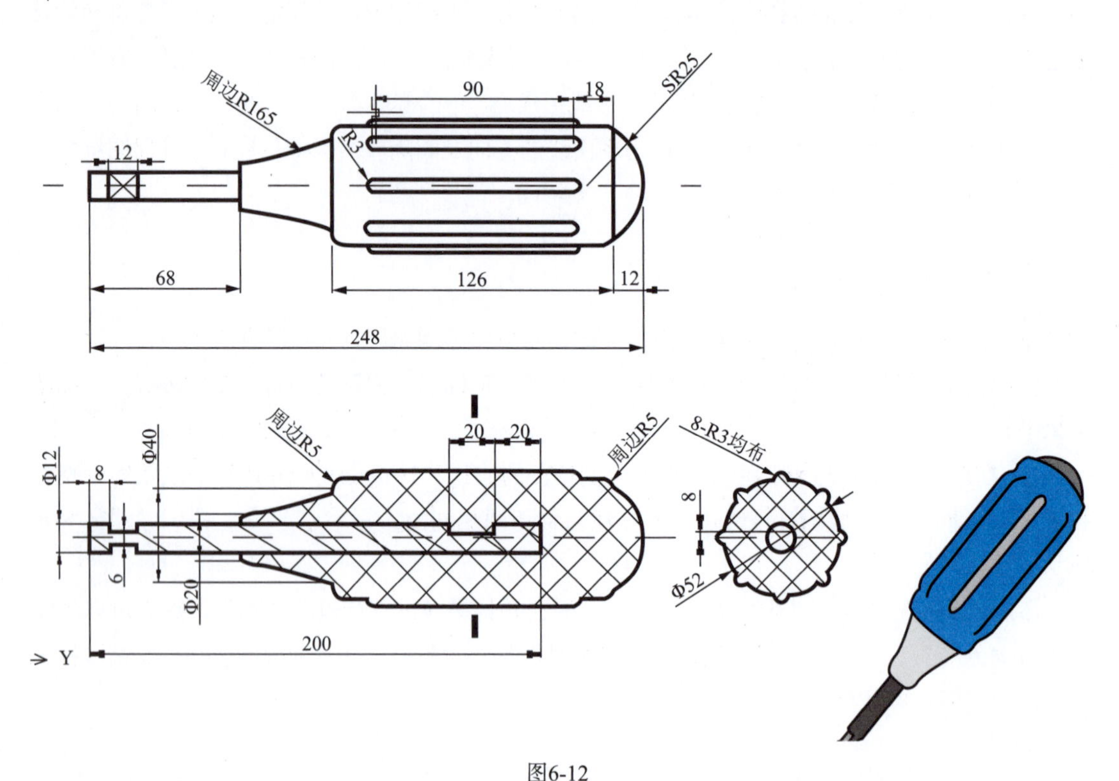

图6-12

需要注意的是，图中被剖切的部分应当绘制剖面符号。此外，两个剖视图之间不会因剖切而相互影响，因此在绘制时，应将它们的外形完整地呈现出来。

2. 半剖视图的画法

半剖视图的画法适用于具有对称平面的物体、对称图形或回转体。此时，可以将视图以对称线或中心轴线为界，一半绘制为剖视图以展示内部结构，另一半则保留原视图以展示外形。这种方法常用于表达那些上下、左右对称，且需要同时展现产品外形与内部结构的场景。

以图6-13中展示的手柄为例，它是一个回转体，中心轴线两侧的外形完全相同。因此，在半剖视图中，下半部分绘制了外形图，而上半部分则展示了内部结构。同时，图中的左视图是一个全剖视图，它并未受到半剖视图的影响，仍然完整地绘制出了整个图形。此外，左剖视图上还标有剖切记号，以清晰地指示剖切位置。这个带手柄螺丝刀的半剖视图所传达的信息与其全剖视图是一致的，但采用半剖视图可以减少一个视图的绘制。

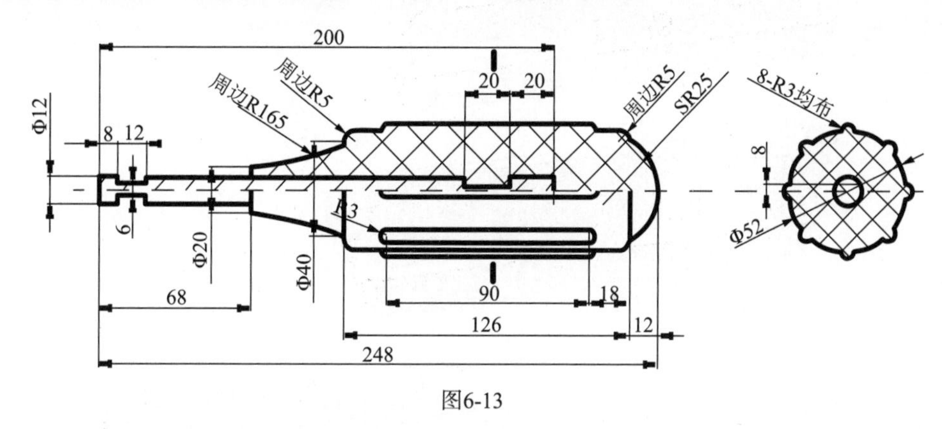

图6-13

3. 局部剖视图的画法

为了展示物体某局部的内部结构，需使用剖切面剖开该部分，由此得到的视图被称为局部剖视图。为了更明确地划分剖开部分与其余外形的边界，剖视界线通常采用波浪线或双折线来标示。

局部剖视图常用于以下两种情况：一是当对产品进行全剖时，某些关键部分难以清晰表达；二是当产品的外形极为简单时，部分内部结构需要通过剖切来详细展示。在一个视图中，不宜过多地使用局部剖视图，以免给读者带来识图上的困扰。因此，在选择使用局部剖视图时，应充分考虑读图者的便利性，如图6-14所示。

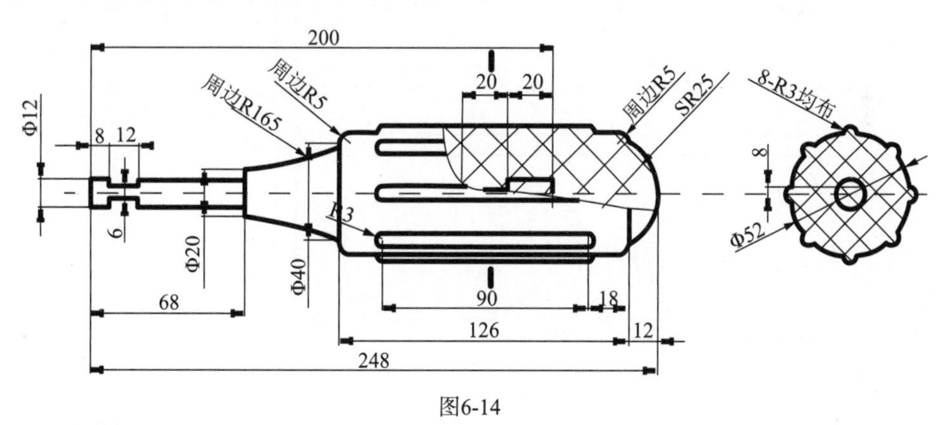

图6-14

4. 阶梯剖视图的画法

阶梯剖视图的绘制方法涉及使用两个相互平行的剖切平面来剖开物体，这种方法被称为阶梯剖。通过阶梯剖视图，可以同时展示物体不同层面的内部结构，如图6-15所示。

在视图中，两个同心圆和矩形的图形仅能反映出它们在该投影面上的形状。为了全面描述它们的形状和内部结构，这里采用了两个平行的剖切面A—A。剖切后，在剖视图中清晰地展现了两个同心圆的真实形态：一个为空心圆筒状，另一个为阶梯形状的实心圆柱，同时矩形部分显示为通孔的全部特征。

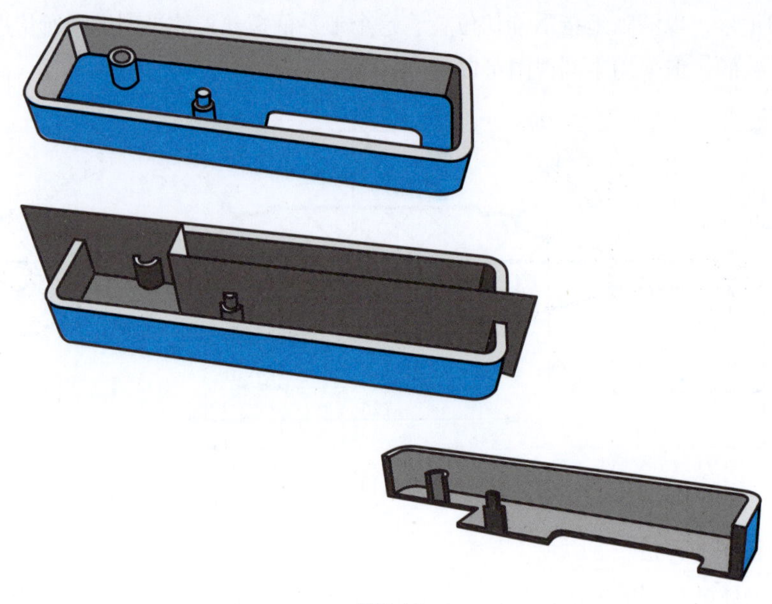

图6-15

通过阶梯剖的方法，仅用一个剖视图就同时表达了两个不同层面的结构，从而简化了作图过程，如图6-16所示。在剖视图中，两个剖切平面间的连接部分并不画出，即不添加任何线条以表示该连接平面。

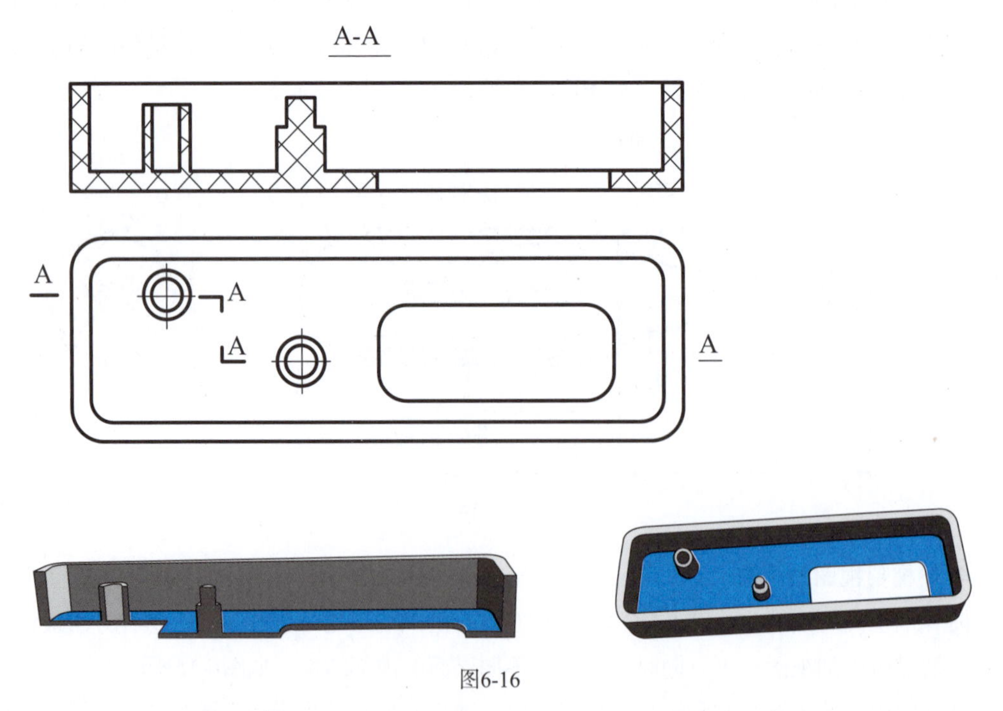

图6-16

在绘制家具的阶梯剖视图时，对于两个剖切平面之间的连接部分，需要画上折断线以明确表示剖切的位置。当剖切后桌面部分被移除，为了能够在剖视图中清晰地表达出桌面的形状，可以采用双点画线(也被称为假想轮廓线) 来描绘出桌面的轮廓。这样不仅可以展示桌面的形状，还能确定桌面与其他家具部分之间的位置关系。采用这种画法，可以用最少的图形元素来表达更多的信息，使图纸更加简洁明了，如图6-17所示。

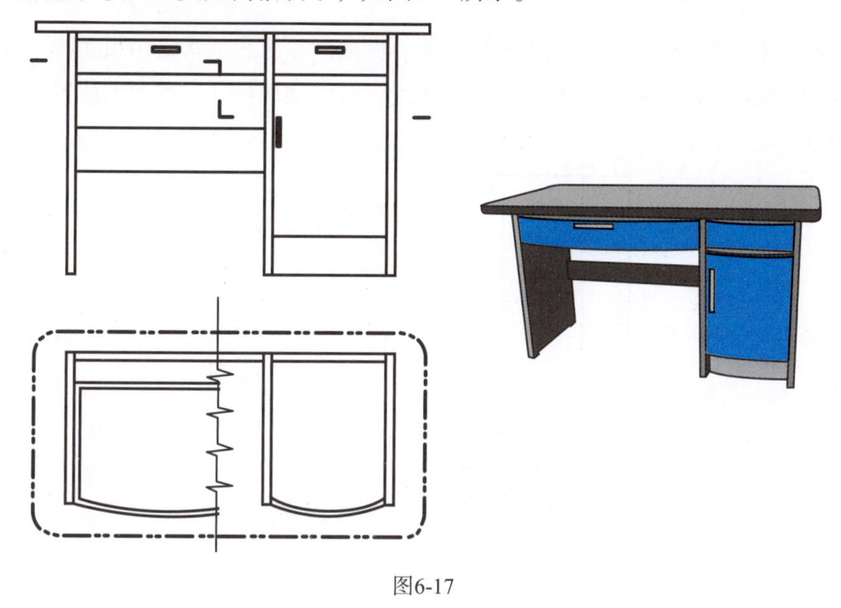

图6-17

6.3　剖面图

当需要展示产品某一部分的形状时，如果采用剖视图的方式，需要绘制出所有的投影线，这往往会使得作图过程变得相对烦琐。为了简化这一过程，可以引入剖面图的表达方式，即剖面图是通过想象一个剖切平面将该部分切开，然后仅将该切口的形状正投影到一个特定的投影面上，并在投影上添加剖面符号来完成的。

剖面图通常被用来表现产品的某一部分的切断面，或者是轴上的孔、槽等结构特征。为了确保能够准确反映出产品结构的真实形状，当使用单一剖切平面进行剖切时，这个剖切平面通常应当垂直于产品的主要轴线或是该部分的轮廓线。这样的剖切方式能够更清晰地展示出内部结构，如图6-18所示。

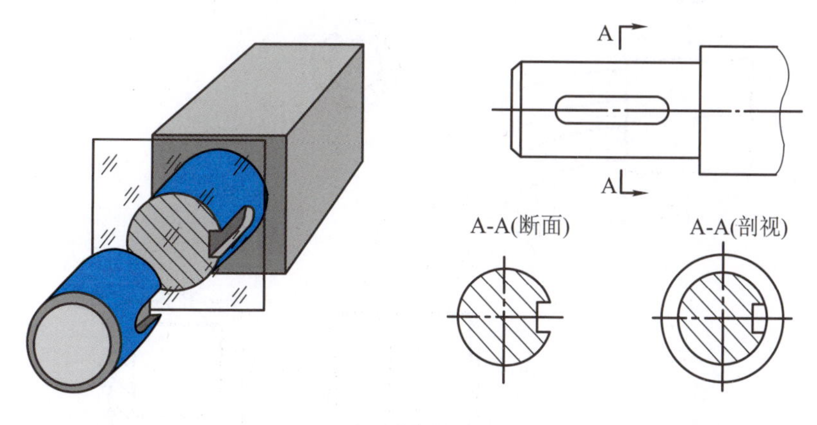

图6-18

剖面图有移出剖面和重合剖面两种表达方式，下面对这两种方式进行详细介绍。

6.3.1 移出剖面图

移出剖面是指将剖面绘制在视图外部的情况。剖面的轮廓线通常采用粗实线来描绘，并且一般被放置在剖切线的延长线上。在绘制剖面图时，需要明确标注剖切面的位置及投影方向。对于对称的剖面图形，其剖切符号可以用点画线来表示，如图6-19所示。

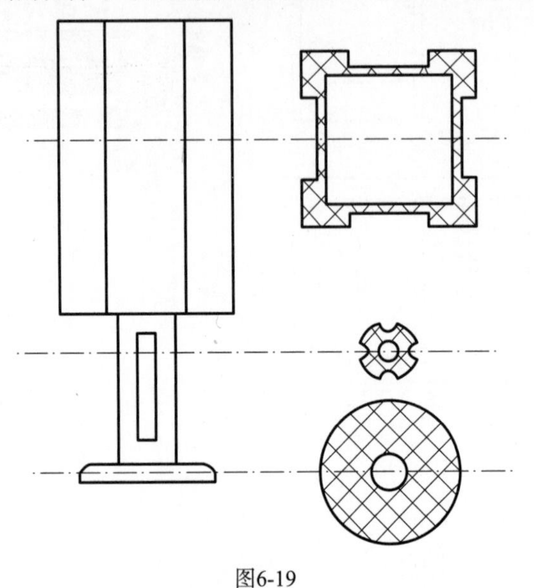

图6-19

如若图幅空间有限，需要将剖面图绘制在视图之外的其他位置，此时应利用字母进行明确标示。剖面图的比例设置可以不必遵循原视图的比例，但务必在图中清晰注明比例差异。例如，为了精准且直观地表达圆方过渡管的外形特点，应当沿着其轴线方向作一个垂直于轴线的切口，这样的处理方式能更有效地展现断面处的形状特征。图6-20即展示了圆方过渡管的移出剖面图。

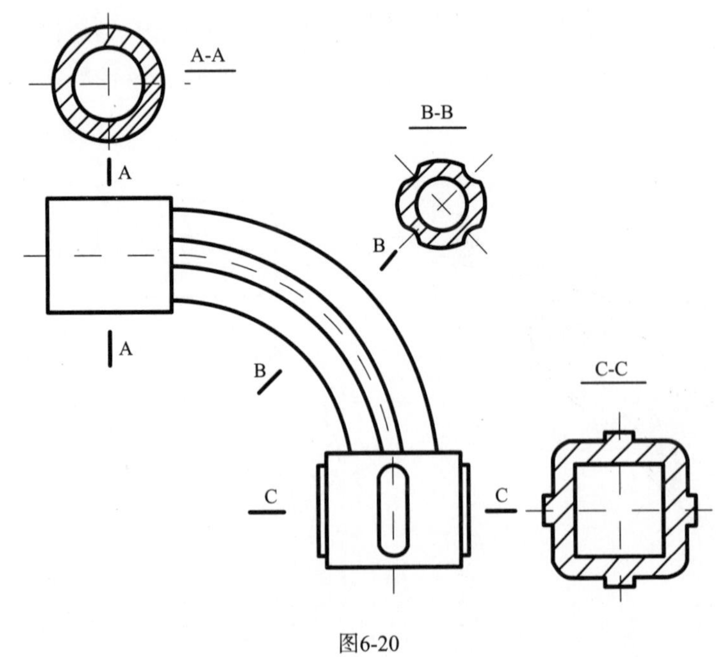

图6-20

6.3.2 重合剖面图

当剖面图被直接绘制在视图内部的剖切位置时，被称为重合剖面。重合剖面的轮廓线应采用细实线进行绘制，同时剖面的大小需与所在视图的比例保持一致，如图6-21所示。

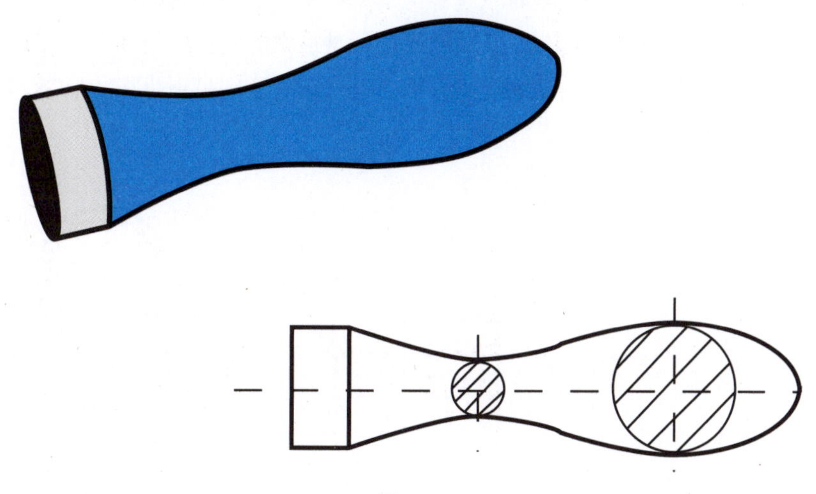

图6-21

由透明树脂材料制成的模型，其回转体形状是通过样条曲线围绕中心轴线旋转而得到的，由于外轮廓线的复杂性，无法直接通过半径进行标注。在视图中，我们沿着中心轴线绘制了多个与外轮廓线相切的圆，每一个这样的圆都代表了在该位置上的剖切面的形状及其尺寸，如图6-22所示。

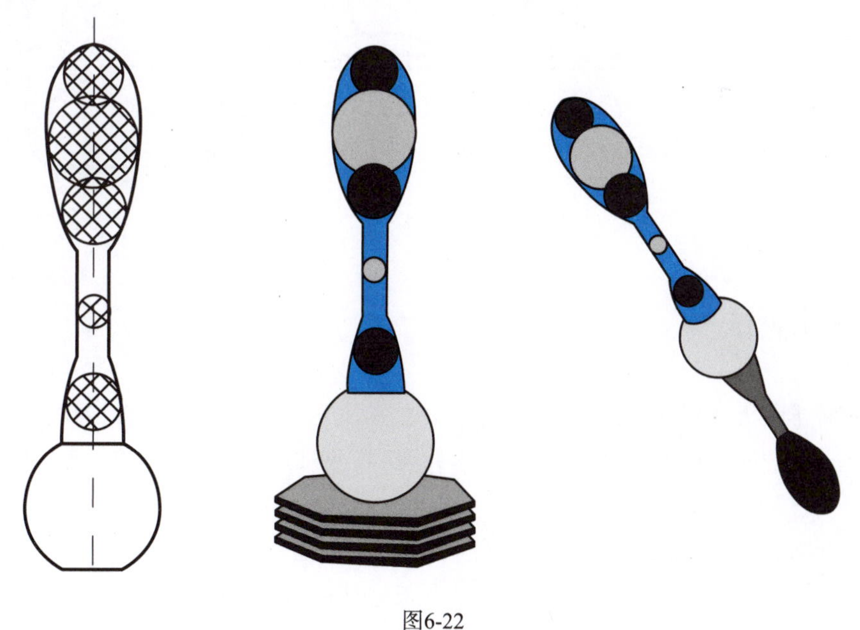

图6-22

6.3.3 剖面图的画法

本节将通过烛台的设计制图，来展示如何绘制移出剖面图。

烛台的造型特征在于其在高度方向上各截面形状各异，且有的截面在特定高度位置呈现封闭实心状态，而有的则表现为具有一定厚度的薄壁形态。为了更清晰地展示圆方过渡管的外形特征，我们沿着其轴线方向进行垂直剖切，这样可以明确地表达断面处的具体形状及圆方过渡的精确位置。在选择移出剖切的位置时，应聚焦于特征变化最为显著的区域，例如底座设计得既宽又厚，是整个结构中最宽的部分，其截面轮廓也是最大的。从底座往上，实心截面呈现出大小不同的实心方形和圆形交替出现的模式。烛台口区域附近则呈现为杯状形态，而最顶端的截面则是一个圆环形状，如图6-23所示。

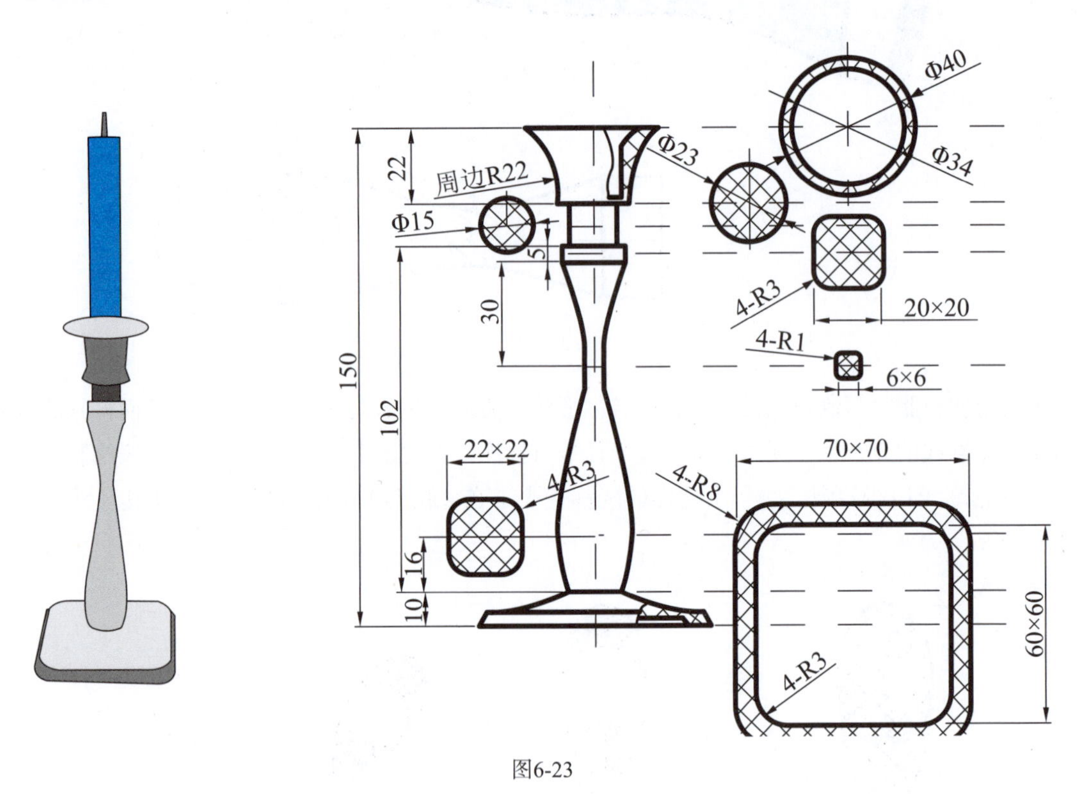

图6-23

6.4 简化画法

在国家标准《机械制图》中，除了规定了一些用于表达产品或零件的标准画法，还明确了一系列制图表达的简化画法。本节将详细讲解并展示一些在产品设计专业中经常使用的简化表达方式。

简化画法旨在确保产品的形状和结构能够完整且清晰地表达出来的前提下，通过简化制图过程来提高绘图效率，同时保证图片易于识别，避免产生误解。这种方法旨在减少绘图的工作量，提升表达效率，确保图纸既简洁又清晰，从而加快设计进度。

简化画法在产品制图中有着广泛的应用。以下是一些常用的简化画法的介绍。

6.4.1　较长物体的简化画法示例

当较长的构件(如轴、杆状件、连杆、型材等) 在长度方向上的形状保持一致或按照某种规律变化时，可以截断一部分进行绘制。在截断处，应绘制波浪线以示区分。在标注尺寸时，需要准确标注出被截断部分的实际长度。

以勺子为例，其后部的手柄部分较长，且形态变化呈现出有规律的逐渐变宽趋势。在图纸尺寸受限的情况下，绘图时可以省略中间部分，仅绘制出截断处的波浪线，如图6-24所示。

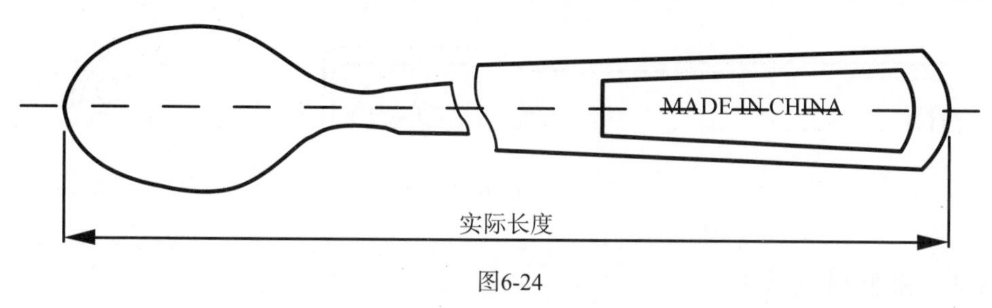

图6-24

6.4.2　相同结构的简化画法示例

当图纸中存在多个形状相同且按照一定规律排列的产品时，为了提高绘图效率，可以仅绘制其中一个代表性产品，而在其他位置用细点画线(或称为中心线) 来代替，并在图纸上明确注明该结构的数量。

以窗棂的格栅为例，其横向格栅均匀排列，每个格栅的外形和尺寸都完全相同，且间距也保持一致。在这种情况下，即使窗棂总共有6个这样特征的格栅呈线性均布，也只需绘制一个格栅，然后用细点画线表示其余格栅的位置，并注明总数为6个，如图6-25所示。

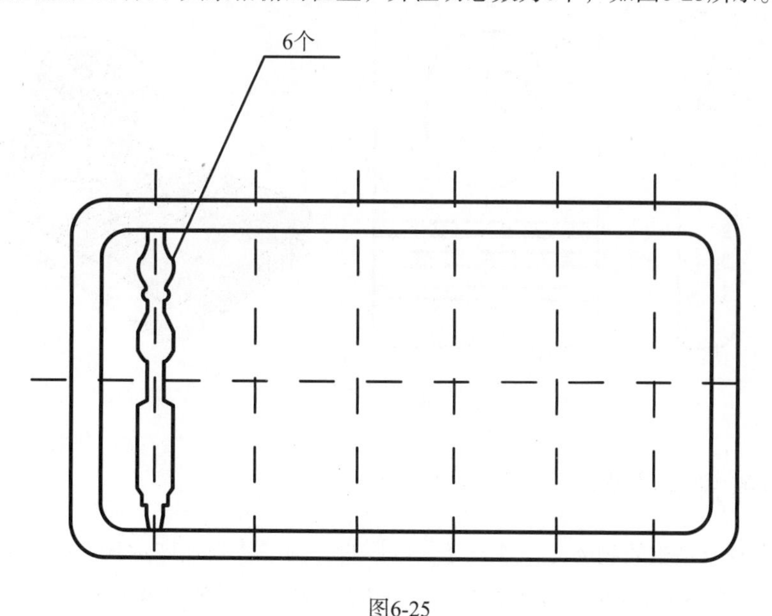

图6-25

6.4.3 对称结构的简化画法示例

对于完全对称的物体，或者其四个象限结构完全相同的物体，在不影响理解的前提下，为了简化图形表达，可以仅绘制其一半或四分之一的部分。如图6-26所示，左图中的电话机听筒部分上下完全对称，因此只需绘制其上半部分即可完整表达其结构；同样地，对于右图中的轮子，由于其结构在四个象限内完全相同，因此只需绘制其四分之一的视图即可。这种图形的简化画法，既节省了绘图空间，又提高了图纸的可读性。

图6-26

6.4.4 相似圆弧代替

当物体上存在圆或圆弧，并且这些圆或圆弧与投影面形成一定角度时，按照投影规律，它们应在图纸上被绘制为椭圆或椭圆弧。然而，如果圆或圆弧与投影面的倾斜度小于或等于30°，为了简化绘图过程，其投影可以用圆或圆弧直接代替，而无须绘制为椭圆或椭圆弧。

以圆管为例，当圆管的轴线与底板呈小角度倾斜时，按照严格的投影规律，侧视图中的圆管端口和底板的截交线应呈现为椭圆形。但由于倾斜角度较小，为了绘图简便，圆环和截交线的投影可以用圆形和圆弧来近似代替，如图6-27所示。

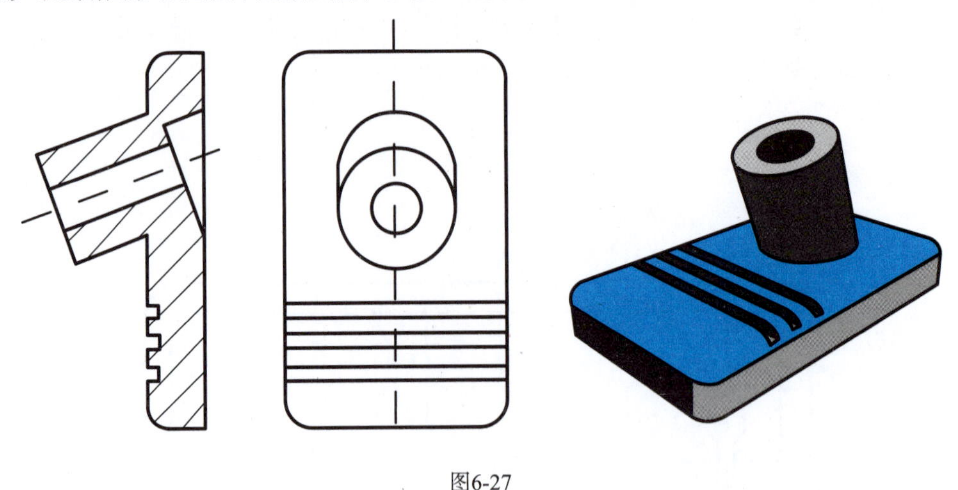

图6-27

6.4.5 特殊的剖切视图

在绘制具有复杂结构的物体时，如三条腿的圆桌，为了清晰地展示其内部结构，可能需要绘制剖视图。而在某些情况下，如绘制左剖视图时，下面的桌腿可能并不直接位于剖切平面上，为了简化绘图并清晰地表达结构，可以将这些桌腿旋转到剖切平面上进行绘制，如图6-28所示。需要注意的是，这样的结构在剖视图中不应绘制剖面线，以区分其他被剖切的部分。

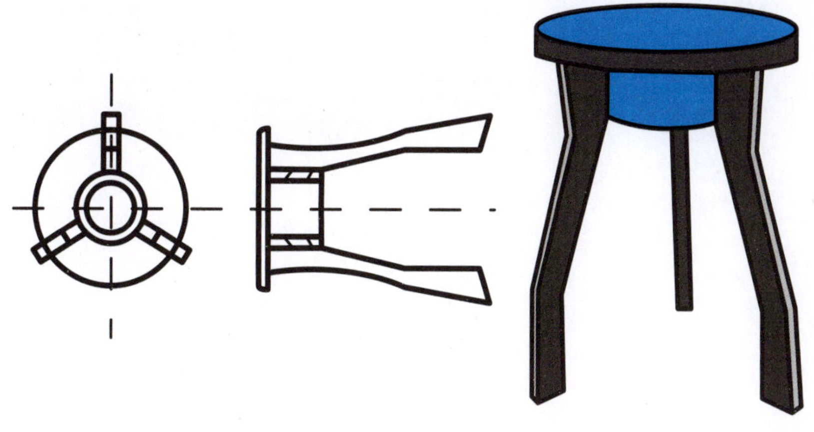

图6-28

6.4.6　面与面相贯部分的图形

当两个圆形柱体垂直相交时，它们之间会形成一个复杂的相贯线。为了简化绘图过程并提高可读性，相贯线在某些情况下可以采用简化画法。具体来说，如果两个圆柱体的尺寸相差不大，相贯线可以用大圆柱体的半径所对应的一段圆弧来近似代替。这种简化画法在视觉上仍然能够清晰地传达出两个圆柱体相交的结构特征，如图6-29所示。

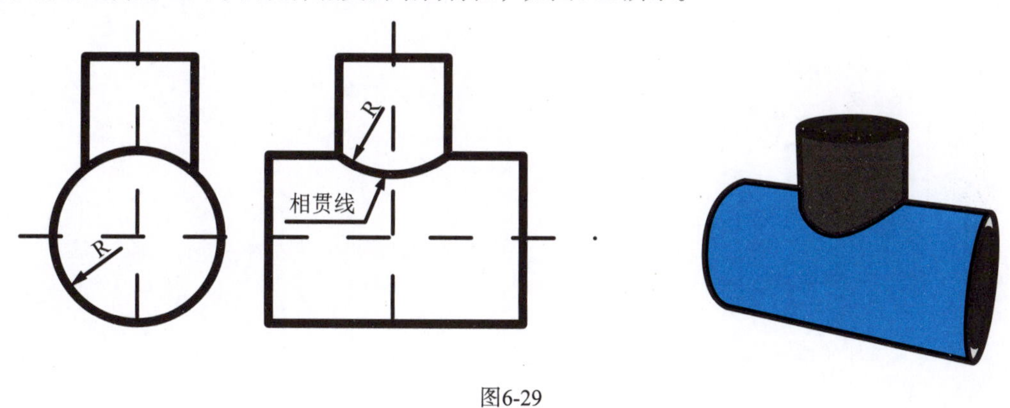

图6-29

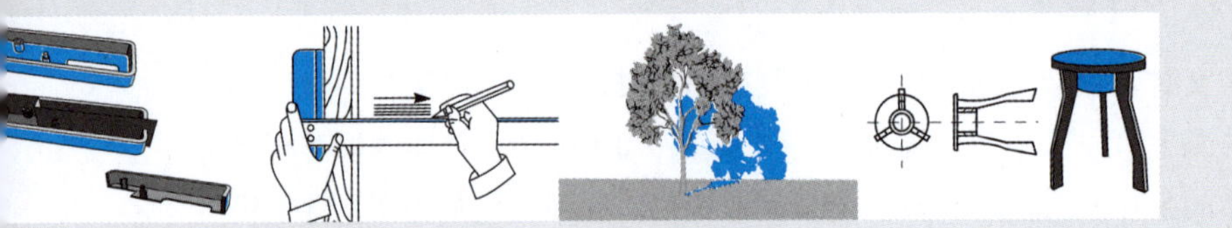

第7章

产品零件图和常用零件

主要内容：本章介绍了零件视图选择的要求和原则，零件的尺寸标注、常见工艺结构、技术要求和尺寸测量，以及常用零件的画法。

教学目标：了解零件视图选择的要求和原则，掌握零件尺寸标注、常见工艺结构、技术要求和尺寸测量的相关知识，理解常用零件的画法。

学习要点：对产品设计常用零件画法的理解与熟练掌握。

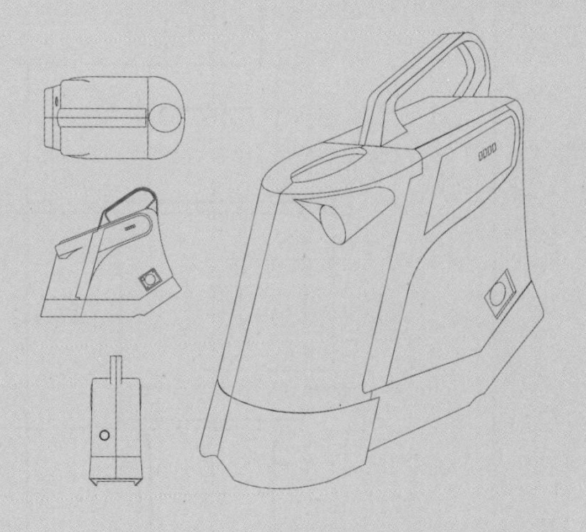

Product Design

产品或部件均是由多个零件依据特定的装配顺序和装配关系，遵循相应的技术要求组装而成。其中，用于详细展示单个零件的外形特征、内部结构、具体尺寸，以及技术规范的图样，称为零件图。零件结构描述的是零件各组成部分及其相互之间的关联方式。而技术要求则是为了确保零件能够正常发挥其功能，在生产加工过程中必须遵循的质量标准和规定。零件图纸作为一种至关重要的技术文件，从零件的初步设计、生产制造、装配组合，到技术交流与合作，始终发挥着不可或缺的作用。

7.1　从一张零件图说起

图7-1展示的是一张关于输出轴的零件图。接下来，我们将深入探讨零件图的具体作用，以及它所表达的核心内容。

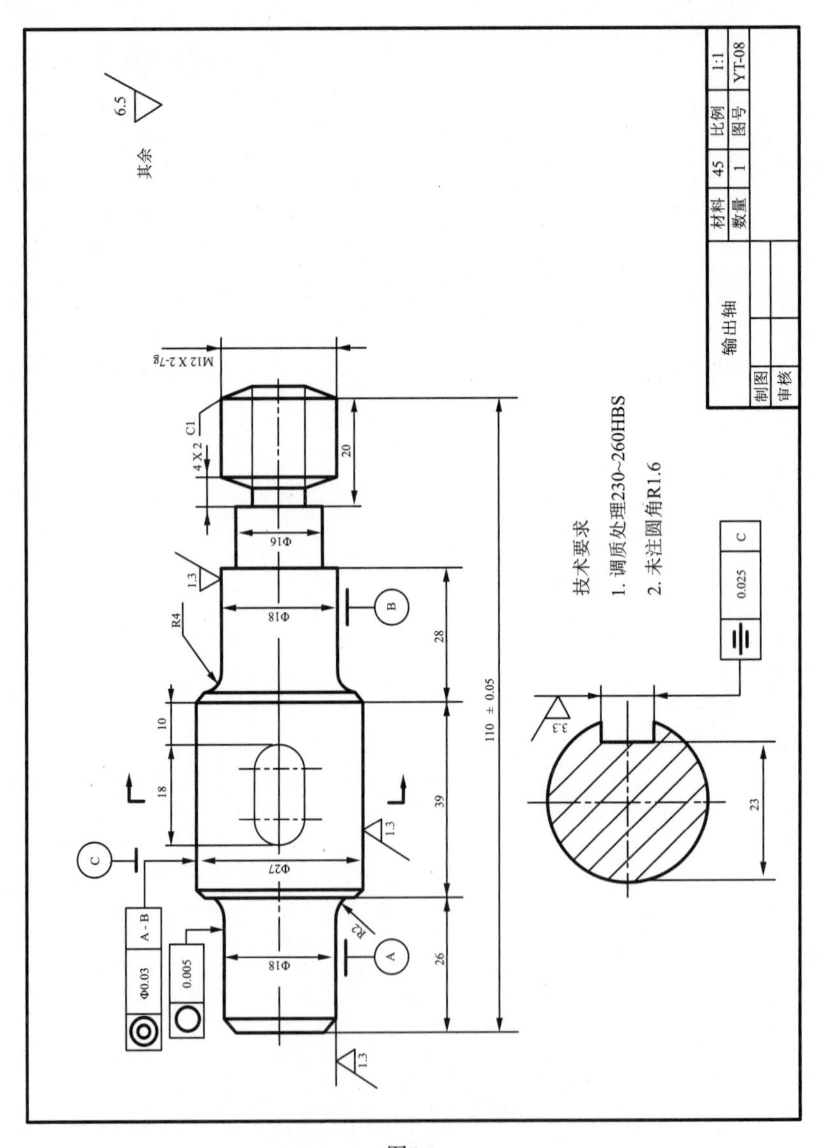

图7-1

7.1.1　零件图的作用

零件图，作为设计师智慧的结晶，是根据产品或部件对零件所提出的具体技术要求精心绘制的。它不仅承载着制造零件所需的所有关键信息，也是检验零件是否符合设计要求的主要依据。零件图连接着产品设计师与生产制造方，是两者之间进行技术交流与合作的重要媒介。在产品的整个生命周期中，从零件的毛坯加工到机械加工工艺的制定，再到毛坯图和工序图的绘制、工装夹具的设计，乃至最终的加工检验，每一个环节都需要严格依据零件图来进行，确保了产品制造的准确性和高效性。

零件加工完成后，需要按照装配图的要求，将各个零件精确地装配成完整的产品或部件。装配图作为另一张至关重要的技术文件，主要用于表达产品或部件的工作原理、零件间的装配关系和技术要求。通过装配图，可以清晰地看到各个零件是如何相互配合、协同工作的，以及它们之间需要满足的精度和配合要求。因此，零件与部件之间、零件图与装配图之间存在着一种紧密且不可分割的联系，共同构成了产品设计与制造的技术基础，为产品的质量和性能提供了有力的保障。

7.1.2　零件图的内容

以图7-1所示的输出轴零件图为例，一张标准的零件图通常应包含以下基本内容：

(1) 图形。根据国家制图标准和规定，零件图需要综合运用各种制图表达方法，如视图、剖视图、局部视图、放大视图、剖面图等，以完整、清晰且简洁的方式展示零件的外形和内部构造。

(2) 尺寸。零件图上需要正确、完整、清晰且合理地标注出制造和检验零件所需的所有尺寸信息。

(3) 技术要求。这部分内容详细说明了零件在制作加工和检验过程中应达到的一系列质量要求，包括但不限于表面粗糙度、尺寸偏差、形状和位置公差、材料及热处理等方面的具体要求。

(4) 标题栏。标题栏的格式需符合规定，通常包含零件的名称、材料、数量、绘图比例，以及必要的签署等关键信息。

7.2　视图选择的要求和原则

在绘制零件图时，视图的选择需严格遵循国家制图的相关标准。这一过程与产品设计制图中的视图选择方法颇为相似，首先需要确定主视图，随后依据需要选择和确定其他视图，以形成一组完整且恰当的视图组合。

7.2.1　零件的视图选择要求

为了准确表达零件图的内容，需要根据零件的形状和结构特点、加工方法，以及它在产品中的功能和位置等要素，来精心选择一组视图。这组视图应能正确、完整、清晰地展现零件的构造，同时应便于绘图和尺寸标注。具体来说，视图选择的要求包括以下几点：

(1) 视图的投影关系必须准确无误，图样的画法，以及各种标注方法均需严格符合国家标准的相关规定。

(2) 所选视图应能够全面展示零件的整体结构特征，以及各部分之间的位置关系和相对大小，确保信息的完整性。

(3) 视图表达应清晰易懂，避免产生歧义或误解，以便于识图者能够迅速准确地理解零件的结构和特征。

(4) 视图的选择还应考虑绘制和尺寸标注的便利性，确保绘图工作的高效进行。

7.2.2 视图选择的一般原则

1. 确定主视图

主视图是展现零件信息量最为丰富的一个视图，它通常是产品设计者或识图者首要关注的。因此，主视图的选择至关重要。一旦主视图确定，零件的投射方向和安放状态也就随之确定，接下来就可以根据主视图所表达的零件具体特征来选择其他视图。

在选择主视图时，以下原则是需要考虑的：

(1) 为了便于加工者根据图纸进行生产，应按照零件在加工制造工序中的夹装位置来选择主视图。例如，在加工轴类零件时，通常会使用车床进行加工，夹具的轴心会保持在水平面上。因此，轴类零件的主视图一般会选择水平位置，这样便于在零件加工时查看图纸。对于具有多种加工方法和不同安装位置的零件，应尽可能地选择与零件在机器上的工作位置和安装位置相一致的主视图，以便更好地了解零件在机器中的工作状态，并简化安装过程。对于某些工件，如果其可加工表面众多且分为不同的加工部位，可以将主视图按照工件的工作部位进行放置，以与总视图保持一致。对于某些工作部位不固定的工件，可以将其放置在主加工部位或自然稳定状态下的部位。

(2) 在选择主视图的视图方向时，应选择最能明显表达零件的形状、结构、特征及各形体间相对位置关系的方向。例如，对于有一定厚度的管状底座零件，如果其厚度的截面上圆周均布有四个小圆形通孔，且这些圆孔是该零件的主要结构特征，那么就应选择能够清晰展示这些圆孔的方向作为主视图的视图方向，如图7-2所示。

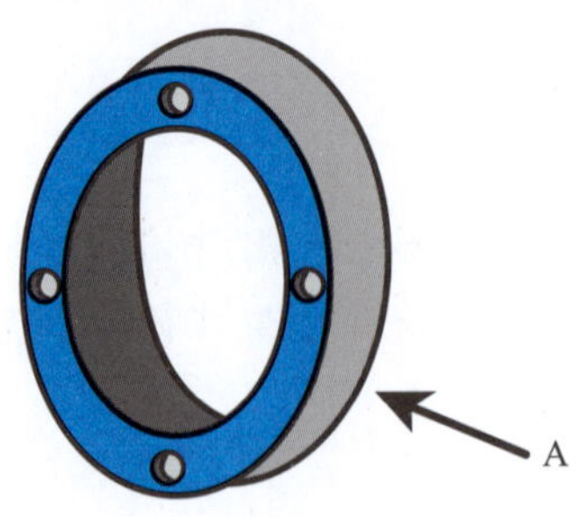

图7-2

2. 选择其他视图

为了充分表达零件的特征，在确定主视图后，还需要对主视图中未清晰展示的特征进行补充描述。同时，在充分考虑尺寸标注等实际需求的前提下，还应合理运用视图、剖视图、剖面图等多种表达方式，确保每种表达方式都有其明确的侧重点，并且能够相互协调，共同满足零件的表达需求。

以底座设计为例，根据图样的视图配置关系，主视图采用了全剖视图的形式，而右侧则展示了带孔底座零件的左视图，如图7-3所示。

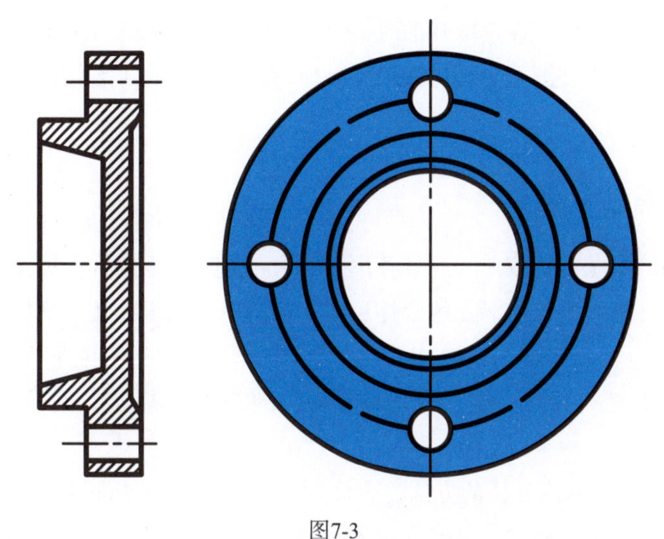

图7-3

在选择其他视图时，我们需要考虑以下几个方面：

(1) 根据零件的外形复杂度和内部结构特点，应仔细考虑需要表达的其他视图，确保每一个视图都能充分、准确地传达出所需的信息。

(2) 在确定视图数量时，应遵循“宜少不宜多”的原则，以避免给读者带来繁杂和不便，同时确保主次分明。在设计中，应根据构件结构的复杂性来合理确定视图个数，并尽量精简视图数量。

(3) 在以基视图为主的基础上，当需要表现工件内部特性时，应尽可能在基视图上添加剖面图、局部视图或局部放大图。同时，需要对视图的布局进行合理规划，以确保整体的制图既清晰美观，又布局合理。

7.3　零件图的尺寸标注

零件图的尺寸标注是制造零件的重要依据，因此在零件图纸上进行尺寸标注时，需确保准确性、完整性、清晰性，并且标注的尺寸应合乎情理，即符合设计、加工和测量的实际需求，以便于零件的制造、测量与检验。要实现这一点，需要具备实际生产经验，以及对机械设计、加工等相关知识的深入了解。

在实际的尺寸标注过程中，了解尺寸基准至关重要。为了准确反映产品的实际情况，应选择合适的尺寸基准。尺寸基准是指在工件上测量尺寸的起始点，它分为两种类型：设计基准和工艺基准。设计基准用于确定零件在产品或部件中的位置及其几何关系，符合设计要求；而工艺基准则是在加工、测量时所依据的基准，符合工艺要求。

由于每个零件通常都具有长、宽、高三个方向的尺寸，因此在这三个方向上均应设立一个主要的基准。若在同一方向上存在多个尺寸基准，其中主要基准必定是设计基准，而其他辅助基准则为工艺基准。此外，主基准与辅助基准之间应存在尺寸联系。为了减小尺寸误差、便于加工与检验、提高产品质量，在选取基准时，应尽可能使设计基准与工艺基准保持一致。

本节将重点介绍在零件图上合理标注尺寸的原理，以及常见工艺结构的通用标注方法和简化标注技巧。

7.3.1 尺寸标注的要求

零件作为产品的最基本构成单元，其各部分的大小严格依据图样上标注的尺寸进行制造和检验。零件图的尺寸标注不仅需满足组合体尺寸标注的基本要求，还应确保正确性、完整性、清晰性和合理性。

(1) 正确性是指尺寸标注必须严格遵守国家标准的相关规定，确保标注的规范性和准确性。

(2) 完整性要求按照形体分析的方法，全面而细致地标注出零件各个组成部分的定型尺寸和定位尺寸，既要避免重复标注，又要确保无一遗漏。

(3) 清晰性则强调在标注尺寸时，应尽量避免尺寸线、尺寸界限、尺寸数字与其他图线相交，尽量将尺寸标注在视图的外部，并通过合理的布局和配置，确保尺寸的易读性和辨识度。

(4) 合理性则是指尺寸标注既要充分考虑设计要求，确保零件的功能和性能得以实现，又要兼顾工艺要求，便于加工制造和质量控制，从而实现设计与制造的完美融合。

7.3.2 尺寸标注的原则

1. 标注尺寸应符合加工顺序

标注尺寸时，应当依据加工的顺序来进行。这样做的好处在于，它使得图纸更易于理解，并且有助于确保加工过程中的精度。举个例子，对于轴类零件的加工，通常的顺序是先加工成长度为38的圆柱体部分，接着加工成长度为22的圆柱体部分，然后是退刀槽的加工，最后是外侧的外螺纹加工。因此，尺寸标注的顺序也应当与这一加工顺序保持一致，如图7-4所示。

2. 标注尺寸应便于测量

在标注尺寸时，还需要考虑到测量的便利性。比如，在图7-4中退刀槽的标注为“2 × Φ10”，这样的标注方式让零件在加工过程中更便于测量，确保了尺寸的准确性和加工效率。

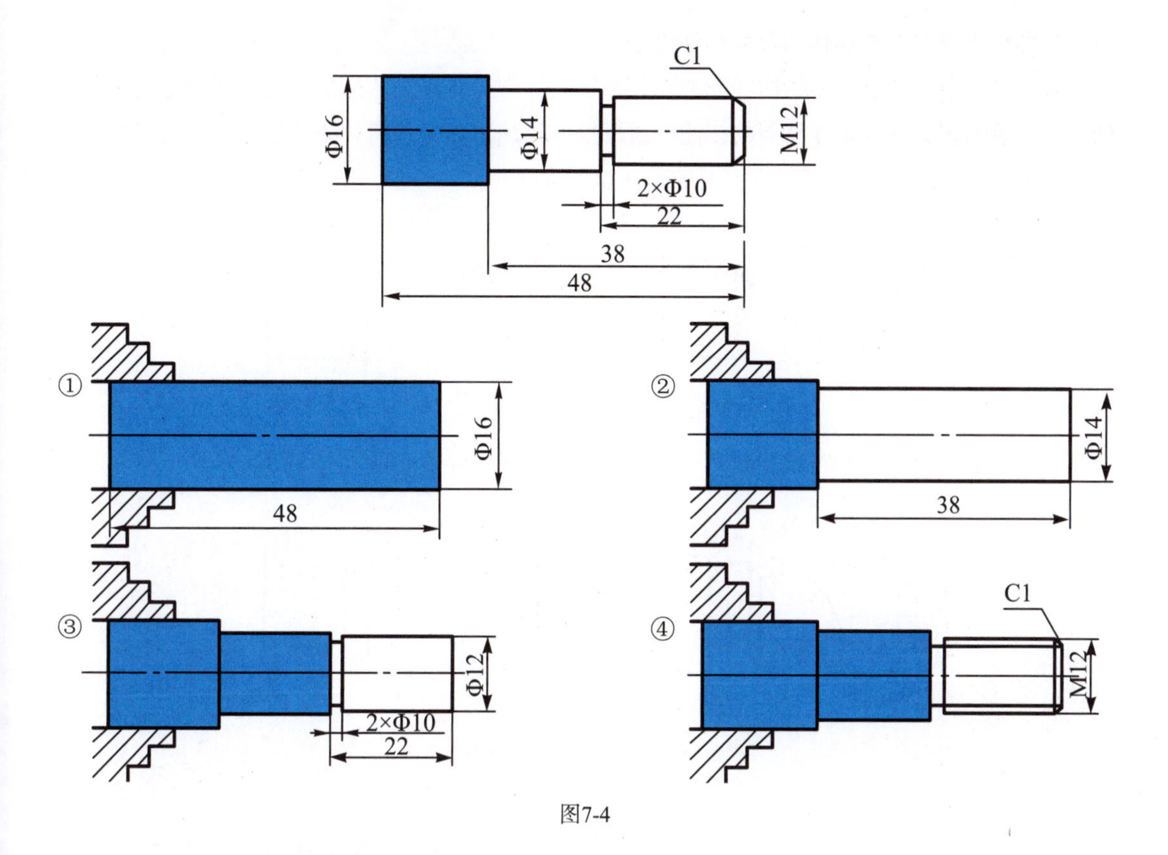

图7-4

3. 避免出现封闭的尺寸链

当在图纸上既标注了每个部分的尺寸，又标注了总体尺寸时，这些尺寸首尾相连可能会形成一个封闭的尺寸链。在这种情况下，应当选择其中最不重要或冗余的一个尺寸省略不注，以避免尺寸间的冲突和误解，如图7-5所示。如果出于某种特定需要必须将这个冗余尺寸标注出来，那么应当在其数值后加上括号，将其作为参考尺寸。需要注意的是，参考尺寸并不是确定零件形状和相对位置所必需的，因此在加工完成后通常不会对其进行检验。

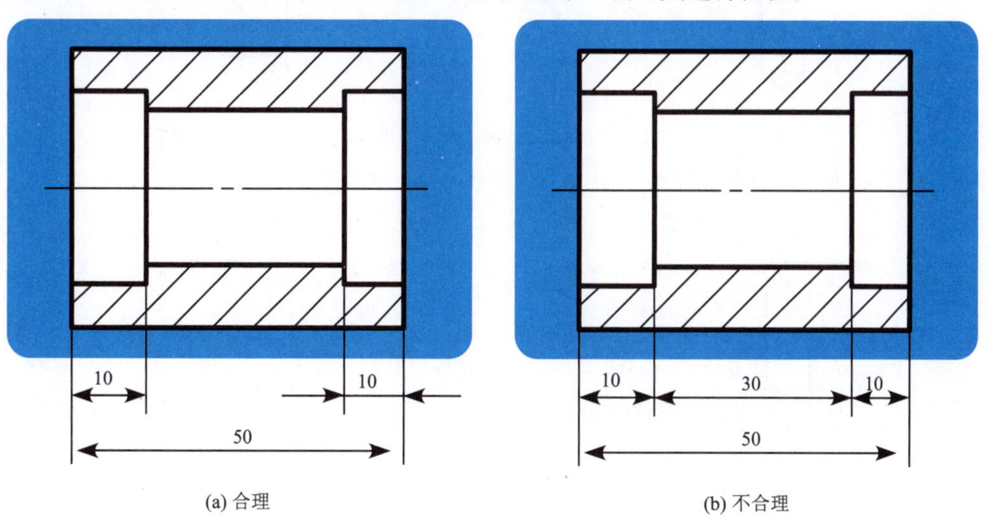

(a) 合理　　(b) 不合理

图7-5

4. 零件上常见工艺结构的尺寸标注方法

对于零件上常见的工艺结构特征，如孔、倒角、槽等，其尺寸标注需要遵循一定的规范。这些特征上通常会进行线性尺寸的标注、角度尺寸的标注，以及圆和圆弧尺寸的标注。具体的标注方法可参照图7-6，以确保尺寸的准确性和可读性。

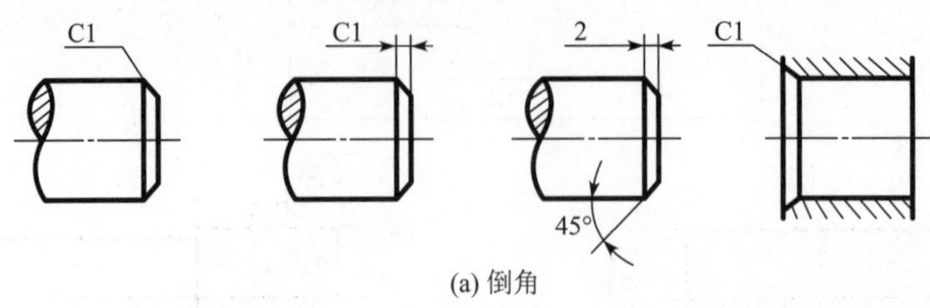

(a) 倒角

一般45°倒角按“C倒角宽度”标出，特殊情况下，30°或60°倒角应分别标注宽度和角度

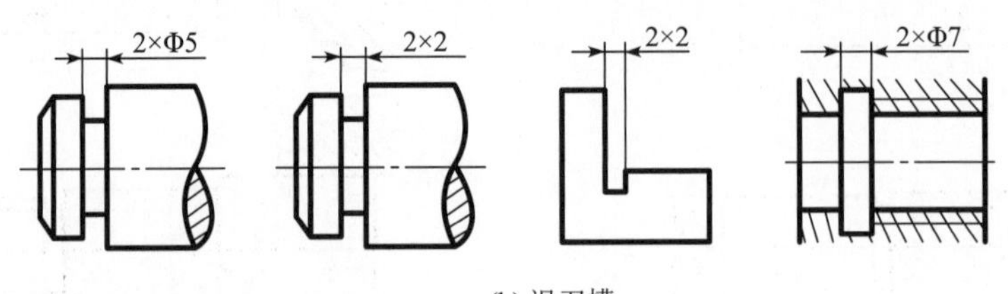

(b) 退刀槽

一般按“槽宽×槽深”或“槽宽×直径”标注

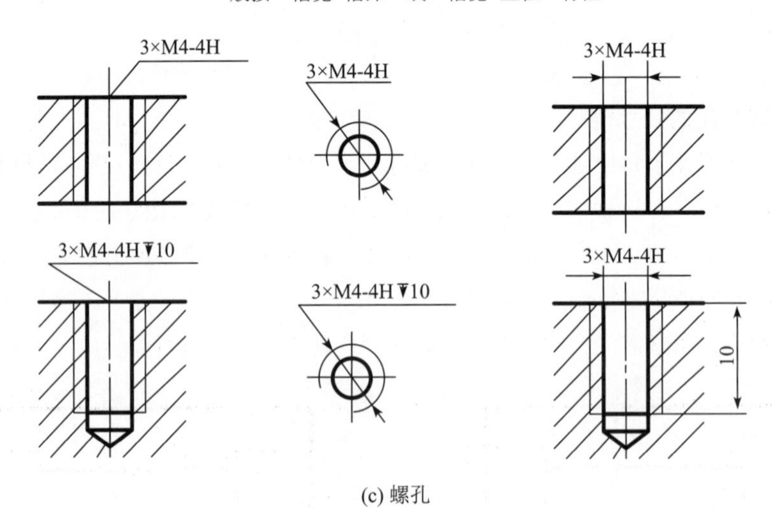

(c) 螺孔

3×M4 表示工程直径为4，均匀分布的3个螺孔。“▼”为深度符号，“▼”表示孔深10

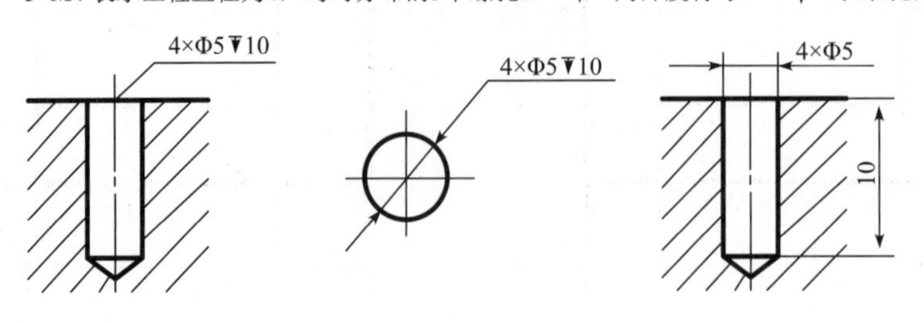

(d) 光孔

4×Φ5 表示直径为5，均匀分布的4个光孔

图7-6

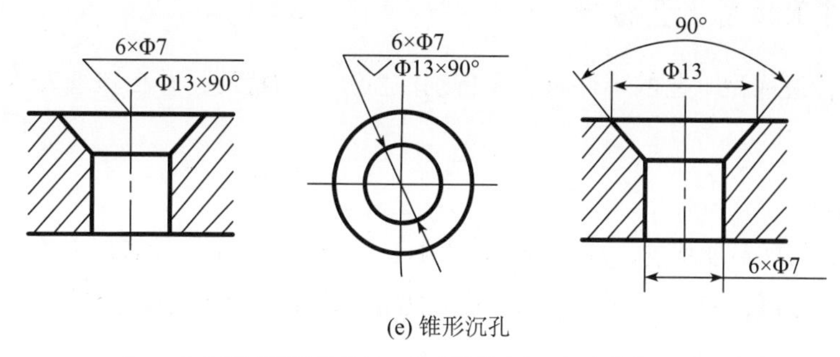

(e) 锥形沉孔

“⌵”为锥形沉孔的符号。锥形孔的直径Φ13和锥角90°均需标出

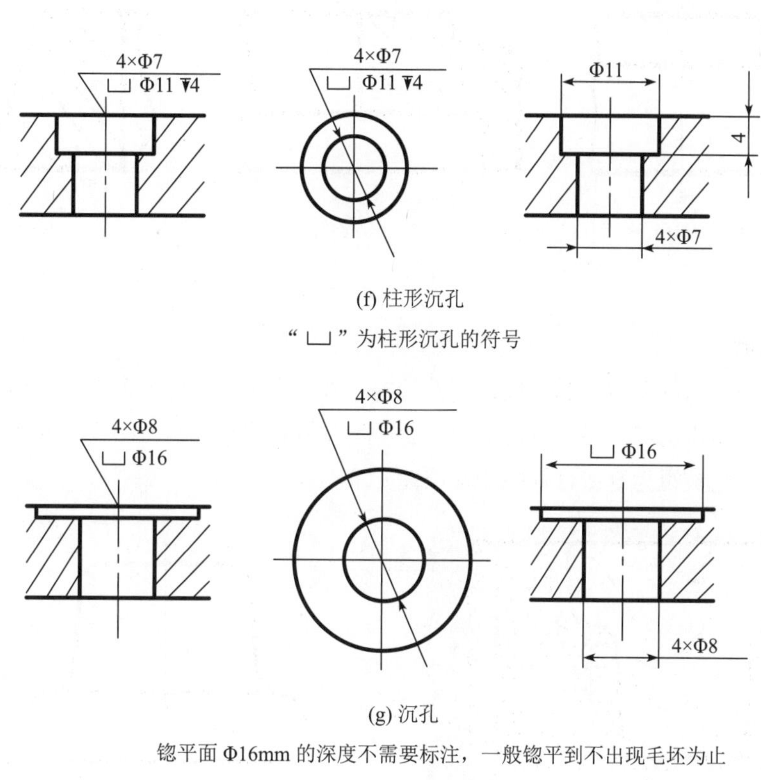

(f) 柱形沉孔

“⌴”为柱形沉孔的符号

(g) 沉孔

锪平面 Φ16mm 的深度不需要标注，一般锪平到不出现毛坯为止

图7-6(续)

7.4　零件的常见工艺结构介绍

在设计组成产品的零件时，必须充分考虑到制造过程中的加工与装配环节，以确保达到既定的质量要求。在零件的加工过程中，经常会遇到两种主要的成型工艺：铸造工艺和机械加工工艺。

7.4.1 零件的铸造工艺结构

在设计采用铸造成型工艺的零件时，需特别注意其结构特性，并在图纸表达上遵循以下要求：

1. 壁厚要均匀

为确保铸件在浇注后能均匀冷却，避免产生缩孔、裂纹等缺陷，设计时应力求铸件壁厚保持均匀或实现平滑过渡，如图7-7所示。这一措施能有效减少因冷却速度差异导致的问题。

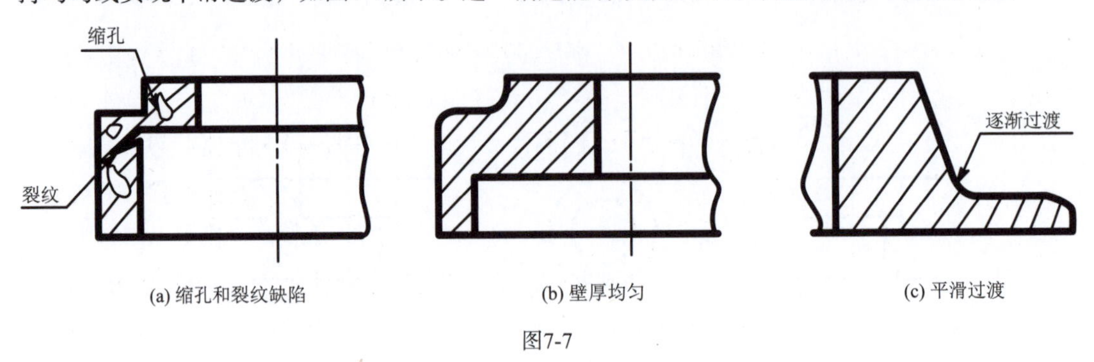

(a) 缩孔和裂纹缺陷　(b) 壁厚均匀　(c) 平滑过渡

图7-7

2. 拔模有斜度

为便于铸件毛坯从砂型中顺利脱模，铸件的内、外壁在拔模方向上需设计合理的斜度，即拔模斜度，其典型范围为-7° ~ 3°，如图7-8所示。除非另有特殊说明，图纸上通常无须特别绘制或标注此斜度，它被视为制造过程中的常识性要求。

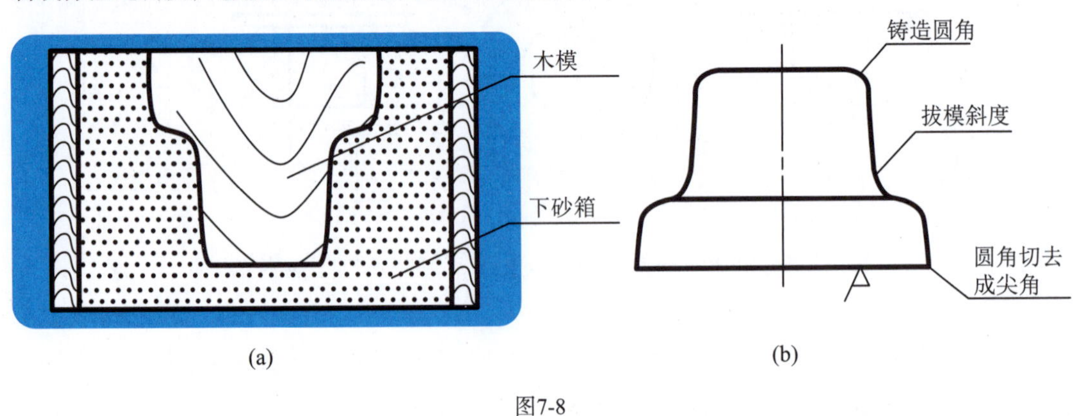

(a)　(b)

图7-8

3. 铸造有圆角

在铸件各表面的相交处，应设计圆角以避免型砂在尖角处脱落，并减少铸件冷却收缩时在尖角处产生裂纹的风险。这种圆角被称为铸造圆角。由于圆角的存在，两个相邻铸造表面的实际交线变得不那么明显，但为了区分不同形体的表面，仍需用细实线画出理论上的交线，这种线被称为过渡线。过渡线的具体画法，如图7-9和图7-10所示，它有助于清晰表达铸件的结构特征。

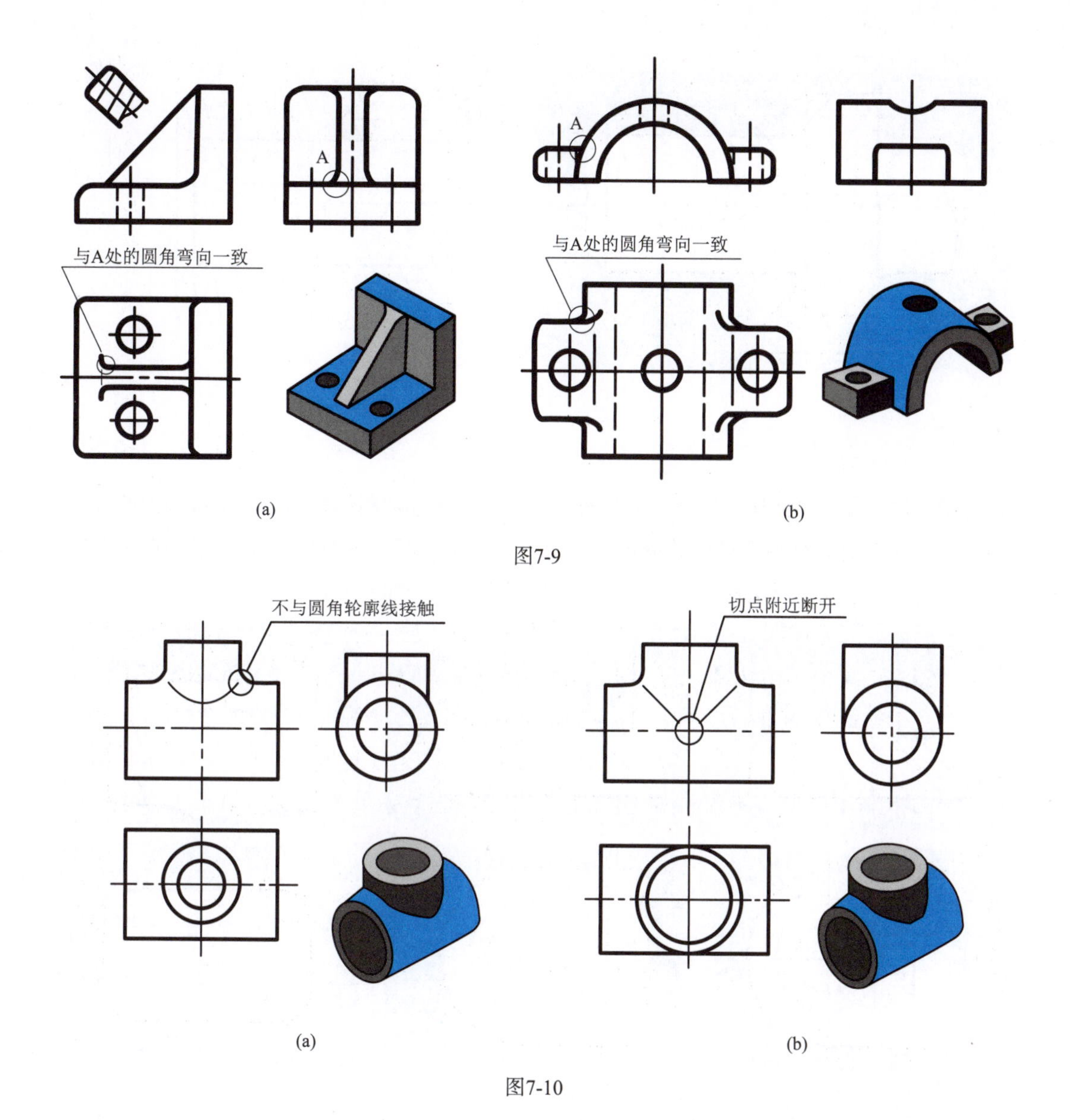

图7-9

图7-10

7.4.2　零件的机械加工工艺结构

零件的成型工艺不仅限于铸造成型，还包括机械加工成型。在设计采用机械加工成型工艺的零件时，需要注意其结构特性，并在设计图纸的表达上遵循以下要求：

1. 倒角和圆角

为了便于装配，零件在加工后通常会在轴或孔的端部加工出倒角和圆角。倒角一般与轴线呈45° 角，但根据实际需要，也可以采用30° 或60° 角，具体如图7-11所示。这样的设计不仅便于装配，还能提高零件的美观度和耐用性。

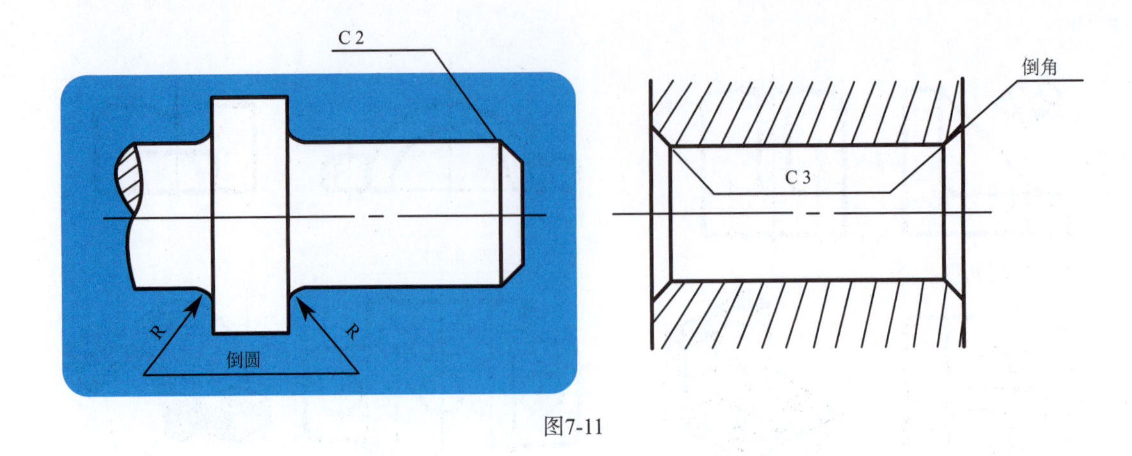

图7-11

2. 减少加工面

为了优化零件的表面接触性能、节省材料成本，以及降低制造费用，应尽量减少加工面。在铸件设计中，可以通过巧妙地设置凸台、凹坑或沉孔等方式来实现这一目标，如图7-12所示。这样的设计不仅减少了加工工序，还提高了零件的整体性能。

图7-12

3. 退刀槽和砂轮越程槽

在切削加工工艺中，为了便于刀具的退出和确保装配时零件的可靠定位，经常需要在待加工表面的末端预先加工出退刀槽或砂轮越程槽，如图7-13所示。这样的设计有助于提高加工效率和装配精度。

4. 钻孔结构

在进行钻孔加工时，为了避免钻头折断或钻孔倾斜，被钻孔的零件端面应确保垂直于孔的轴线。此外，孔的位置选择也至关重要，应确保钻削设备能够顺利地进行加工操作，如图7-14所示。这样的设计有助于保证钻孔的质量和效率。

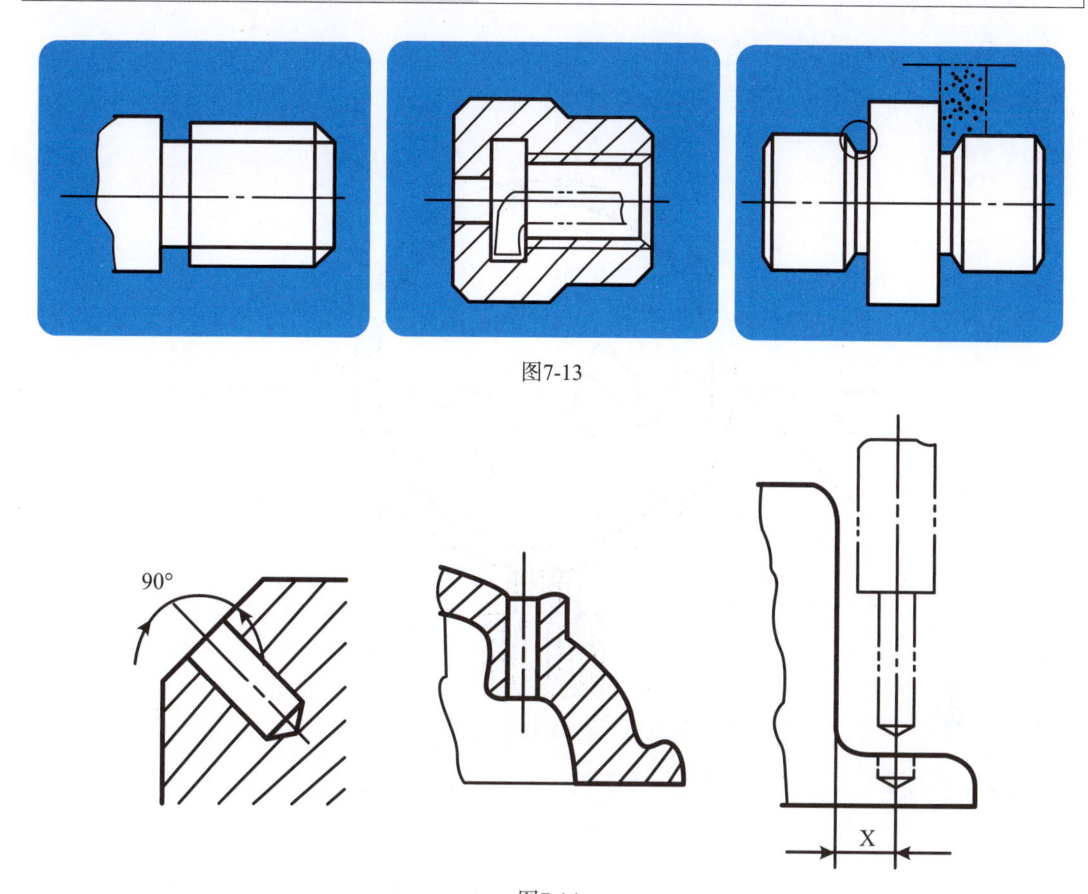

图7-13

图7-14

7.5　零件图的技术要求和尺寸测量

在设计零件时，必须针对构成产品的各个零件在加工技术上提出明确的要求。这些要求涵盖了零件的加工质量，包括表面粗糙度、极限与配合、形状和位置公差等方面，同时涉及材料的热处理，以及铸造圆角、未注圆角、倒角等细节。这些要求的表达方式有两种：一种是在视图中通过规定的符号、代号进行标注；另一种则是在“技术要求”的标题下，使用简要的文字进行说明。

尺寸测量在绘制已有构件时起着至关重要的作用，它能够为产品设计的逆向工程提供基本的测量数据，从而加速产品的设计进程，降低生产成本。此外，尺寸测量还为后续的自主设计或修复产品中出现故障的零部件提供了重要的技术依据。

7.5.1　零件表面粗糙度的画法示例

零件表面的粗糙度是衡量零件表面质量的一项重要技术指标，它直接关系到零件的耐磨性、抗腐蚀性、密封性，以及抗疲劳能力。

在加工零件的过程中，由于所用刀具、加工方法、刀具与零件间的运动、摩擦、机床的振动，以及零件的塑性变形等多种因素的影响，零件表面无论经过多么精细的加工，在放大后都会呈现出高低不平的形状，如图7-15所示。这种加工表面上所显现的微小几何形态特征，由较小间距和峰谷高地所组成，被称为表面粗糙度，它主要受到加工时使用的刀具和加工方法的影响。

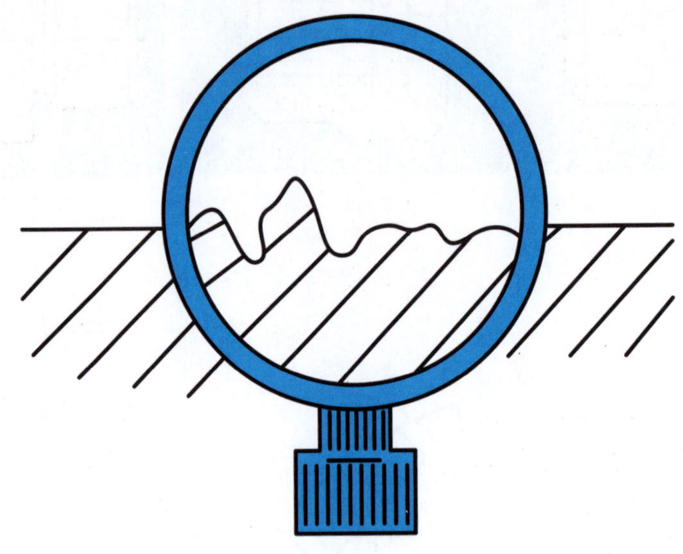

图7-15

表面粗糙度有它专门的符号表达，其符号及意义如表7-1所示。

表7-1

符号	意义
√	基本符号，表示表面可以用任何方法获得。当不加注粗糙度参数值或有关说明时，仅适用于简化代号标注
（基本符号加短画）	基本符号上加一短画，表示表面粗糙度是用去除材料的方法获得，如车、铣、钻、磨等
（基本符号加小圆）	基本符号上加一小圆，表示表面粗糙度是用不去除材料的方法获得，如铸、锻、冲压、热轧、冷轧等

根据制图国际标准，我们用轮廓算术平均偏差Ra的数值来衡量加工表面粗糙度。表面粗糙度符号标注方法是数值加符号，如表7-2所示。

表7-2

符号	意义	符号	意义
0.4 √	用任何方法获得的表面，Ra 的上限是 0.4μm	0.4 （基本符号加小圆）	用不除表面材料的方法得到的表面，Ra 的上限是 0.4μm
0.4 （基本符号加短画）	用去除表面材料的方法得到的表面，Ra 的上限是 0.4μm	0.4 0.2 （基本符号加短画）	用去除表面材料的方法得到的表面，Ra 的上限是 0.4μm，下限是 0.2μm

标注表面粗糙度的符号和代号通常应放置在可见轮廓线、尺寸界线、引出线或其延长线

上。对于零件的每一个表面，一般只需标注一次符号和代号，并且应尽量靠近相关的尺寸线。表面粗糙度符号的尖端应指向材料外部，表示该表面，而代号中的数字方向应与尺寸数字的方向保持一致，如图7-16所示。

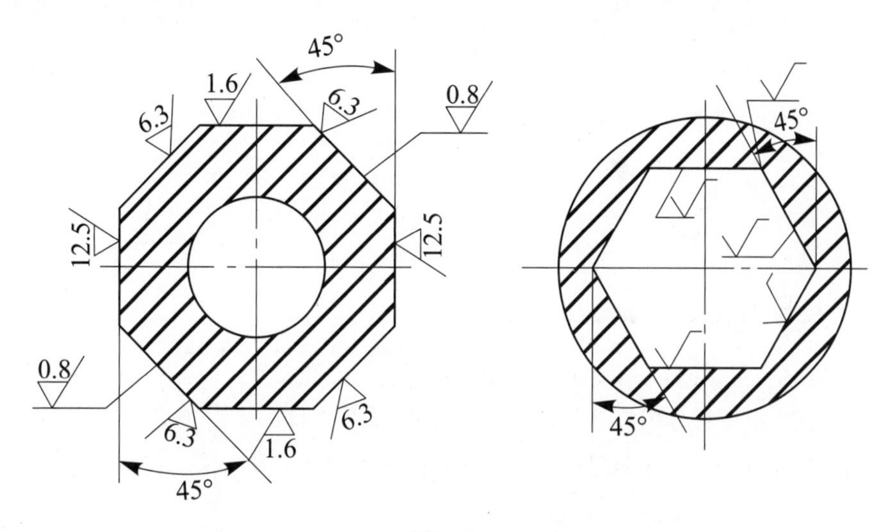

图7-16

当零件的大部分表面都需满足相同的表面粗糙度要求时，可以将使用最频繁的那种代号统一标注在图样的右上角，并附加“其余”字样进行说明，如图7-17所示。

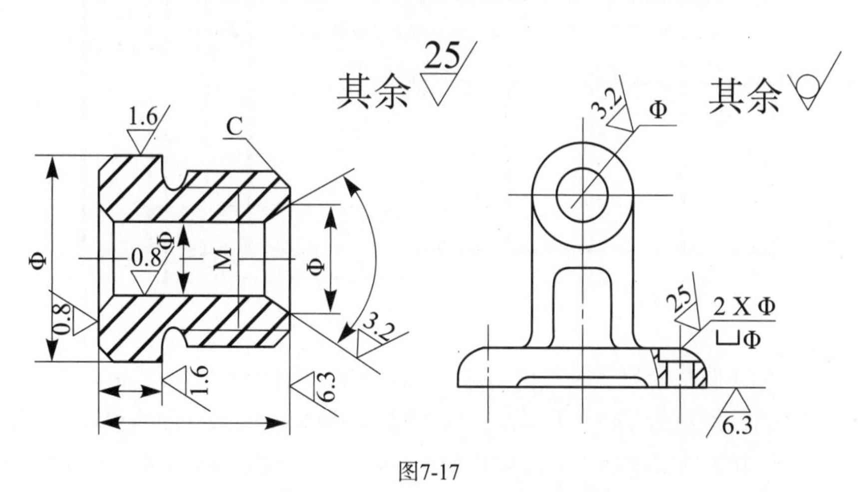

图7-17

当同一表面上存在不同的表面粗糙度要求时，应使用细线明确划分出不同区域，并针对每个区域分别标注其对应的表面粗糙度代号和尺寸，如图7-18所示。

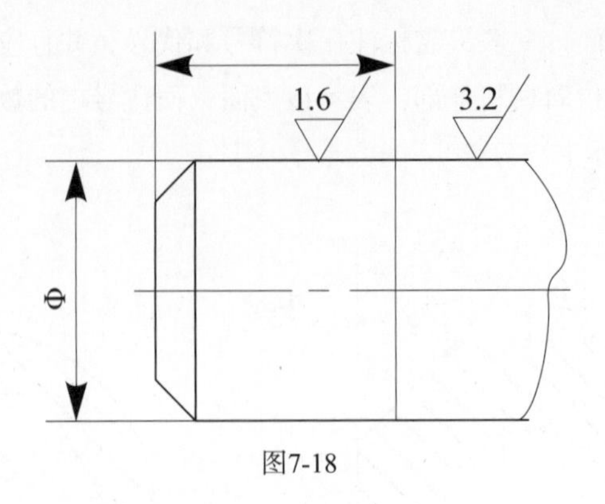

图7-18

7.5.2 极限与配合的画法示例

零件经过加工后，其实际尺寸无法达到绝对精确，因此在设计时需要为尺寸设定一个允许的变动范围，这个范围被称为尺寸公差。

孔和轴各自允许的两个极限尺寸变动值，是以基本尺寸为基准来确定的，它们的最终尺寸必须落在这两个极限尺寸之间，如图7-19所示。

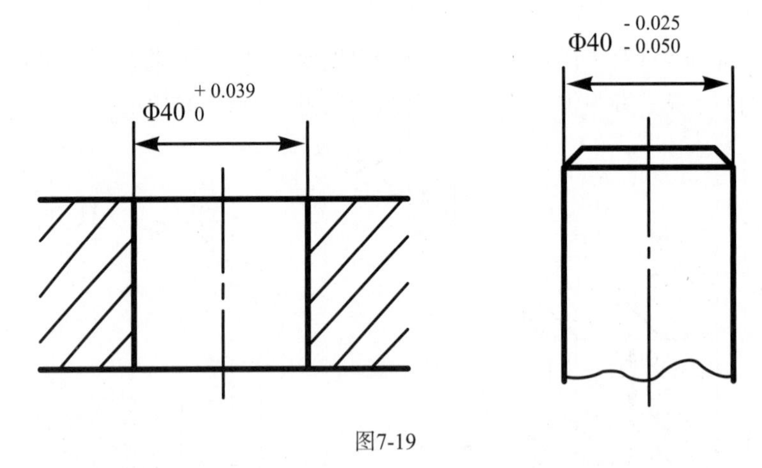

图7-19

可以看到，尺寸偏差分为上偏差和下偏差。在图中，+0.039和-0.025分别是孔和轴的上偏差；而0和-0.050则分别是孔和轴的下偏差。当我们将右侧的轴装入左侧的孔时，根据装配效果的不同，轴与孔之间需要保持适当的尺寸差异。有时轴与孔之间需要留有一定的间隙；有时需要紧密配合，不留间隙；有时轴需要比孔略粗一些，安装时需通过敲击等方式才能进入。这几种孔与轴之间的关系被称为配合。

在零件图中，对于需要与其他零件配合的尺寸，应该标注公差，如图7-20(a)所示。公差的代号可以标注在基本尺寸的右侧，这个代号可以在《制图国家标准》中查找。还有一种方法，是将上偏差和下偏差分别标注在基本尺寸的右上方和右下方。上偏差和下偏差的数字应该比基本尺寸的数字小一号，并且上偏差和下偏差的前面必须分别标注正号和负号，如图7-20(b)所示。

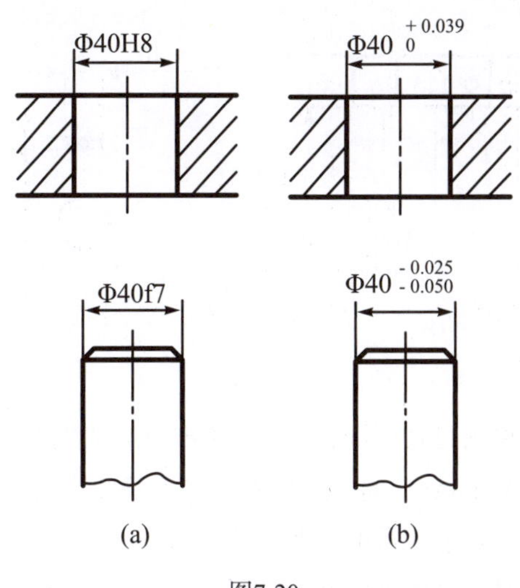

图7-20

当零件的尺寸上偏差和下偏差数值相同时，可以将这两个偏差值合并写在一起，使用“±”符号来表示，其极限偏差的字高应与基本尺寸的字高保持一致。例如，一个直径为48mm的轴，其上偏差和下偏差均为0.025mm，那么该轴的尺寸标注可以简写为Φ48 ± 0.025。这种标注方法简洁明了，便于阅读和理解。

7.5.3　形状和位置公差的画法示例

零件的形状和位置公差，是指其实际形状和位置相对于理想状态所允许的变动范围。为了满足零件的使用要求，在进行高精度加工时，不仅需要确保尺寸公差符合要求，还必须严格保证形位公差。

根据《制图国家标准》，形位公差的特征项目符号，如表7-3所示。

表7-3

公差	特征项目	符号	公差	特征项目	符号
形状	直线度	—	位置	平行度	//
	平面度	▱		垂直度	⊥
	圆度	○		倾斜度	∠
	圆柱度	⌭		位置度	⌖
形状或位置	线轮廓度	⌒		同轴度	◎
	面轮廓度	⌓		对称度	⌯
				圆跳动	↗
				全跳动	⌰

形位公差通常被绘制在矩形长方框内，这个方框被细致地划分成两格或多格，以便于详细标注。每一格中的内容都遵循特定的格式，如图7-21所示。

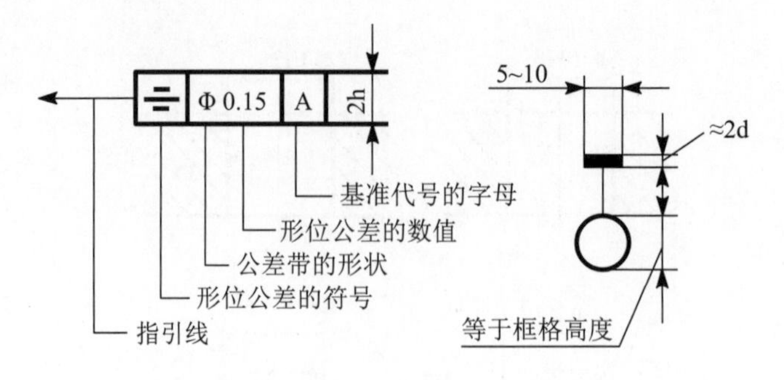

图7-21

图的左侧布局为：第一格内是特征项目符号，具体表示对称度；紧接着的第二格内填写的是公差值，其计量单位为毫米(mm)；而第三格则标注了基准体的字母。

转向图的右侧，展示的是基准代号的绘制方法。

例如，在绘制轴套零件时，需要理解并标注形位公差，如图7-22所示。

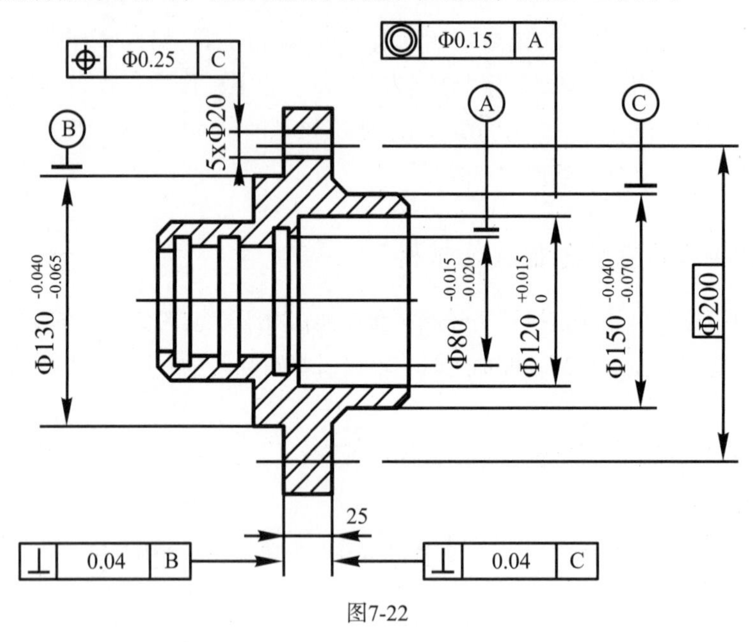

图7-22

其含义如下：

(1) 安装板左端面(其厚度为25) 相对于Φ150圆柱面轴线的垂直度公差被设定为0.04mm。

(2) 安装板右端面相对于Φ150圆柱面轴线的垂直度公差同样为0.04mm。

(3) Φ120圆孔的轴线与Φ80圆孔轴线之间的同轴度公差被控制在Φ0.15mm以内。

(4) 对于4.5 × Φ20的孔组，它们相对于一个理想位置的位置度公差被设定为Φ0.25。这个理想位置由与基准C同轴的、直径为Φ200的圆确定，并且这些孔需要均匀分布在这个圆上。

7.5.4 常用测量工具和使用方法

测量零件的尺寸是测绘工作中至关重要的一环，其结果的正确性和精确度深受测量工具的选择与使用方式的影响。

在常用的测量工具中，钢直尺、游标卡尺、千分尺，以及内外卡钳等扮演着重要角色。

1. 钢直尺

钢直尺通常用于测量物体的长度、高度及深度等尺寸，其测量精度一般能达到1mm。关于钢直尺的使用方法，请参见图7-23。

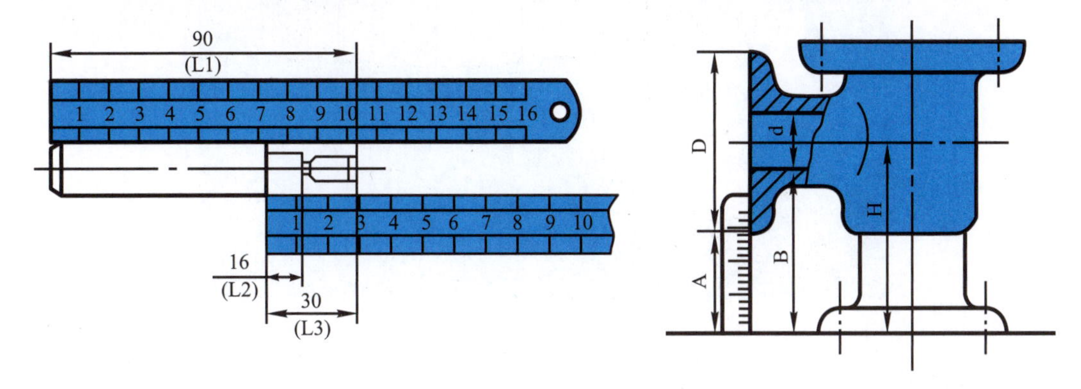

图7-23

2. 游标卡尺

游标卡尺是一种相对精密的测量工具，它不仅能测量物体的外直径和内直径，还能利用尺背面的细长侧杆来测量孔或槽的深度。游标卡尺的测量精度高达0.02mm。关于游标卡尺的使用方法，请参见图7-24。

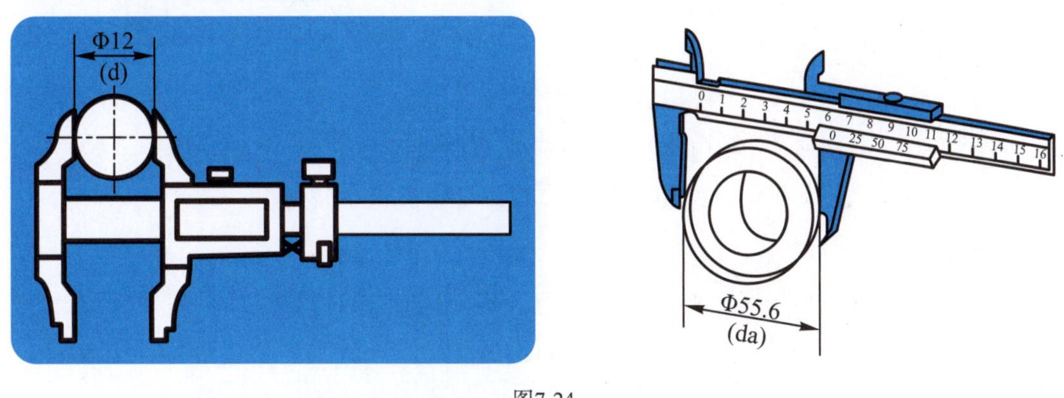

图7-24

3. 千分尺

千分尺专门用于零件外径尺寸的精密测量，其测量精度可达0.01mm。千分尺的样式，请参见图7-25。

4. 内外卡钳

内外卡钳这种测量工具通常与钢直尺配合使用，虽然其测量的数值精度不是特别高，但非常实用。其使用步骤简述如下：首先用卡钳量取所需尺寸，然后将其放置在钢直尺上以读取具体数值。内卡钳主要适用于测量孔径大小；而外卡钳则主要用于测量回转体的外径尺寸。内外卡钳的具体使用方法，如图7-26所示。

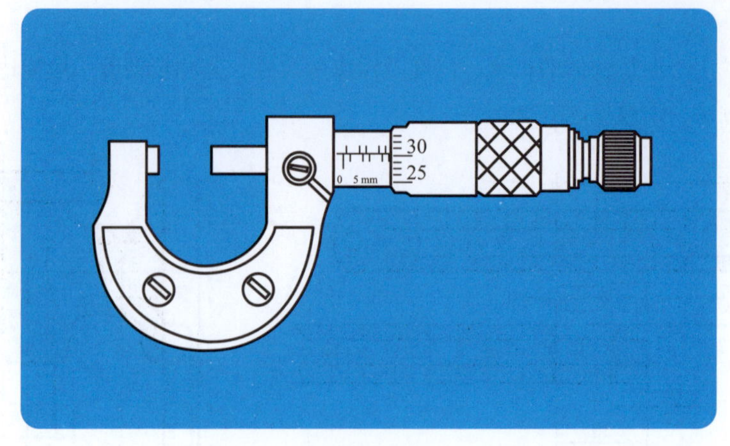

图7-25

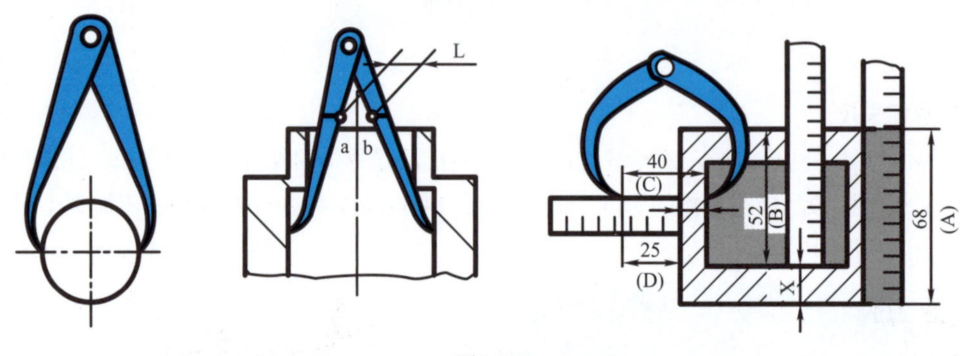

图7-26

在图7-26中，左图展示了使用外卡钳量取圆形截面外直径的过程；中间的图片则是利用内卡钳测量圆管内部直径的示例；右图则说明了如何测量壁厚。

5. 螺纹规

测量螺纹时，需要使用螺纹规这一专业工具。其使用方法是将螺纹规上的各个齿形依次与被测螺纹进行比较，找到最匹配的齿形，然后读出与该齿形相对应的数值，如图7-27所示。

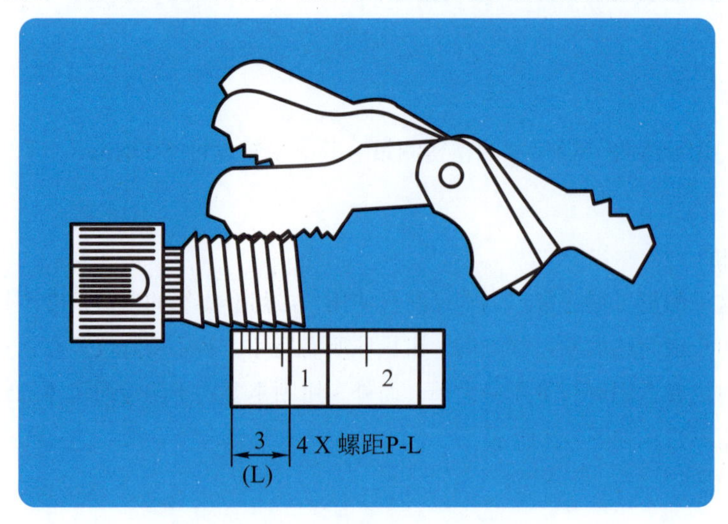

图7-27

7.6　常用零件的画法范例

在产品的组装过程中，螺栓、键、销、滚动轴承、齿轮、弹簧等零件常被使用。其中，螺栓、键、销，以及滚动轴承等零件的结构和尺寸已经标准化，并配有相应的标准编号，这些被称为标准件。同时，在产品设计和制造过程中，齿轮和弹簧等零件的部分结构尺寸也遵循了既定的规定。

7.6.1　标准螺纹的画法

螺纹是一种在圆柱或圆锥表面，沿螺旋线形成的连续凸起结构，其断面形状可以是三角形、矩形等，是零件上常见的一种标准结构特征。当螺纹沿着圆柱或圆锥的外表面形成时，称为外螺纹；而当它沿着孔的内表面形成时，则被称为内螺纹。

在绘制零件的螺纹图样时，如果完全按照实物的形状来绘制，不仅会浪费大量时间，降低绘图效率，而且复杂的线条也会给识图者带来困扰。因此，在实际应用中，螺纹图样通常采用简化画法来表示。

1. 螺纹的简化画法

内螺纹和外螺纹的简化画法，以及内外螺纹配合时的简化画法，如图7-28所示。这些简化画法既能够清晰地表达螺纹的结构特征，又能够大大提高绘图和识图的效率。

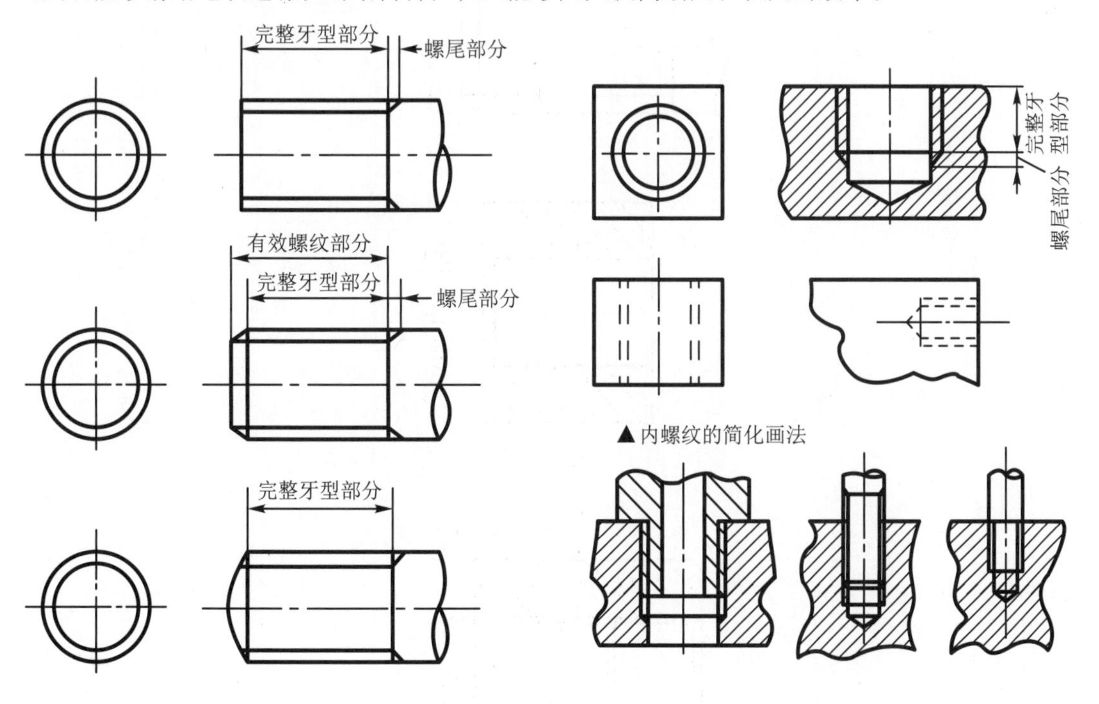

▲外螺纹的简化画法

▲内螺纹的简化画法

▲外螺纹与内螺纹配合的简化画法

图7-28

(1) 外螺纹的简化画法。在外螺纹的简化画法中，牙顶(大径) 用粗实线表示，而牙底则用细实线描绘。为了展现螺纹部分的细节，牙底还通过倾斜的细实线来呈现。完整牙型部分与螺尾部分的界限和外形线一样，均用粗实线来标明，使得整体结构清晰明了。

(2) 内螺纹的简化画法。内螺纹的简化画法则是用粗实线勾勒出牙顶小径的轮廓，牙底同样以细实线来描绘。螺尾部分及其分极限的绘制方式与外螺纹保持一致，确保了内外螺纹在视觉上的协调统一。对于不可见的螺纹部分，则采用虚线来表示，虚线的线宽通常与牙顶、牙底的线宽相同，但牙底有时也可能使用细虚线来区分。由于内螺纹图形通常较小，当螺尾部分难以清晰表示时，可适当省略不画，以保持图面的整洁。

(3) 内外螺纹的配合简化画法。在绘制内外螺纹的配合简化画法时，外螺纹的旋入部分按照外螺纹的画法来绘制，而内螺纹部分则遵循内螺纹的画法。这样的配合画法既保留了螺纹的基本特征，又简化了绘图过程。在简图中，为了进一步提高绘图效率，螺尾部分通常被省略不画，但整体上仍保持了内外螺纹配合关系的准确性。

2. 螺纹的标注格式

螺纹的标注格式通常遵循以下规则：首先使用字母M来表示普通螺纹，紧接着标记螺距的大小，随后是螺纹公差带的代号，最后标注旋合长度的代号。

标准螺纹的标注示例，如图7-29所示。

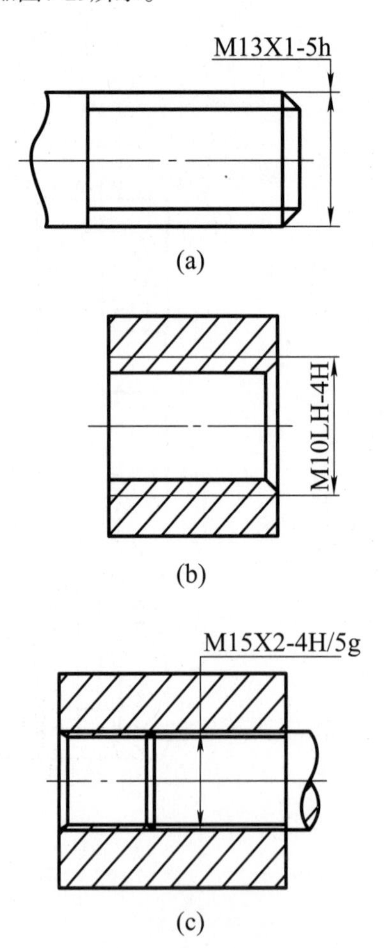

图7-29

(1) 对于细牙外螺纹，螺距是必须明确标注的。其中，中径和顶径的公差带是相同的，均为5b。具体标注方式，如图7-29(a)所示。

(2) 在标注粗牙内螺纹时，螺距通常是不标注的。若表示左旋螺纹，则使用LH进行标注。中径和顶径的公差带是相同的，因此只标注一个代号即可，如6H。具体标注方式，如图7-29(b)所示。

(3) 当内外螺纹进行旋合时，其公差带代号需要用斜线进行分隔。斜线的左侧标注的是内螺纹的公差带代号，而右侧标注的是外螺纹的公差带代号。具体标注方式，如图7-29(c)所示

7.6.2　螺纹紧固件及其连接的画法

螺纹紧固件及其连接的画法遵循一定的规范，主要连接形式包括螺栓连接、螺柱连接和螺钉连接，这些形式如图7-30所示。

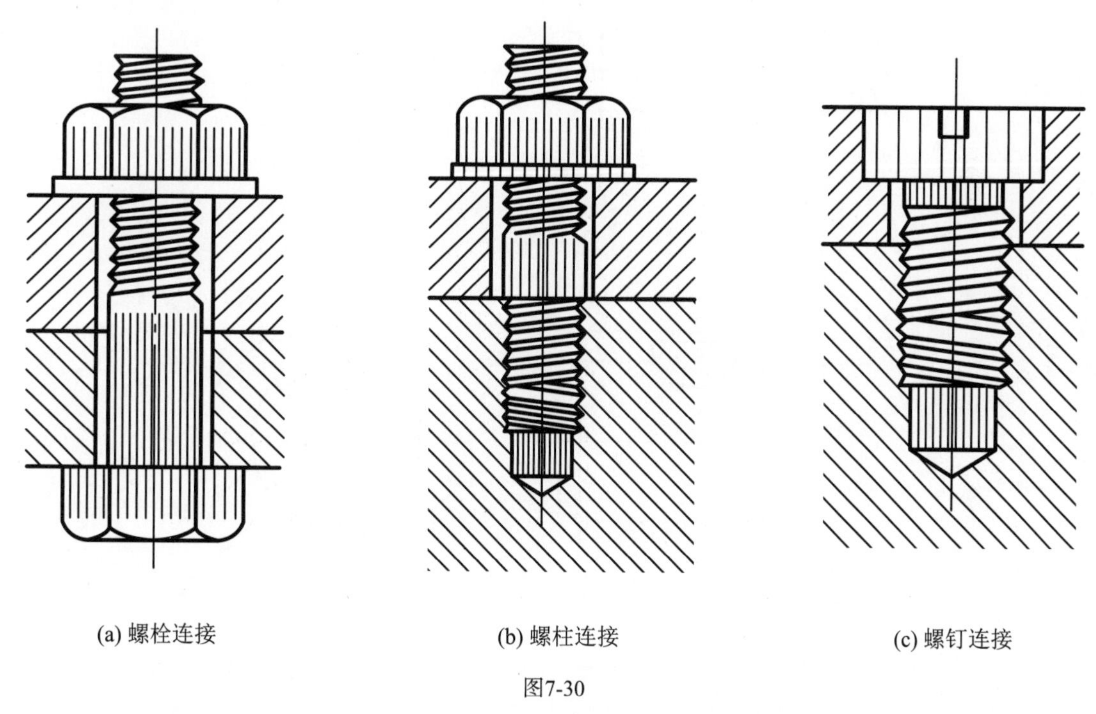

(a) 螺栓连接　　(b) 螺柱连接　　(c) 螺钉连接

图7-30

在绘制螺纹紧固件图样时，应遵循如下规定。

(1) 接触面在两个零件之间应画为一条线，而不接触的面则应画为两条线以示区分。

(2) 为了清晰地区分被紧固的两个零件，相邻两零件的剖面线应采用不同的样式，一般绘制方向相反或间隔不等的剖面线。但需注意，同一个零件在所有的相关视图中的剖面线方向和间隔应保持一致。

(3) 当剖视图的剖切平面恰好通过螺杆的轴线时，这些紧固件应按未剖切的状态进行绘制。

(4) 螺纹紧固件的工艺特征，如倒角、退刀槽和凸肩等细节，在绘图中通常可以省略，以简化图形。

(5) 对于具有装配关系的图样，盲孔的螺纹孔在绘制时可以省略钻孔的实际深度，仅需按照有效螺纹部分的深度进行标示。

7.6.3 键和销的画法

键是用于连接轴与轴上传动件的重要部件，它能确保轴与传动件之间不发生相对转动，从而有效地传递转矩，并与轴一同旋转工作。销则主要用于连接、锁定及定位等功能，且作为标准件，其规格和尺寸均可从相关标准中查阅得到。

1. 键的画法

1) 常用键的画法

常用键主要包括普通平键、半圆键和钩头楔键，如图7-31所示。

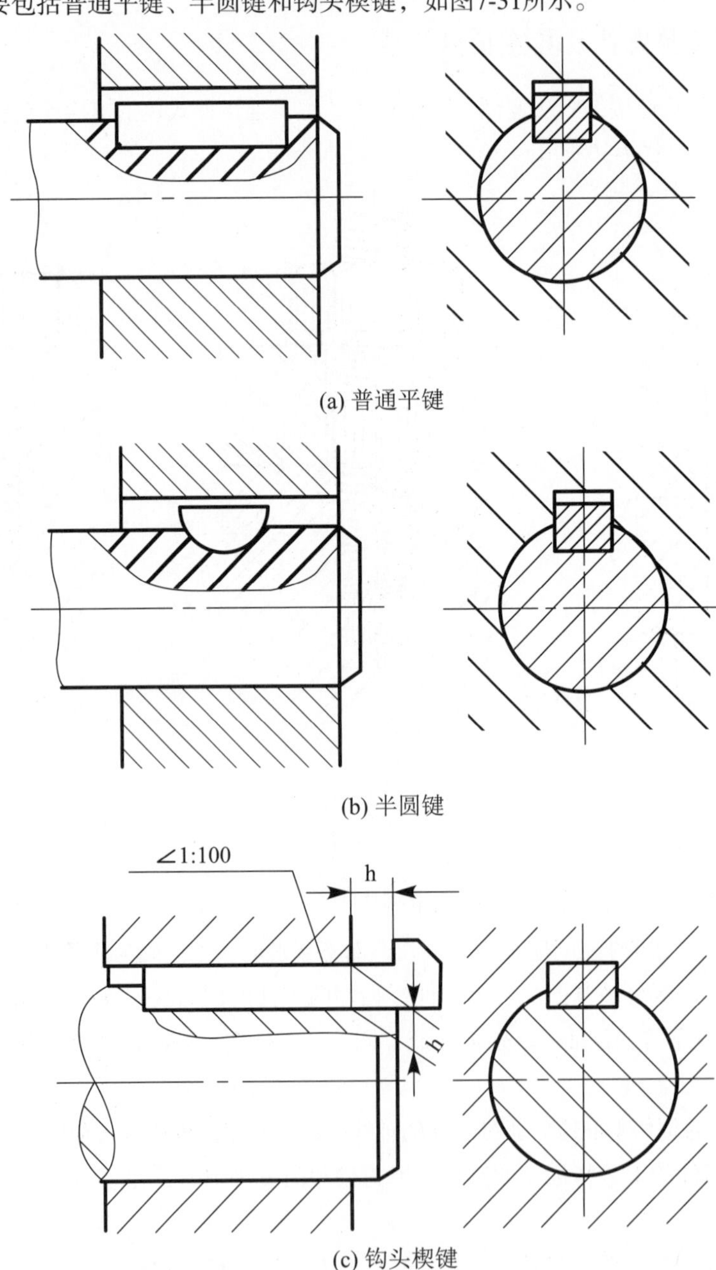

(a) 普通平键

(b) 半圆键

(c) 钩头楔键

图7-31

在绘制这些键时，需要注意以下几点：

(1) 普通平键：需要按照其实际尺寸和形状进行绘制，确保其长度、宽度和高度等参数准确无误。在剖面图中，应清晰地标示出键与轴槽，以及毂槽的配合关系。

(2) 半圆键：半圆键的绘制与普通平键类似，但需要注意其半圆形的形状。在剖面图中，应准确地标示出半圆键与轴槽，以及轮毂槽的半圆形配合面。

(3) 钩头楔键：钩头楔键的绘制相对复杂一些，因为其形状较为特殊，包括一个钩头部分和一个楔形部分。在绘制时，要确保这两个部分的比例和形状都准确无误，并清晰地表示出其与轴槽及轮毂槽的配合关系。

2) 花键的画法

花键的绘制相对复杂，因为它涉及多个齿的排列和配合关系，如图7-32所示。

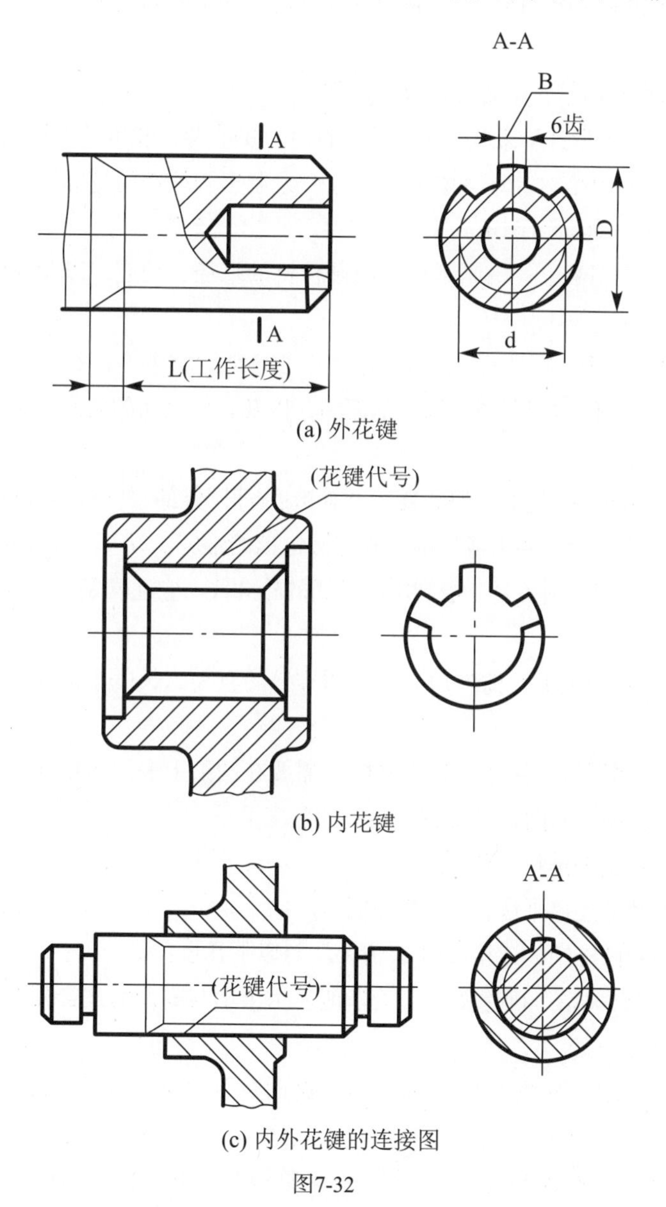

(a) 外花键

(b) 内花键

(c) 内外花键的连接图

图7-32

在绘制花键时，需要注意以下几点：

(1) 外花键：按照其实际尺寸和齿形进行绘制，确保每个齿的形状、大小和排列都准确无误。同时，需要清晰地表示出外花键与内花键的配合关系。

(2) 内花键：内花键的绘制与外花键类似，但需要特别注意其内部齿形的绘制。在剖面图中，应准确地表示出内花键的齿形和齿距等参数。

(3) 外花键的连接图：在绘制外花键的连接图时，需要清晰地表示出外花键与轴或其他传动件的连接关系。这通常包括轴的剖面图、外花键的剖面图，以及它们之间的配合关系。

2. 销的画法

在产品设计制图中，销作为连接、锁定和定位的重要元件，其绘制方法至关重要。常用的销主要包括圆柱销和圆锥销两种，下面将分别介绍这两种销的画法。

1) 圆柱销的画法

圆柱销的绘制相对简单，主要遵循以下步骤：

(1) 确定尺寸。根据设计要求或标准，确定圆柱销的直径、长度等关键尺寸。

(2) 绘制轮廓。使用绘图工具(如CAD软件)，绘制出圆柱销的轮廓线。这通常是一个规则的圆柱体形状，两端可能带有倒角或圆角，以便于装配。

(3) 标注尺寸。在图纸上，清晰地标注出圆柱销的直径、长度，以及任何必要的倒角或圆角尺寸。

(4) 表示连接。当圆柱销用于连接两个或多个零件时，需要在图纸上表示出销与零件的配合关系。这通常包括零件的剖面图、销的剖面图，以及它们之间的装配关系。

2) 圆锥销的画法

圆锥销的绘制与圆柱销类似，但需要注意其锥度(即圆锥的斜度) 的绘制：

(1) 确定锥度。根据设计要求或标准，确定圆锥销的锥度，以及直径和长度等关键尺寸。

(2) 绘制轮廓。使用绘图工具，绘制出圆锥销的轮廓线。它通常是一个规则的圆锥体形状，一端可能带有倒角或圆角。

(3) 标注尺寸。在图纸上，清晰地标注出圆锥销的直径、长度、锥度，以及任何必要的倒角或圆角尺寸。

(4) 表示连接。当圆锥销用于连接零件时，需要在图纸上表示出销与零件的配合关系，包括零件的剖面图、销的剖面图，以及它们之间的装配关系。

3) 圆柱销和圆锥销的连接画法

圆柱销和圆锥销的连接画法，如图7-33所示。

在绘制圆柱销和圆锥销的连接图时，需要注意以下几点：

(1) 清晰表示配合关系。确保图纸上清晰地表示出销与零件的配合关系，包括销的插入深度、零件的装配位置等。

(2) 标注装配要求。根据需要，标注出装配时的注意事项或要求，如装配顺序、装配力等。

(3) 保持图纸整洁。在绘制过程中，保持图纸整洁、线条清晰，以便于他人理解和使用。

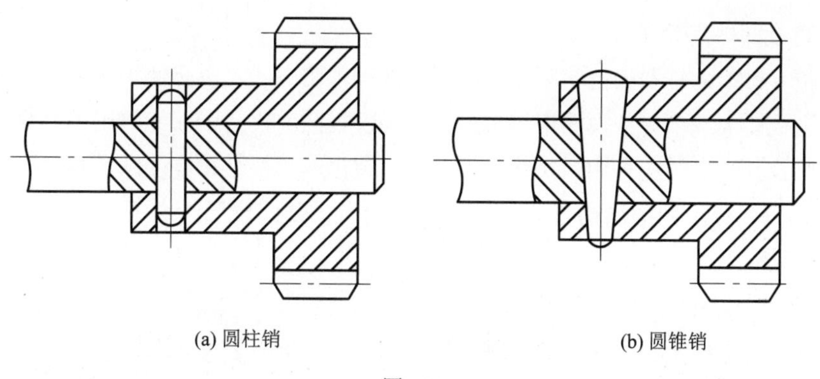

(a) 圆柱销　　(b) 圆锥销

图7-33

7.6.4　滚动轴承的画法

滚动轴承是一种在特定滚道中嵌入多个球或滚子，并通过保持架维持它们之间一定间隔，以实现滚动运动的标准化组件。通常情况下，设计人员无须绘制滚动轴承的详细组件图。

滚动轴承种类繁多，但其基本结构主要可划分为三类：深沟球轴承、推力球轴承，以及圆锥滚子轴承。下面是三种常见滚动轴承的绘制方法。

(1) 深沟球轴承。在已知外径D、内径d及宽度B的条件下，其特征画法如图7-34(a)所示。

(2) 圆锥滚子轴承。在已知外径D、内径d、宽度B、厚度T，以及圆锥角C(或相关尺寸，具体依据标准) 的条件下，其特征画法如图7-34(b)所示。

(3) 推力球轴承。在已知外径D、内径d，以及厚度T的条件下，其特征画法如图7-34(c)所示。

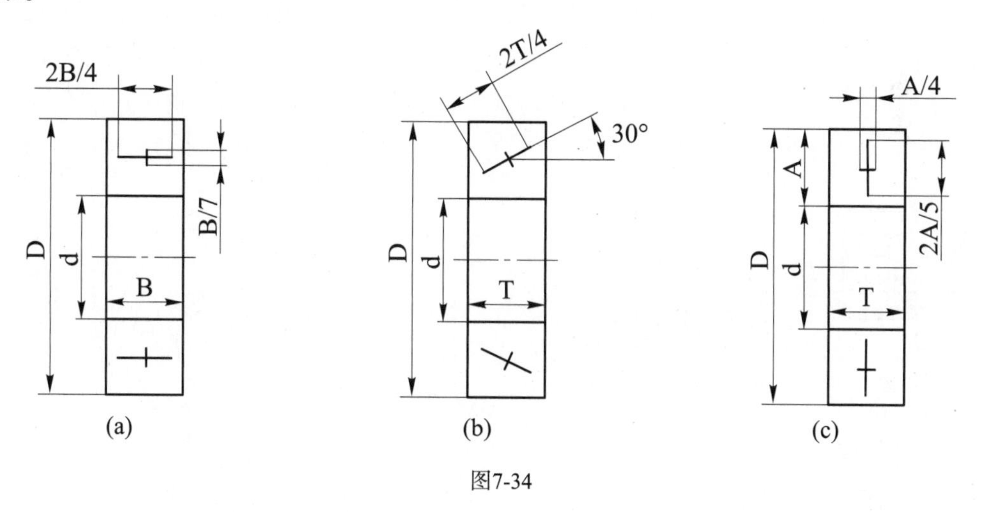

(a)　(b)　(c)

图7-34

7.6.5　齿轮的画法

齿轮是构成各类产品的关键零件，主要承担传动功能，其应用范围极为广泛。

齿轮主要可以分为三类：圆柱齿轮、锥齿轮及涡轮。其中，圆柱齿轮在产品中的应用最为普遍。下面来了解圆柱齿轮的规范画法。

1. 单个直齿圆柱齿轮画法

在绘制带有键槽的轴孔的齿轮时，可以采用两种视图方式：一是使用两个视图来表达；二是结合一个主视图与一个局部视图来展示，其中局部视图(如左视图) 专门用于描绘键槽的开口部分。齿顶圆及其轮廓线应采用粗实线来绘制，以突出其重要性；分度圆及其分度线则使用细实线来表示，以区分不同的结构特征；齿根圆及其齿根线同样用细实线绘制。具体的绘制示例，如图7-35所示。

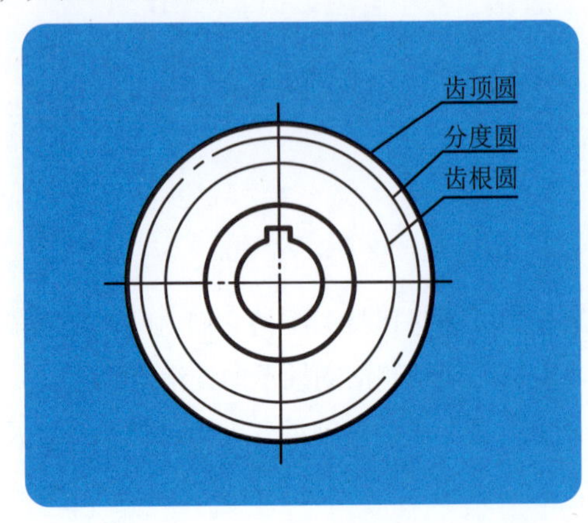

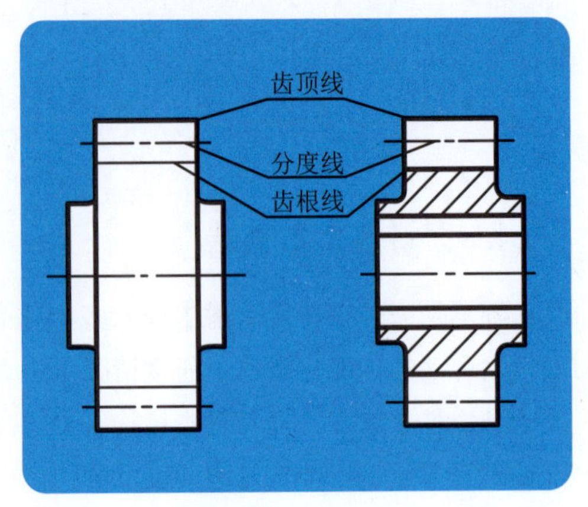

图7-35

2. 直齿圆柱齿轮啮合的画法

在绘制直齿圆柱齿轮啮合的剖视图时，若剖切平面恰好穿过两个啮合齿轮的轴线，那么在啮合区域内，应将其中一个齿轮清晰地用粗实线描绘出来，而另一个齿轮中因位置关系被遮挡的轮齿部分，则可以选择性地使用细虚线进行表示，或者为了图形的简洁明了，这部分也可以完全省略不画。当视图方向垂直于圆柱齿轮的轴线时，在投影面上，无论齿轮是否被遮挡，啮合区域内的齿顶圆都应统一使用粗实线进行绘制。具体的绘制示例可参见图7-36(a)，同时，也提供了该画法的简化版本，即省略了部分细节的画法，如图7-36(b)所示。

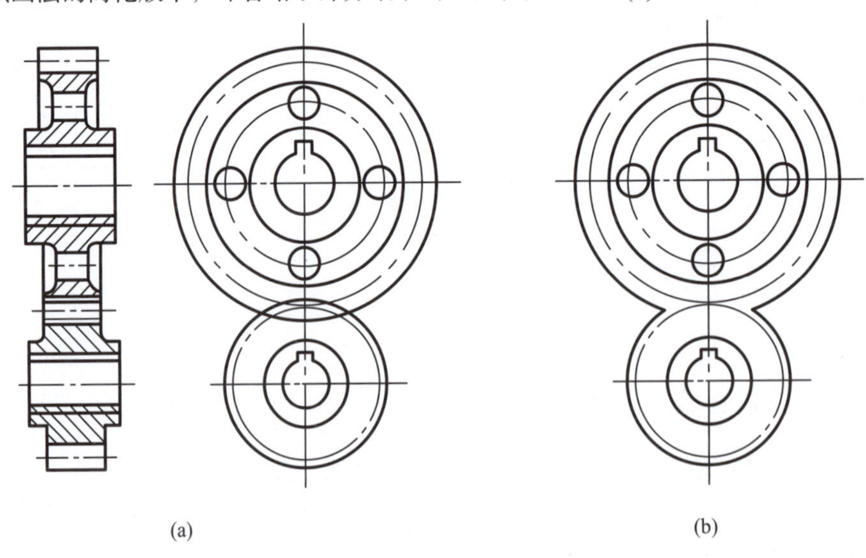

(a) (b)

图7-36

7.6.6 弹簧的画法

弹簧是一种广泛应用于多个领域的零件，主要依赖其弹力特性来实现减振、承载、储能和测力等功能。弹簧种类繁多，根据用途的不同，可以分为压缩弹簧、拉伸弹簧和扭力弹簧等。

在产品设计制图中，我们主要关注螺旋压缩弹簧的画法。螺旋压缩弹簧具有圆柱形外观，由钢丝螺旋缠绕而成。其弹簧结构可分为两部分：一是不参与弹性变形、起支撑作用的若干圈，称为支撑圈；二是参与弹性变形、进行有效工作的圈数，称为有效圈。

弹簧在不受外力作用时，整体高度称为自由高度H0，制作弹簧的钢丝直径用d表示，弹簧的外径用D表示，内径则通过D1来表示(D1=D-2d) ，中径用D2来表示(D2=D-d) ，而节距则用t来表示，如图7-37所示。

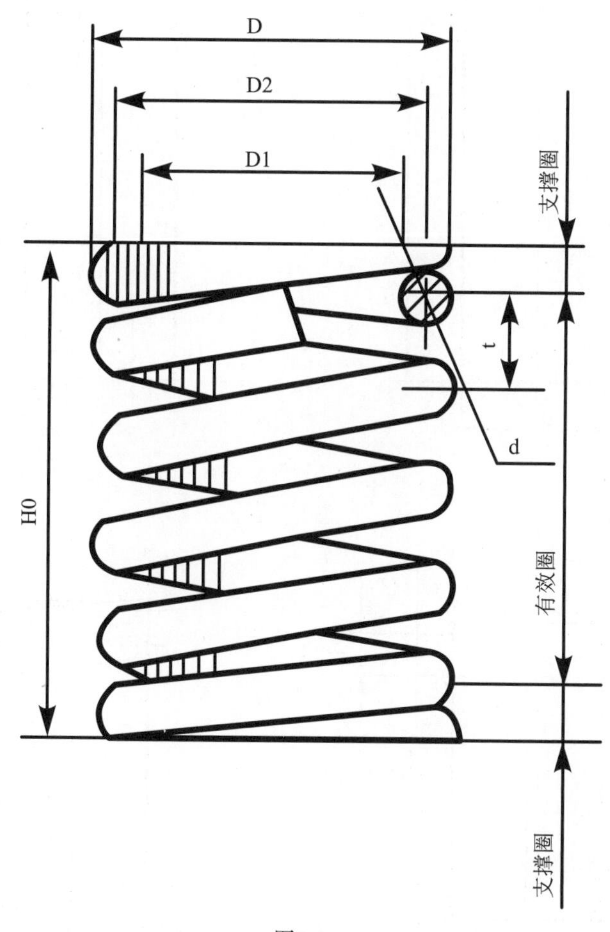

图7-37

当螺旋弹簧的有效圈数超过四圈时，为了简化绘图，中间的实际圈数可以省略不画。在绘制时，可以适当缩短弹簧的显示长度，并使用细点画线将弹簧的两端连接起来。需要注意的是，弹簧的画法主要起一个示意符号的作用，因此并不需要严格表达支撑圈的圈数及具体的工作状态。弹簧的绘制步骤如下。

(1) 在自由状态下，根据弹簧的高度H0和中径D2绘制一个矩形作为线框，如图7-38(a)所示。

(2) 使用直径为d的弹簧钢丝截面，在矩形的上、下两端分别绘制出弹簧的支撑圈，如图7-38(b)所示。

(3) 根据已知的螺距t，在矩形的左、右两侧分别绘制出弹簧钢丝的截面，如图7-38(c)所示。

(4) 根据弹簧的外观特征，使用直线顺次连接左、右两侧的弹簧钢丝截面，并删除多余的线段，以形成最终的弹簧图形，如图7-38(d)所示。

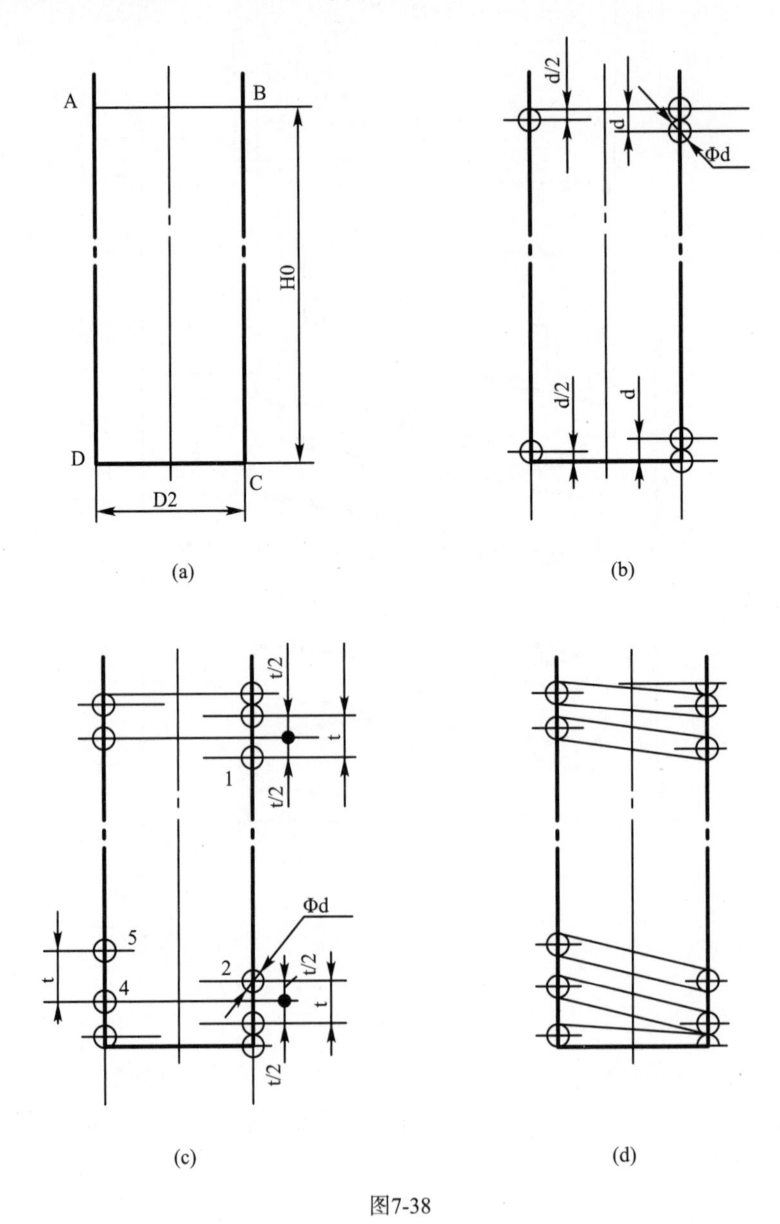

图7-38

7.7　保温杯的设计零件图

本节以一个简单的产品，一个仅由杯盖和杯体两个零件组成的完整保温杯为例，来探讨其零件图所包含的内容。

保温杯的外观图样，如图7-39所示。作为外观图样，其主要目的是展示产品的外形尺寸。具体来说，我们需要绘制出杯子的高度170mm，杯子的外轮廓形状75mm，以及杯盖的高度20mm。这些特征尺寸共同构成了保温杯外观图样的核心内容。

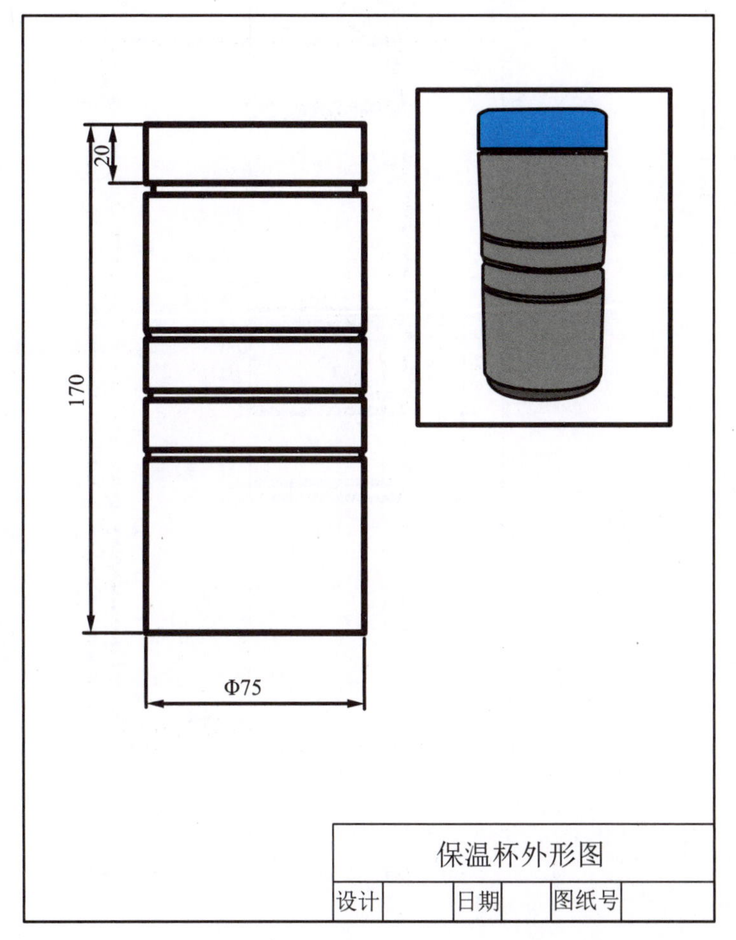

图7-39

已知保温杯由杯体和杯盖两个关键零件组成，每个零件都需要绘制成完整的零件图。

杯体的外形呈现为一个直径75mm的圆柱体，杯身的整体高度为165mm。杯口的直径略小于杯体，为72mm，而杯口部分的高度为16mm。除了这些主要的尺寸，杯体还有其他细部特征尺寸，如图7-40所示。

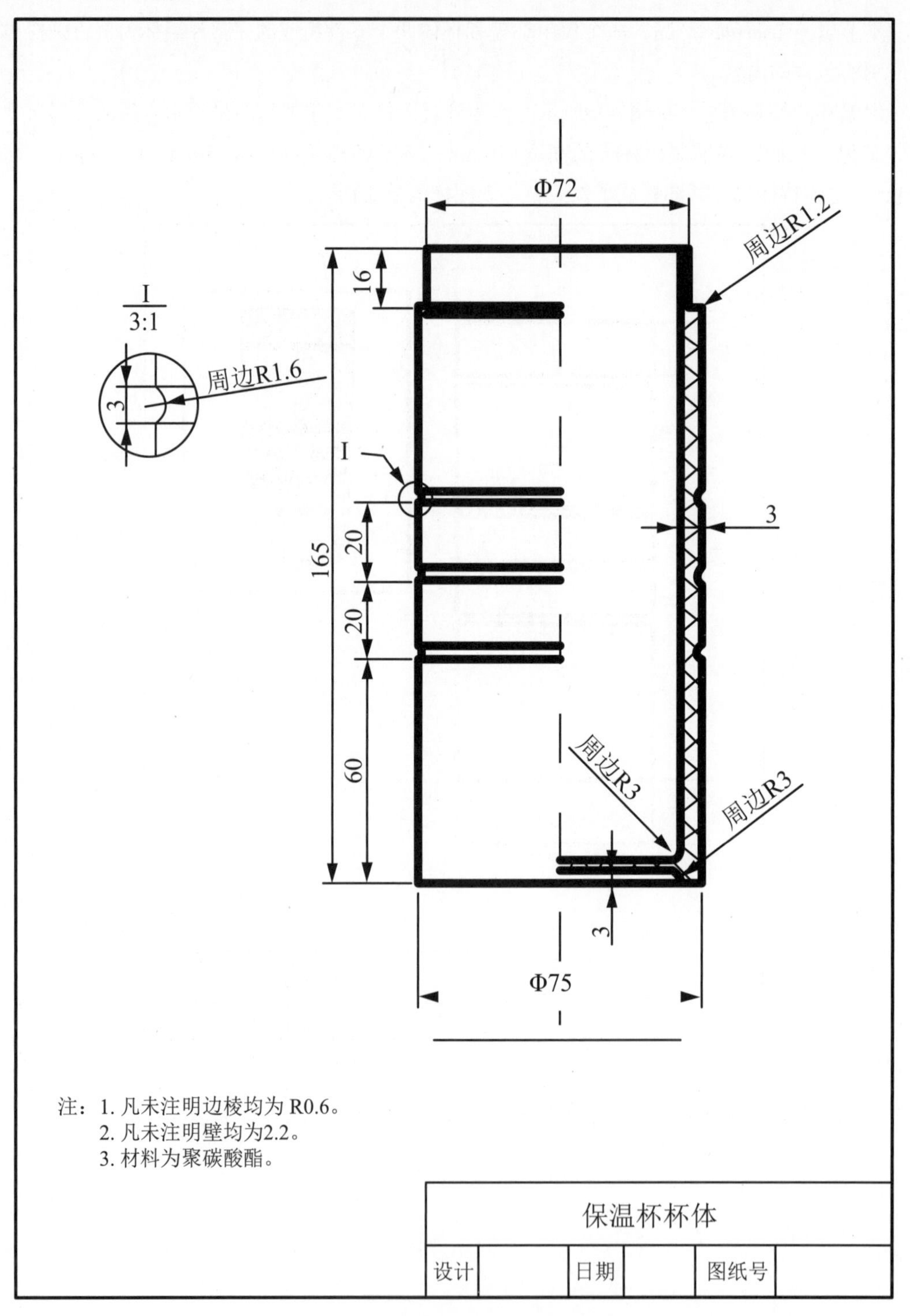

图7-40

杯盖的外形轮廓是一个直径为75mm的圆柱体，其高度为20mm。除了这些主要尺寸，杯盖还包含其他细部特征尺寸，如图7-41所示。

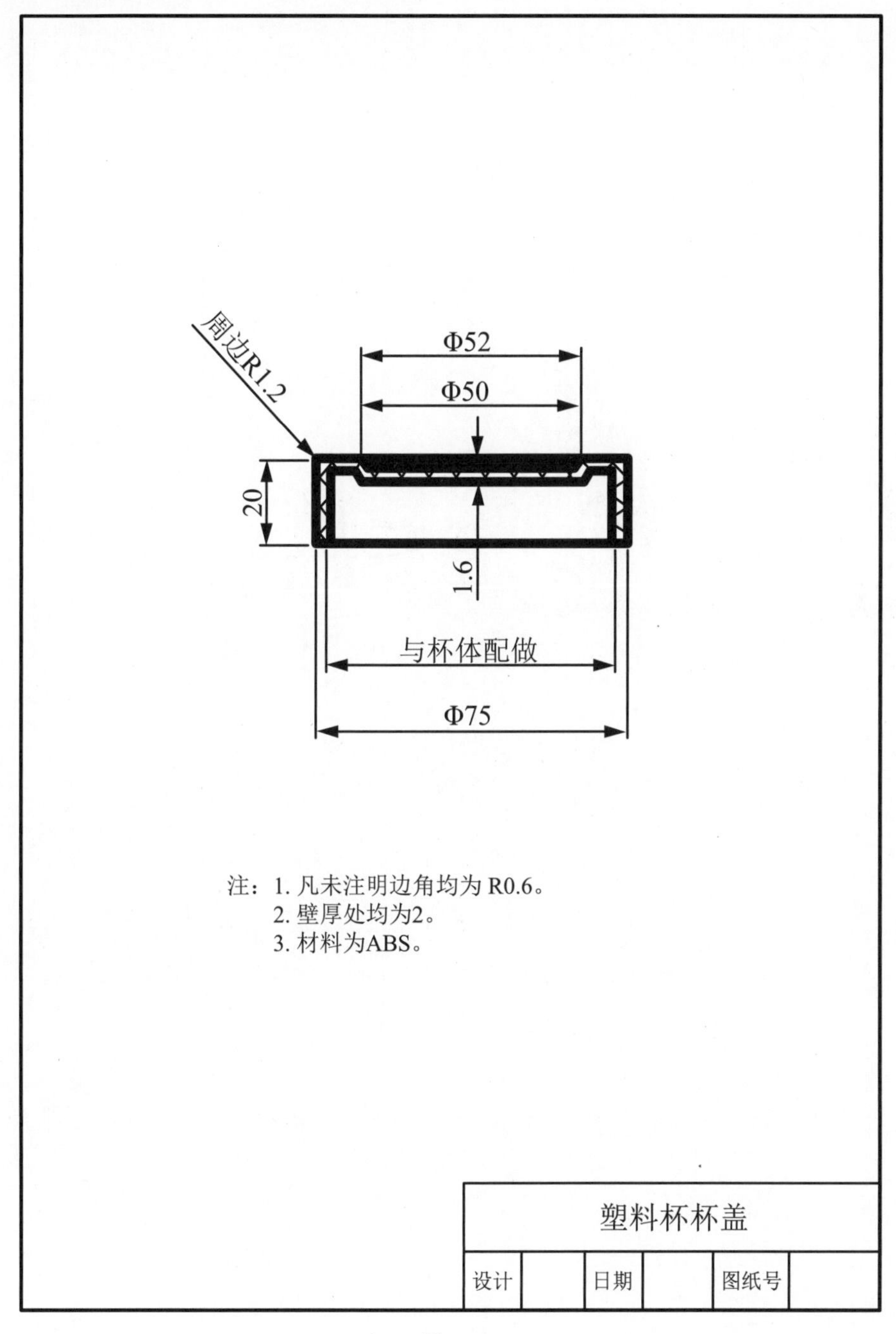

图7-41

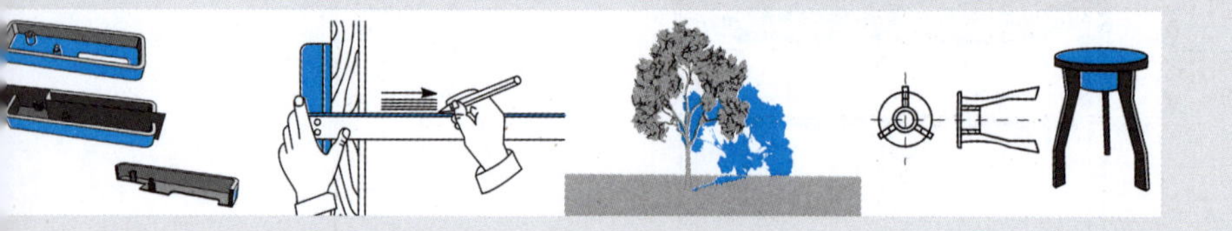

第8章

产品装配图

主要内容：本章介绍了产品装配图的作用和内容，装配图的画法、尺寸标注、零件序号和明细栏。

教学目标：了解产品装配图的作用和内容，掌握装配图的画法、尺寸标注，以及零件序号和明细栏的填写方法。

学习要点： 熟练绘制产品的装配图，正确完成尺寸标注，以及零件序号和明细栏的填写。

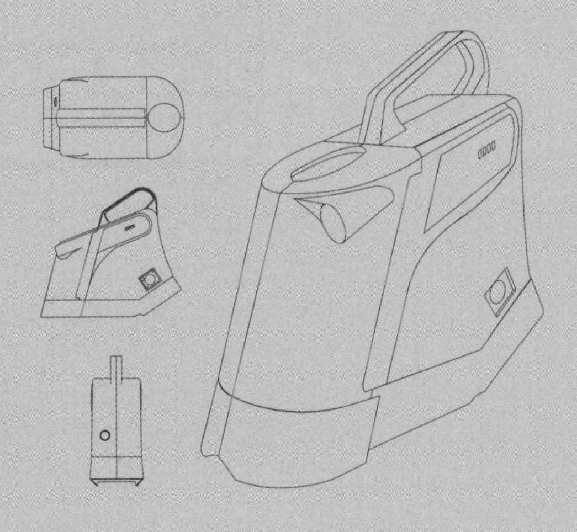

Product Design

产品是由若干零件，按照特定的装配关系和技术要求组合而成的。装配图是用来表达产品或部件的工作原理、性能要求，以及各零件之间的装配连接关系等信息的图纸。

8.1 从一张产品装配图说起

浇筑型腔由上部和下部两个零件组成，它们通过六个在圆周上均匀排列的螺栓进行连接装配，如图8-1所示。

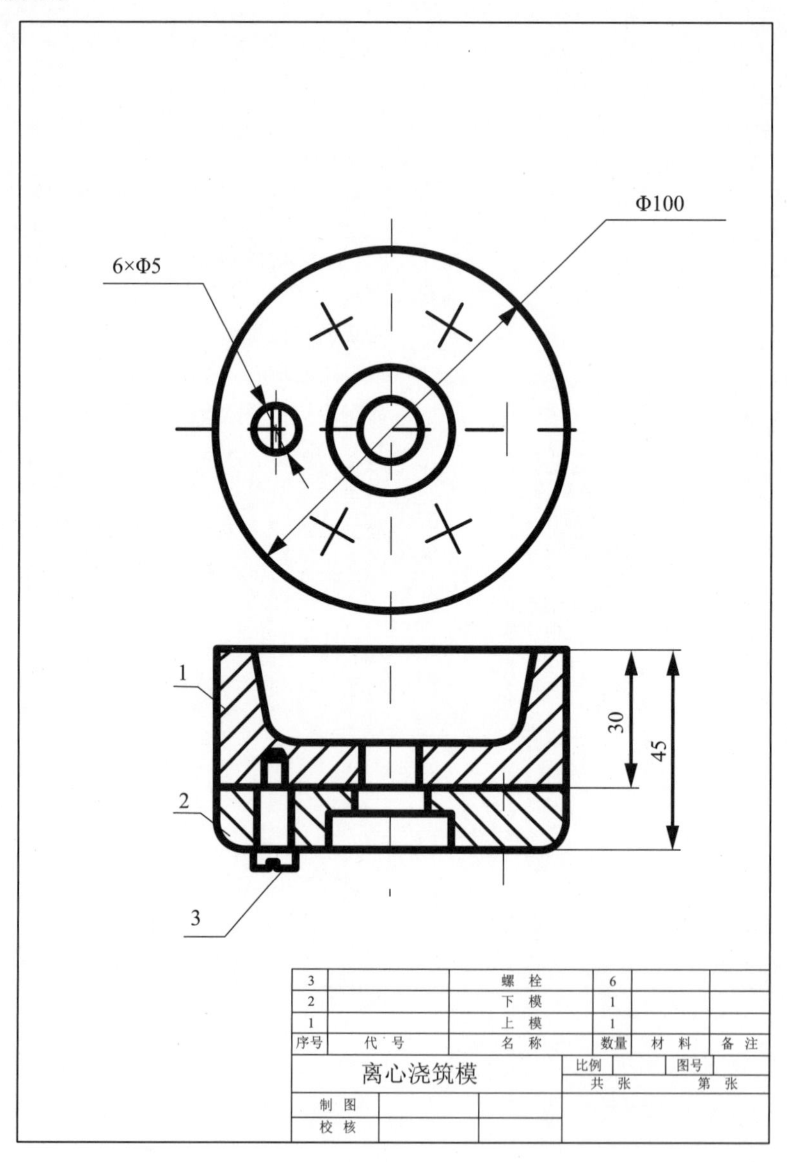

图8-1

8.1.1 装配图的作用

装配图在产品设计过程中起着至关重要的作用。首先，根据设计意图和要求绘制出装配图，随后依据这份装配图进行零件设计，并绘制出构成该产品的各个零件图。在生产阶段，装配图被用作指导，确保零件被正确地装配成完整的产品或部件。此外，在安装、使用及维护机器设备时，装配图也是必须遵循的重要参考。它不仅是制定装配工艺流程的基础，还是进行装配、安装、检验、使用，以及维修产品的技术依据。

8.1.2　装配图的内容

一张详尽无遗的装配图，应当包含以下关键要素：

1. 一组精确的视图

遵循装配图的标准化绘制规则与表现手法，确保视图能够准确无误、全面且清晰地展现出产品或部件的工作原理、各零件间的装配关联、连接方式，以及主要零件的具体结构形态。

2. 详尽的尺寸标注

依据装配图拆解得到的零件图，并综合考虑装配、检验及产品使用的实际需求，在装配图中对关键尺寸进行细致标注。这些尺寸涵盖外形尺寸、规格尺寸、装配尺寸及设计过程中的部分核心尺寸，它们共同反映了产品的性能特征、规格标准、安装方式、部件或零件间的相对位置关系、配合精度，以及产品的整体尺寸范围。

3. 明确的技术要求

利用符合国家制图标准的符号或文字表述，详细阐述产品或部件在性能、质量、装配流程、检验标准，以及使用操作等方面的具体要求。

4. 详尽的明细栏信息

在装配图中，需对每种独特的零件进行编号，并在明细栏中逐一列出零件的序号、名称、所需数量，以及材料类型等详细信息，确保信息的准确无误与完整性。

5. 完整的标题栏内容

标题栏中应详尽填写产品或部件的名称、所需数量、绘图所采用的比例、图纸编号，以及负责绘制、审核等相关责任人的签名，以确保图纸信息的全面性和可追溯性。

8.2　装配图的画法

装配图中的视图、剖视图、剖面图及简化画法的绘制原则与零件图相同，均需严格遵循国家标准《机械制图》的基本规定。鉴于装配图由多个零件或部件组合而成，其内容与要求相较于单一的零件图有所差异，因此在绘制过程中，可以灵活运用一些特定的表达技巧。下面以图8-1为例，详细介绍装配图的绘制方法。

(1) 在装配图中，当两个零件相互接触时，其接触面之间仅需绘制一条线以示区分。例如，图中A与B两个零件的接合面，仅需绘制一条线，避免重复绘制导致混淆。

(2) 在同一剖视图中，若存在两个或多个相邻且材质相同的零件，为了更清晰地展现其结构关系，应使用不同方向或不同间隔比例的剖面线进行绘制。同时，在同一张图纸中，对于同一个零件在不同视图中的呈现，其剖面线应保持一致，以确保图纸的一致性和可读性。

(3) 装配图中常涉及各种螺栓紧固件、键、轴、连杆、销钉等零件。当剖切面恰好通过这些零件的轴线时，可以省略剖视图的绘制。

(4) 当装配图中包含多个相同的零件组(如多组螺栓) 时，为了提高绘图效率，仅需详细绘制其中一组，其余部分仅需标注出中心位置、数量及位置尺寸即可。

(5) 鉴于装配图往往包含众多零件，为了保持图纸的简洁明了，一些零件的工艺结构(如边角、轴的倒角、退刀槽等) 可以适当省略，避免过度细化导致图纸冗余。

(6) 在绘制装配图时，经常会遇到薄片零件、细丝弹簧或微小间隙等情况。对于这些难以按照实际尺寸准确绘制或即使绘制也难以清晰表达结构的零件或间隙，可以采用夸大画法。具体而言，可以将垫片厚度、簧丝直径等进行适当夸大，以便更直观地展现其结构特征。

8.3 装配图的尺寸标注

在由多个零件组成的装配图中，并不需要标注每个零件的所有尺寸，而只需关注与装配关系紧密相关的尺寸。这些相关尺寸的确定是基于装配图的功能需求，旨在进一步阐述产品的性能、工作原理、装配关系，以及安装要求。装配图中通常标注如下几类尺寸。

1. 性能尺寸

性能尺寸是设计和选用产品的基础，它反映了产品的性能和规格。这些尺寸在设计阶段就已经确定，是了解产品特性和进行选择的重要依据。

2. 外形尺寸

外形尺寸描述了产品外轮廓的总体长度、宽度和高度等，它是进行包装设计、运输规划、产品安装，以及厂房设计时的关键参考。例如，案例中的尺寸Φ100和45(见图8-1)，就属于外形尺寸。

3. 装配尺寸

装配尺寸用于表示产品零部件之间的相对位置关系或配合情况。这些尺寸在装配过程中至关重要，确保了零部件能够正确、紧密地组装在一起。如图8-1所示，案例中的尺寸30、45，以及上、下合模的6个Φ5螺栓孔尺寸，均属于装配尺寸。

4. 安装尺寸

安装尺寸是指将产品或部件安装到地基上或与其他产品或部件相连时所需的尺寸。这些尺寸确保了产品或部件能够准确、稳固地安装到位。

5. 其他重要尺寸

除了上述四类尺寸，还有一些在设计中经过计算和选定的其他重要尺寸。在图纸上拆画零件时，必须保持这些尺寸的准确性，不得随意更改。

8.4　装配图的零件序号和明细栏

在实际生产和管理过程中，为了便于识别装配图，需要对装配图中的每一种零件进行序号编写，并根据这些序号填写明细栏。装配图中的零件序号与明细栏中的序号必须保持一致，以确保信息的准确性和可追溯性。

装配图中零件的序号编写形式有三种，具体如图8-2所示。

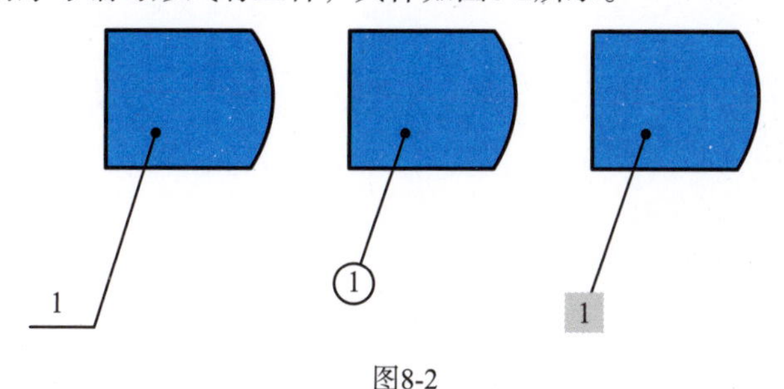

图8-2

根据绘图标准的规定，标注序号时，应先在所要标注的零件的可见轮廓线内画一个圆点，然后引出指引线。指引线应采用细实线绘制。在指引线的另一端，可以画一条水平线或者一个小圆圈，并在水平线的上方或圆圈内标注序号。这些序号应比尺寸数字大一号或两号，以提高其可读性。另外，还有一种更为简洁的方法，即直接在指引线旁边标注序号。在标注过程中，需要注意指引线不能相交，同时尽量避免与剖面线平行，以确保图纸的清晰度和易读性。

明细栏通常位于图样标题栏的上方位置，它是产品全部零件的详细目录。明细栏由序号、代号、名称、数量、材料、备注等部分组成。当明细栏的位置不够时，可以在标题栏的左侧继续绘制。明细栏的线形也有一些规定：外框和内格的竖线应为粗实线，而横线则为细实线。在填写明细栏时，序号应由下至上顺序填写，这样当需要增加零件时，可以继续向上画格，以保持明细栏的整洁和有序性，具体如图8-3所示。

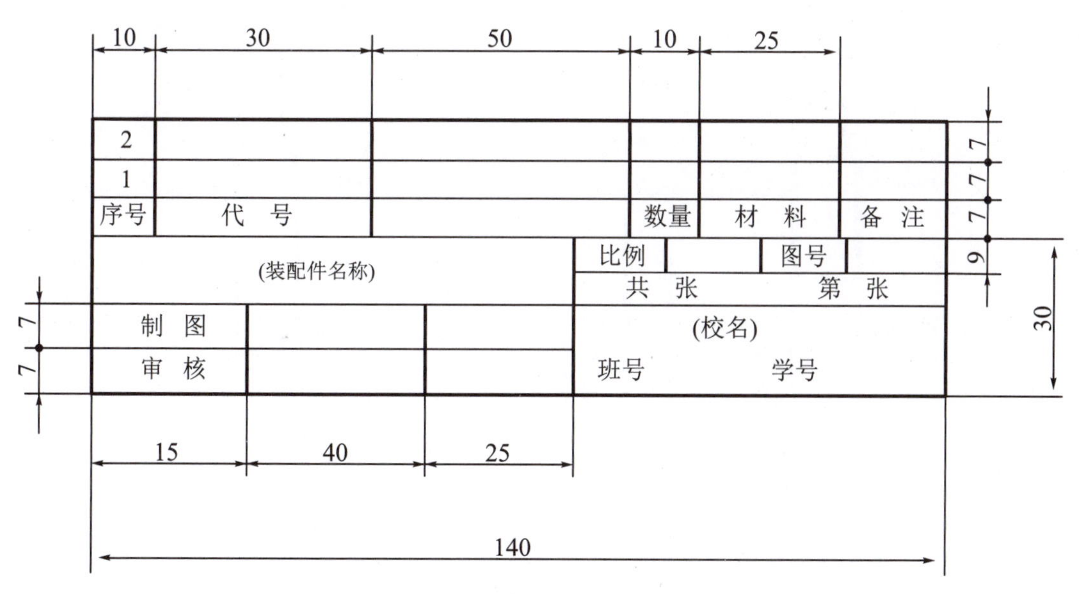

图8-3

明细栏并不一定需要绘制在装配图内部，它也可以按照A4幅面的规格，作为装配图的一个续页单独绘制出来。在这种情况下，明细栏中零件的编写顺序应从上往下进行，并且可以根据需要连续增加页面。为了确保信息的完整性和一致性，在明细栏的下方，应当配置一个与装配图完全相同的标题栏。

8.5 装配结构

在实际的产品设计过程中，零件之间的装配方式至关重要。采用正确且合理的装配结构，能够显著提升产品的设计合理性、维修便捷性，以及质量和耐用性。

8.5.1 装配面与配合面的结构

1. 接触面设计

两个零件的接触面应设计为仅允许一对面的同向接触，以确保工件间良好的接触效果，并降低加工难度。若要求两个平行的平面同时全面接触，不仅会增加加工难度，在实际应用中难以实现，而且从使用角度来看也并无此必要，如图8-4所示。

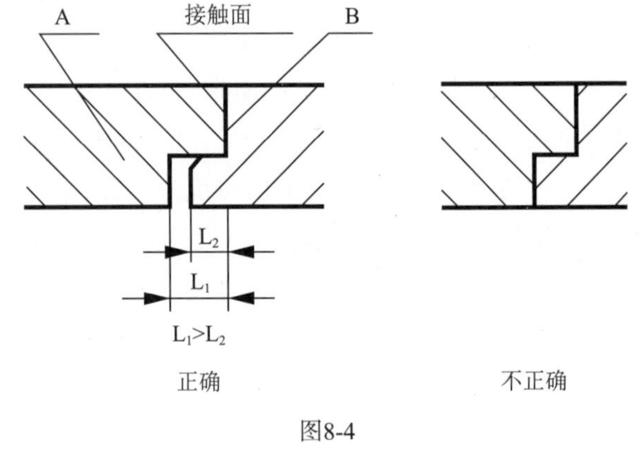

图8-4

2. 轴颈和孔的配合

在设计轴颈与孔的配合时，通常会使孔的直径略微大于轴颈的尺寸，以确保两者能够顺畅地装配在一起，并具有一定的间隙以容纳热膨胀、制造误差等因素，如图8-5所示。

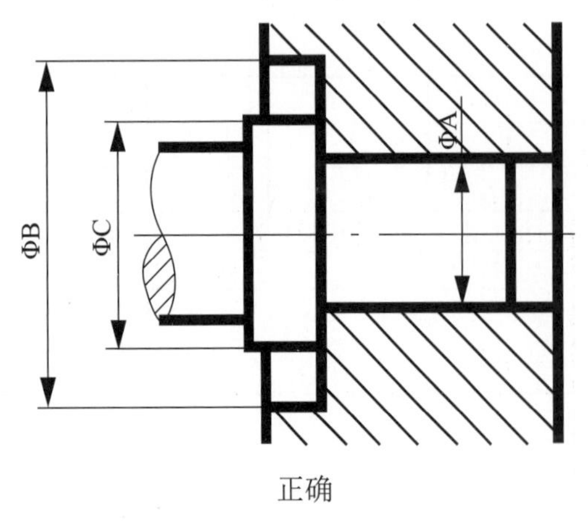

正确

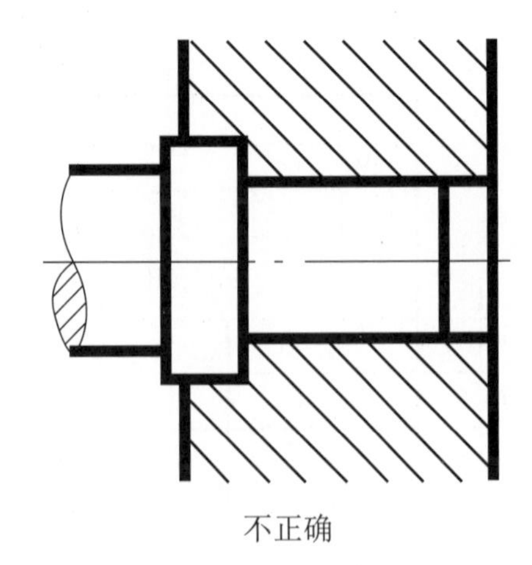

不正确

图8-5

3. 锥面配合

在进行锥面配合设计时，需要确保锥体端部与锥孔底部之间保留有足够的空隙，以避免过盈配合导致的装配困难或应力集中，同时保证配合的稳定性和灵活性，如图8-6所示。

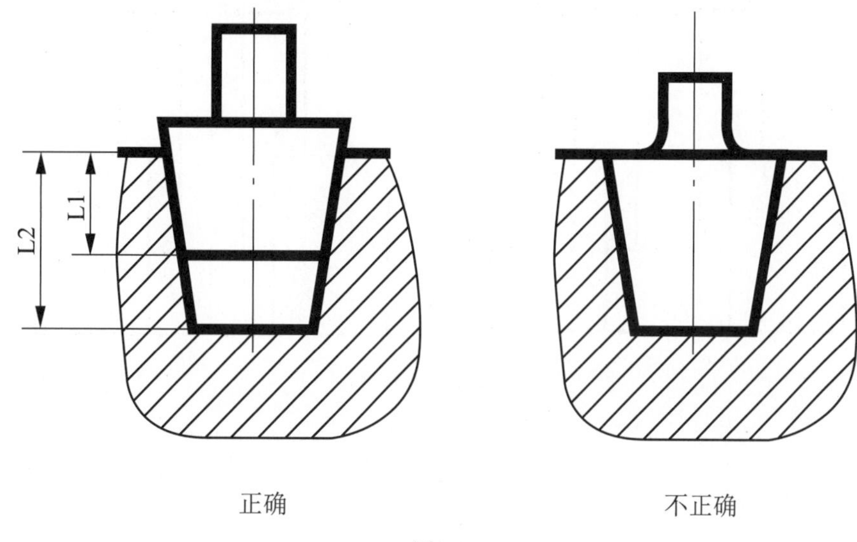

图8-6

4. 减少加工区域

为了确保接触面的良好接触性能，必要的加工是不可或缺的。因此，合理缩小加工区域，不仅能够有效降低处理成本，还能进一步提升接触质量。

(1) 为了实现连接件(如螺栓、螺母、垫圈) 与被连接件之间的紧密接触，可以在被连接件上设计沉孔、凸台等结构。沉孔的具体尺寸可以根据连接件的规格，从相关手册中查找并确定，如图8-7所示。

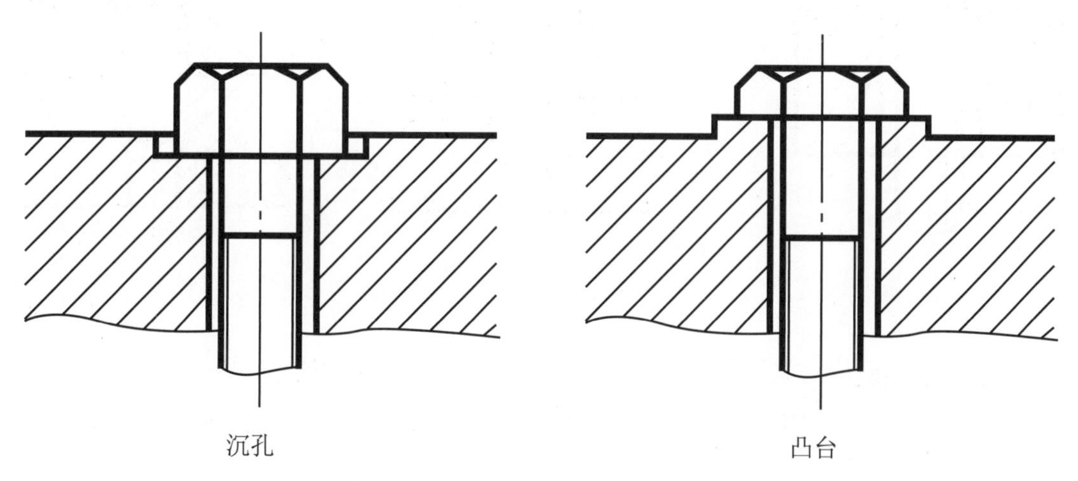

图8-7

(2) 当两个零件具有不同方向的接触面时，为了确保它们能够良好接触，应避免在接触面的交角处全部采用尖角或相同的圆角设计。相反，应采用更为灵活多样的圆角或倒角设计，以适应不同方向的接触需求，如图8-8所示。

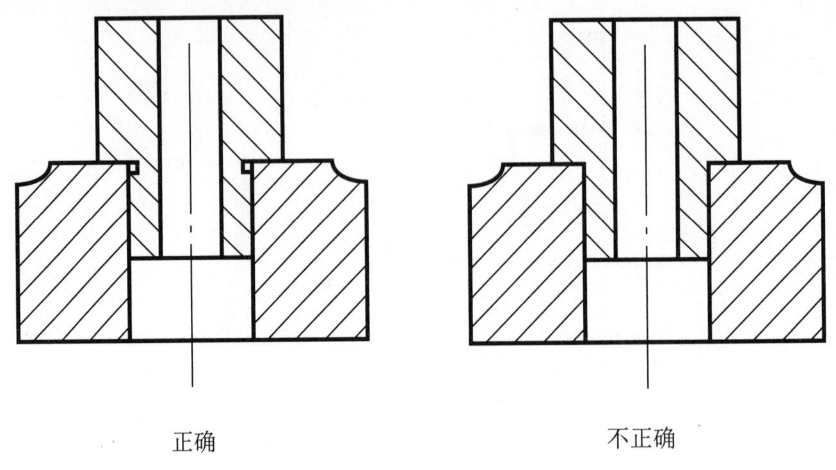

图8-8

8.5.2 螺纹连接的合理结构

1. 通孔尺寸设计

被连接件通孔的尺寸应比螺纹大径或螺杆直径稍大，以便装配，如图8-9所示。

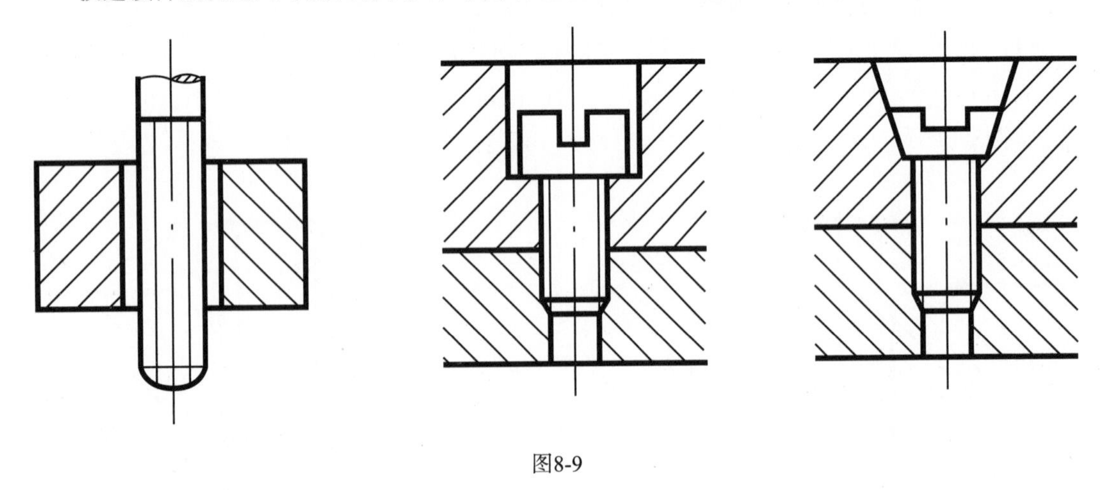

图8-9

2. 螺纹尾部设计

为确保拧紧，要对螺纹尾部进行适当的加长，在螺杆上加工出退刀槽，在螺孔上做出凹坑或倒角，如图8-10所示。

3. 活动空间设计

在进行设计时，为了确保螺栓能够方便地拆装，必须预留出足够的空间以供扳手操作及螺栓本身的移动，如图8-11所示。

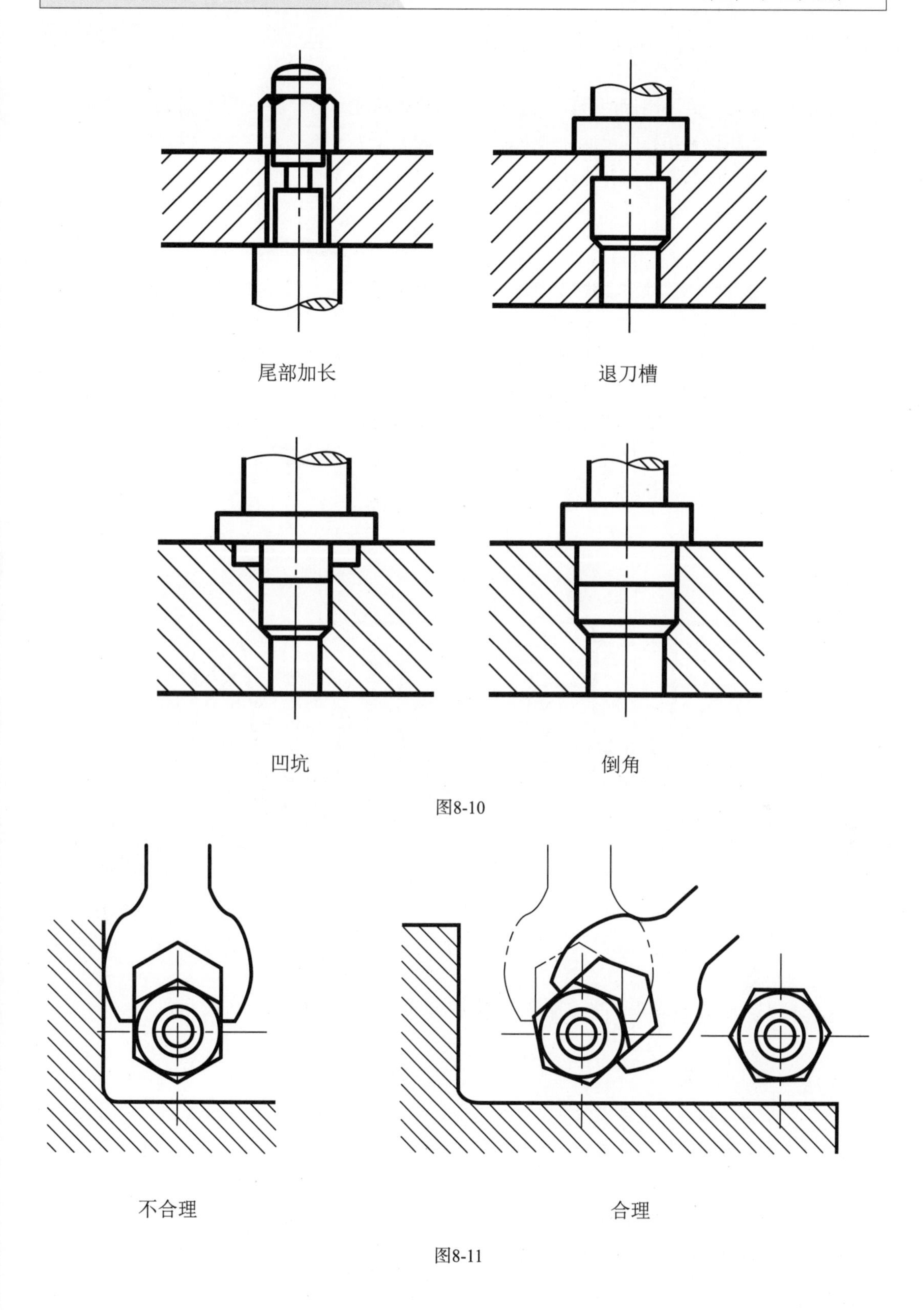

图8-10

图8-11

8.5.3 定位销的合理结构

在重新安装后，为了确保两个部件之间的相对位置精度，通常会采用圆柱销或圆锥销进行定位。因此，对销以及销孔的尺寸和精度要求相对较高。为了便于加工销孔和拆卸销子，在条件允许的情况下，应尽量将销孔设计为通孔，以便于操作和维护，如图8-12所示。

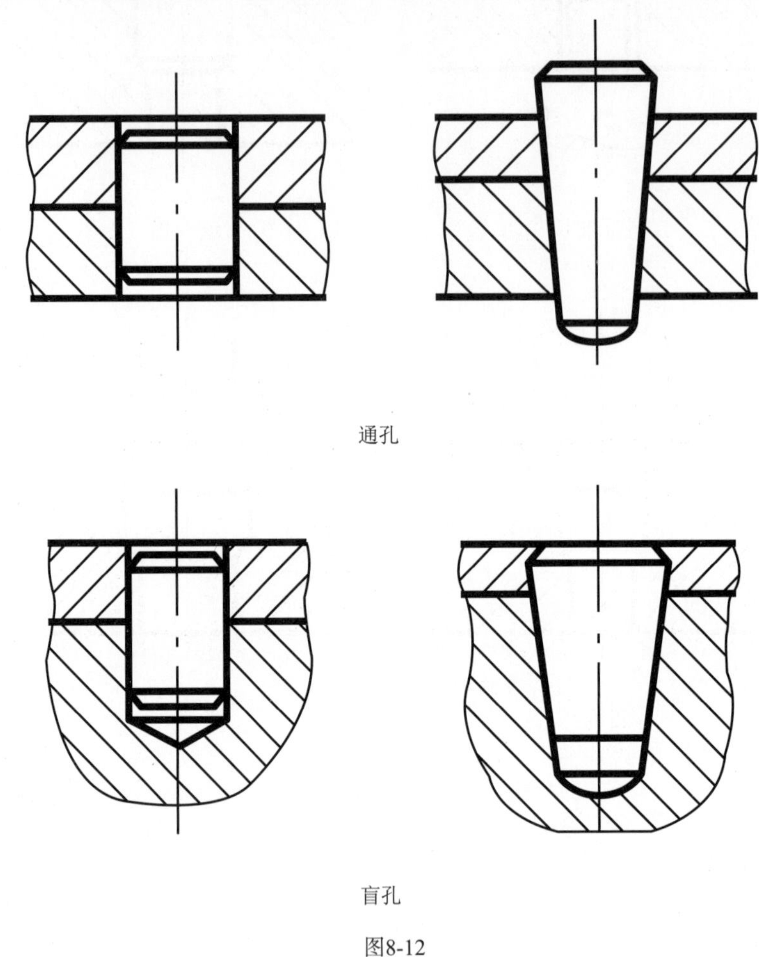

图8-12

8.5.4 滚动轴承的固定、间隙调整及密封装置的结构

1. 滚动轴承的固定

为了防止滚动轴承发生轴向窜动，必须采取适当的结构来稳固其内圈和外圈。常用的固定滚动轴承内圈和外圈的结构形式包括：利用轴肩进行固定、使用弹性挡圈进行固定、采用轴端挡圈进行固定、通过圆螺母配合止动垫圈进行固定，以及利用套筒进行固定。

(1) 用轴肩固定。这是一种常见的固定方式，它利用轴本身设计的肩部来承担并限制轴承的轴向移动。在图8-13中，展示了轴肩如何有效地支撑并固定住滚动轴承的内圈，确保其不会沿着轴向方向窜动，从而保证了设备的稳定运行和精确传动。

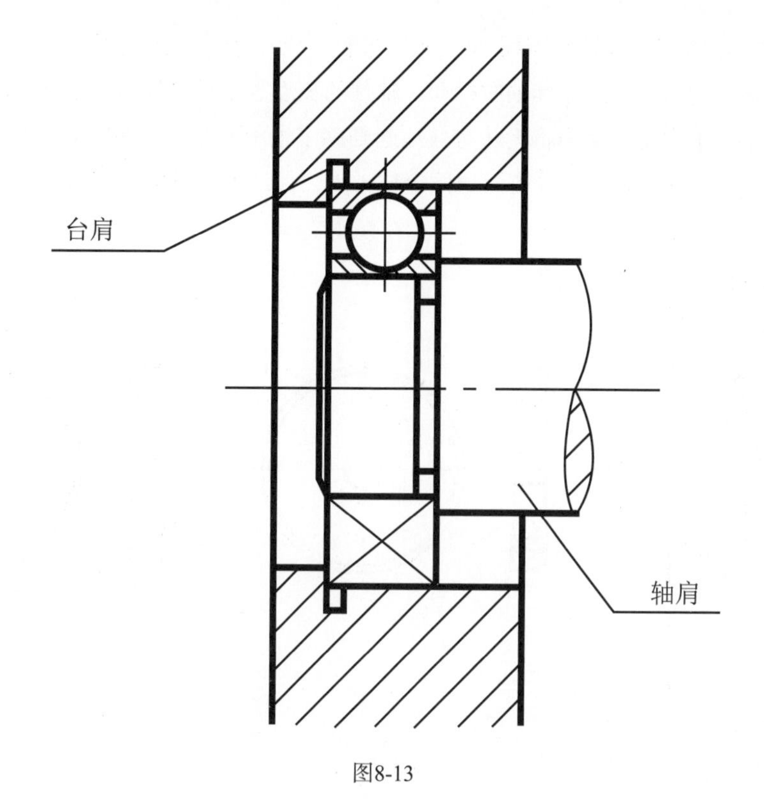

图8-13

(2) 用弹性挡圈固定。弹性挡圈作为一种标准件，被广泛用于固定滚动轴承。其尺寸以及与之配合的轴端环槽尺寸，可以根据轴颈的直径大小，在相关的手册或标准中查找到具体数值。在图8-14中，展示了弹性挡圈如何被安装在轴上，并有效地卡住轴承的外圈或内圈，防止其轴向移动，确保轴承的稳固安装。

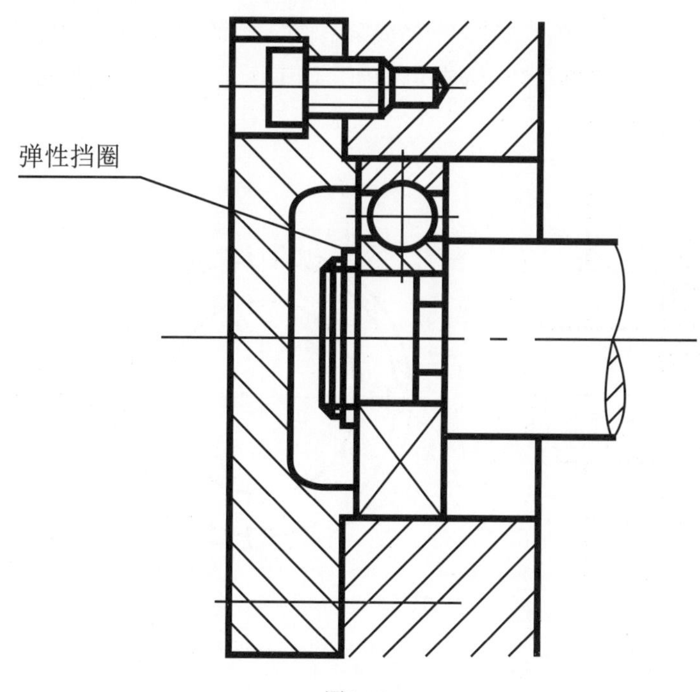

图8-14

(3) 用轴端挡圈固定。轴端挡圈也是一种标准件，常用于固定滚动轴承。为了确保挡圈能够紧密地压紧轴承的内圈，防止其轴向移动，轴颈的长度需要被设计为小于轴承的宽度。如果轴颈长度不小于轴承宽度，挡圈将无法有效地起到固定轴承的作用。在图8-15中，展示了轴端挡圈如何被正确地安装在轴上，并有效地固定住轴承，保证了设备的稳定运行。

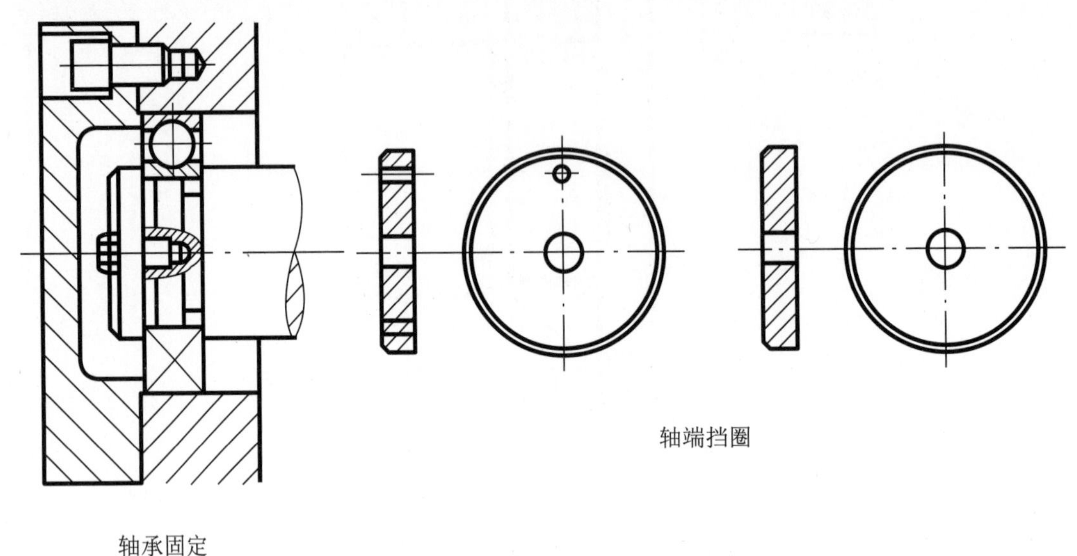

图8-15

(4) 用圆螺母加止动垫圈固定。这是一种常见的固定方式，尤其适用于需要较大轴向预紧力的场合。在此方法中，圆螺母被拧紧在轴上，并通过其螺纹与轴产生紧密结合，从而提供必要的轴向力来固定轴承。为了防止圆螺母在振动或负载条件下松动，通常会配合使用止动垫圈。止动垫圈的设计使其能够嵌入轴的凹槽或紧贴轴的表面，有效防止圆螺母的旋转或轴向移动。在图8-16中，展示了圆螺母与止动垫圈如何协同工作，确保轴承被牢固地固定在轴上，为设备的稳定运行提供有力保障。

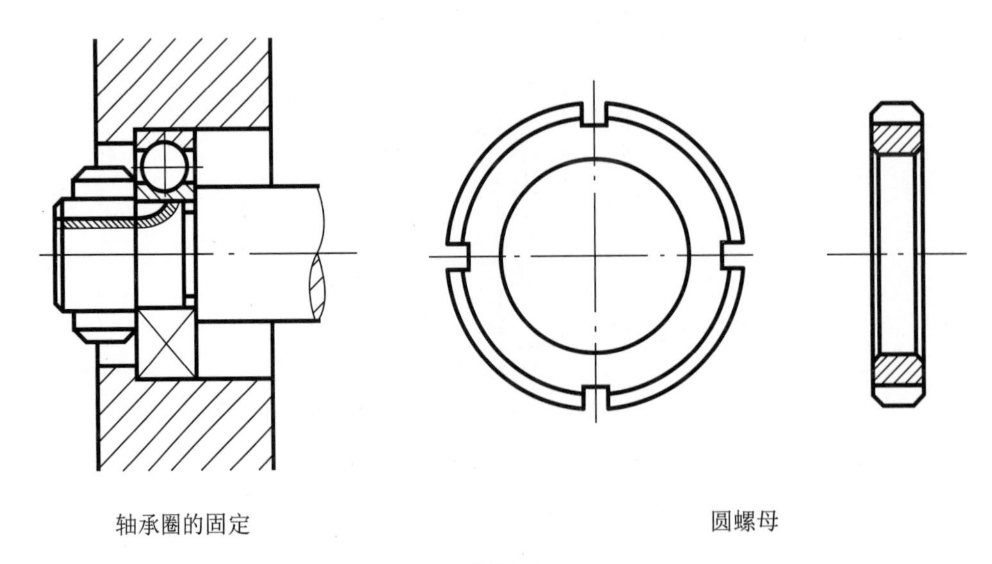

图8-16

(5) 用套筒固定。这是一种灵活且有效的固定方法，特别适用于需要在轴上安装多个轴承或其他组件，并且需要保持轴颈直径不变的情况。套筒通常是一个紧密配合在轴上的圆柱形部件，其内径与轴承的外径相匹配，从而提供稳定的支撑和固定。在图8-17中，展示了套筒如何被巧妙地安装在轴上，并与轴承紧密配合，确保轴承在轴向和径向方向上都能得到稳固的支撑，为设备的正常运转提供可靠的保障。

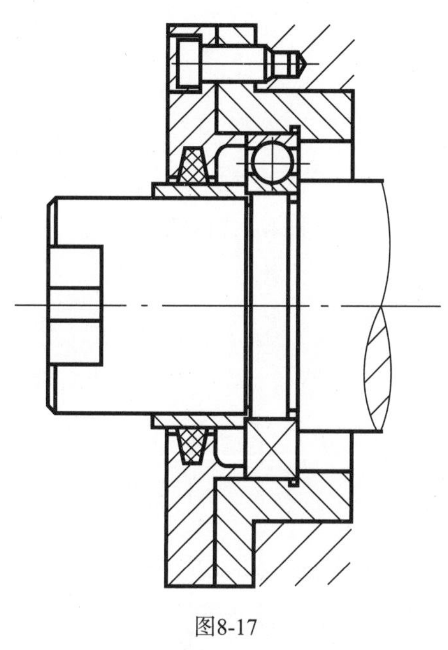

图8-17

2. 滚动轴承间隙的调整

鉴于轴在高速旋转过程中会因发热而膨胀，为确保轴承转动灵活、避免卡顿，必须在轴承与轴承盖端面之间预留一定量的间隙，通常这一间隙控制在0.2 ~ 0.3mm。滚动轴承在工作过程中所需的间隙可以根据实际情况进行适时调整，常用的调整手段包括更换具有不同厚度的金属垫片，以及通过螺钉来调节止推盘的位置，以达到所需的间隙，具体方法如图8-18所示。

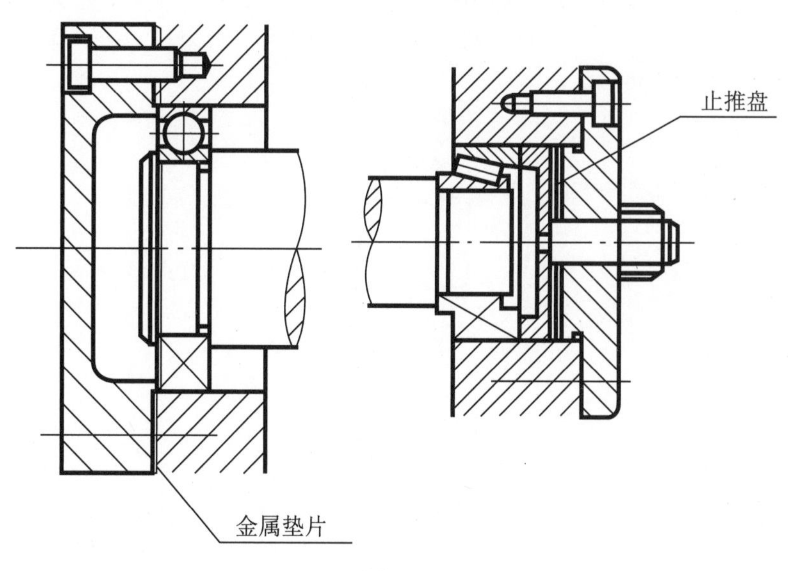

图8-18

3. 滚动轴承的密封

滚动轴承的密封至关重要，这既是为了防止外部的灰尘和水分侵入轴承内部，造成损坏或影响性能，也是为了阻止轴承内部的润滑剂外泄，确保轴承的正常润滑。常见的密封方法及其所需的零件，部分已经实现了标准化，如皮碗和毡圈等密封元件；而部分结构，如轴承盖上的毡圈槽、油沟等，虽然某些局部设计实现了标准化，但它们的具体尺寸仍需根据实际需求，从相关的手册或标准中查找确定。

8.5.5 防松的结构

在产品运转过程中，由于震动或冲击的影响，螺纹连接件有可能会发生松动，甚至可能引发严重事故。因此，在某些机构中，对螺纹连接件进行防松处理是至关重要的。

1. 双螺母锁紧

双螺母锁紧的原理，是当两个螺母拧紧后，它们之间会产生轴向力，这种力会增大螺母牙与螺栓牙之间的摩擦力，从而有效防止螺母自动松脱。具体结构，如图8-19所示。

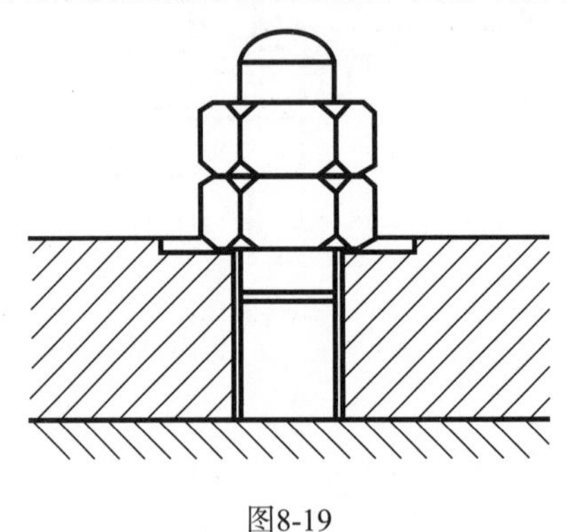

图8-19

2. 弹簧垫圈锁紧

弹簧垫圈锁紧的方式是，在螺母拧紧后，弹簧垫圈会受到压力而变平。这个变形力会增大螺母牙与螺栓牙之间的摩擦力，同时弹簧垫圈开口的刀刃部分会阻止螺母转动，从而防止螺母松脱。具体结构，如图8-20所示。

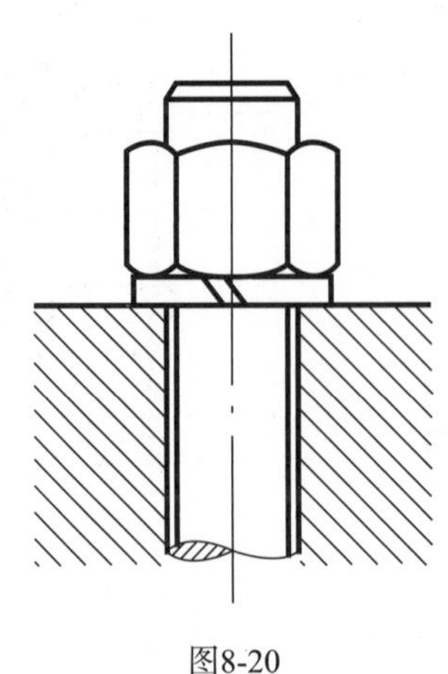

图8-20

3. 开口销防松

开口销防松的方法是通过开口销直接锁住六角开槽螺母，使其无法松脱。这种结构简单易行，能够有效防止螺母因震动或冲击而松动。具体结构，如图8-21所示。

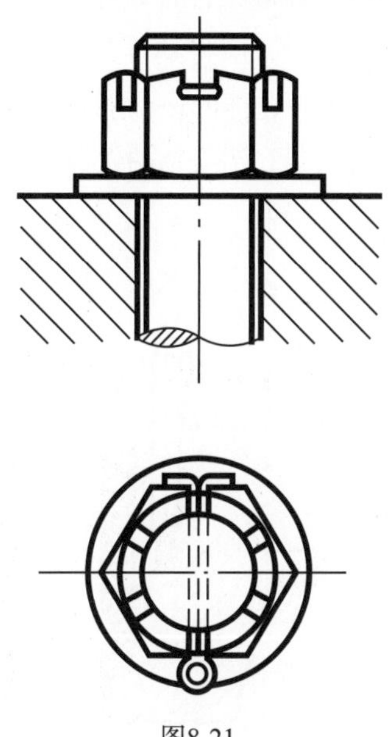

图8-21

4. 止动垫圈防松

止动垫圈防松装置常用于固定安装在轴端部的零件。通过在轴端开槽，止动垫圈与圆螺母联合使用，可以直接锁住螺母，防止其松动。这种结构在需要承受较大轴向力的场合尤为适用。

5. 止动垫片锁紧

止动垫片锁紧的原理是，在螺母拧紧后，将止动垫片的止动边弯倒，从而锁住螺母。这种结构具有操作简便、锁紧效果可靠等优点。具体结构，如图8-22所示。

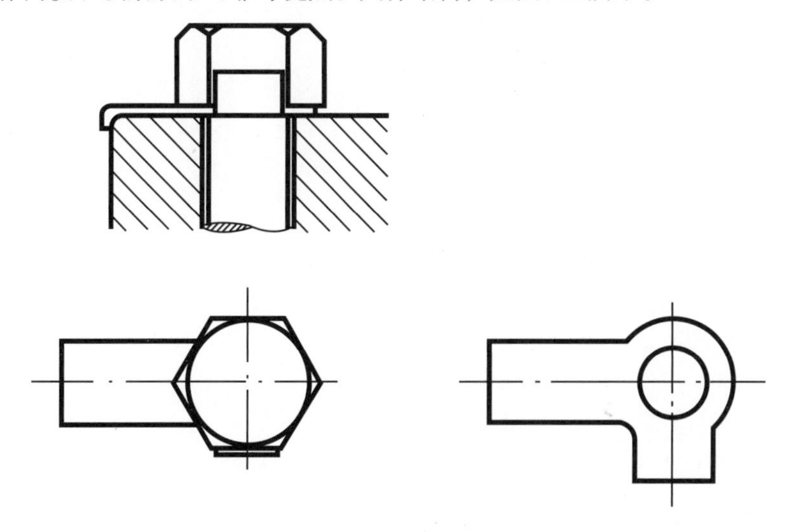

图8-22

8.5.6 防漏的结构

在产品或部件的设计中，为了有效防止内部液体泄漏，以及外部灰尘、杂质等污染物的侵入，必须采取相应的防漏措施。其中一种常见且有效的方法，是利用压盖或螺母将填料压紧，从而达到密封防漏的目的。在绘制压盖时，应将其位置确定在填料开始被压紧的点，即表示填料刚好填充完毕的状态，如图8-23所示。这样的设计能够确保填料在受到适当压力的作用下，形成紧密的密封层，有效阻止液体的泄漏和污染物的侵入。

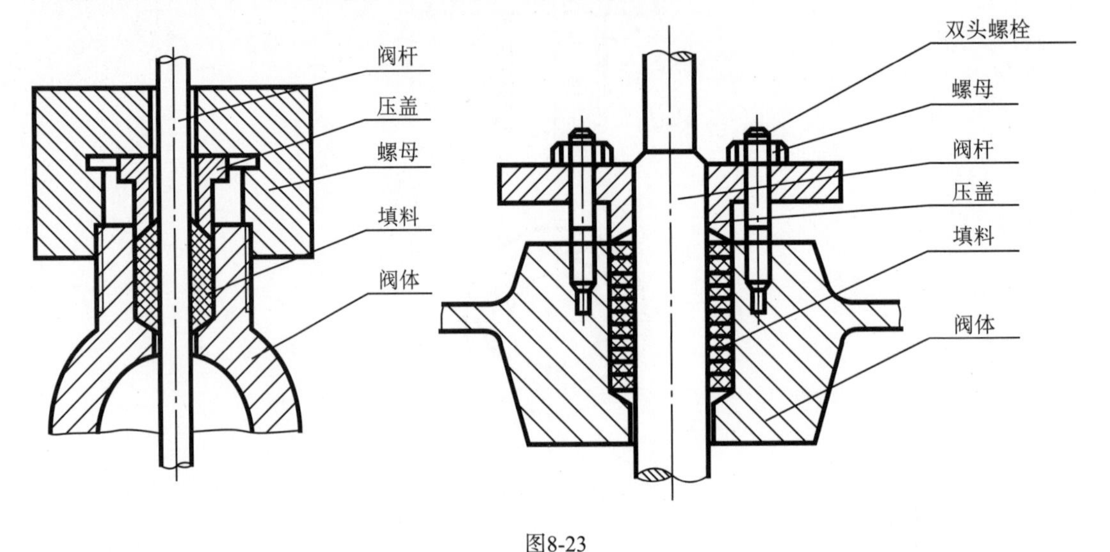

图8-23

第9章

轴测图

主要内容：本章介绍了正等轴测图的形成原理、分类，以及绘制方法，并通过案例讲解了平面立体的正等轴测图和曲面立体的正等轴测图的绘制方法。

教学目标：了解正等轴测图的形成原理和分类，掌握正等轴测图的绘制方法。

学习要点： 熟练绘制平面立体的正等轴测图和曲面立体的正等轴测图。

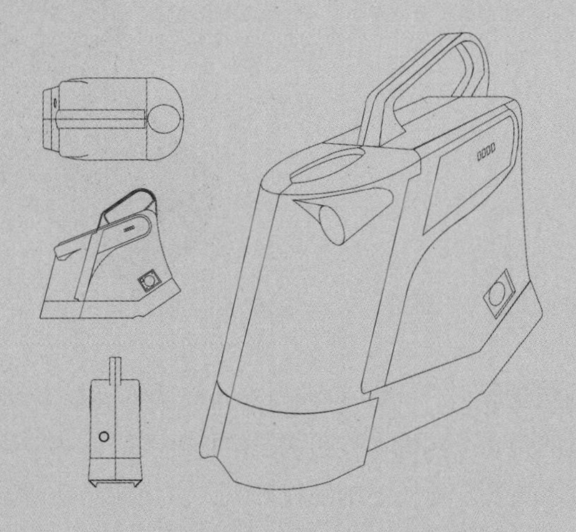

Product Design

轴测投影能够在单一投影面上同时展现物体的三维形状与尺寸，具备强烈的立体感，便于观看者理解。因此，轴测投影常被用于设计草图、装配图示，以及产品结构分析图中，以更直观地传达设计意图与产品结构信息。

9.1 轴测图的概念

轴测图是将产品及其所定位的直角坐标系，沿一个不平行于任何坐标面的方向，运用平行投影法投射到单一投影面上所获得的立体图形。

9.1.1 轴测图的形成原理

轴测图的形成原理，是通过一组相互平行的投影光线，将物体的三个面及其所构成的形体的“直角坐标系”同时投射到一个平面上，由此得到的图形即被称为轴测投影。如图9-1所示，其中的A面展示了轴测投影面的效果。

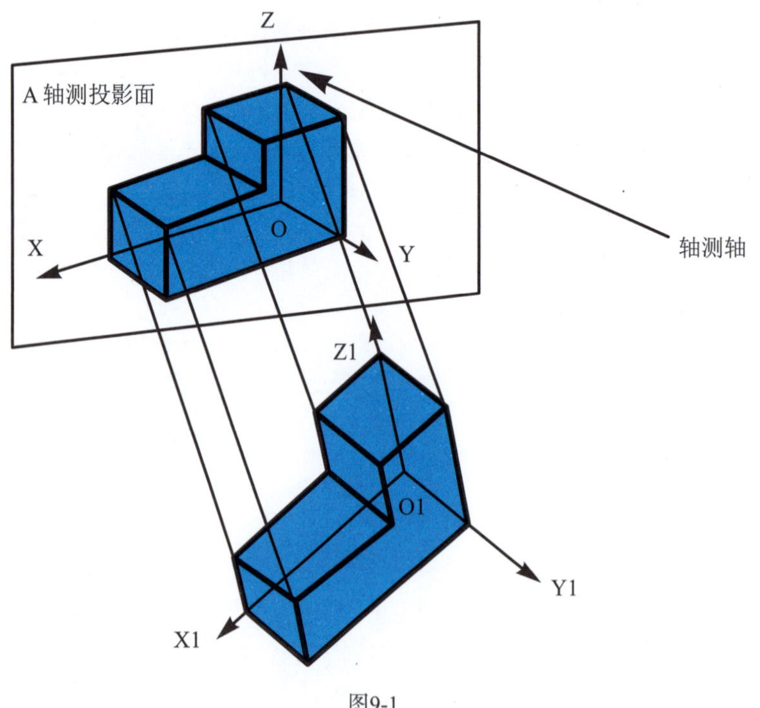

图9-1

轴测投影中，OX、OY、OZ被称为轴测投影轴(简称轴测轴)，它们两两之间的夹角被定义为轴间角。轴测轴上投影线段的长度与物体相应真实长度的比值，称为轴向变化率，也称作轴向变形系数。在绘制轴测投影时，由于测量和绘制工作主要沿着轴测轴的方向进行，因此非轴向的直线段无法直接通过测量精确得出其长度。这种投影方式正是轴测投影，它特别强调利用坐标轴来展现物体的三维形态，如图9-2所示。

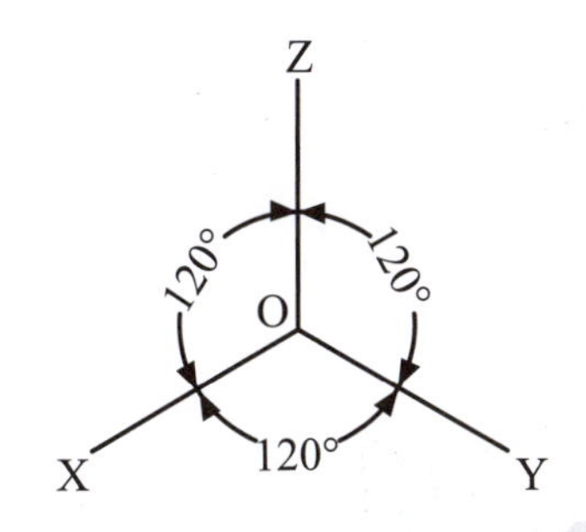

图9-2

9.1.2　轴测图的分类

轴测投影图根据投影方向与轴测投影面的相对位置，可以分为正轴测图和斜轴测图两大类。具体而言，当投影方向垂直于轴测投影面时，所形成的图称为正轴测投影图；而当投影方向倾斜于轴测投影面时，则称为斜轴测图。

9.2　正等轴测图

结合之前所讨论的轴向伸缩系数，当每个轴向的伸缩系数都相同时，这样的正轴测图被称为正等轴测图。在产品设计制图中，正等轴测图因其能够直观且准确地表达形体的三维形态而常被采用。

9.2.1　正等轴测图的原理

参考图9-2，在正等轴侧投影中，投影方向垂直于投影面。同时，三个坐标轴与投影面保持相同的倾角进行投影，投影后三个轴间角均相等，且均为120°。这种特殊的投影方式被称为正等轴测投影。

在绘图时，需要按照轴向的实际长度(或按比例缩放后的长度)，在轴测轴方向上画出。正等轴测投影的轴向变形系数通常为0.82，但在实际作图过程中，为了简化操作，也可以采用简化的轴向变形系数1。正等轴测图因其能够全面且准确地表达形体的三度空间形状，所以在轴测图的应用中最为广泛。

9.2.2　平面立体的正等轴测图

【例9-1】平面立体的正等轴测图的画法

平面立体的正等轴测图画法，具体作图步骤如下：

01 绘制出轴测轴OX、OY、OZ，并确保它们之间的轴间角均为120°，如图9-3所示。

02 在正投影图中明确坐标原点O，以及X、Y、Z轴的具体方向。从O点出发，根据给定的X、Y、Z轴向尺寸，在轴测轴图中标出相应的坐标点。然后，依据平行线投影后仍然保持平行的原理，绘制出其他线段。

03 判断各线段的可见性，去除不必要的线条，并将可见的线条加粗描绘，从而完成轴测投影图的绘制。

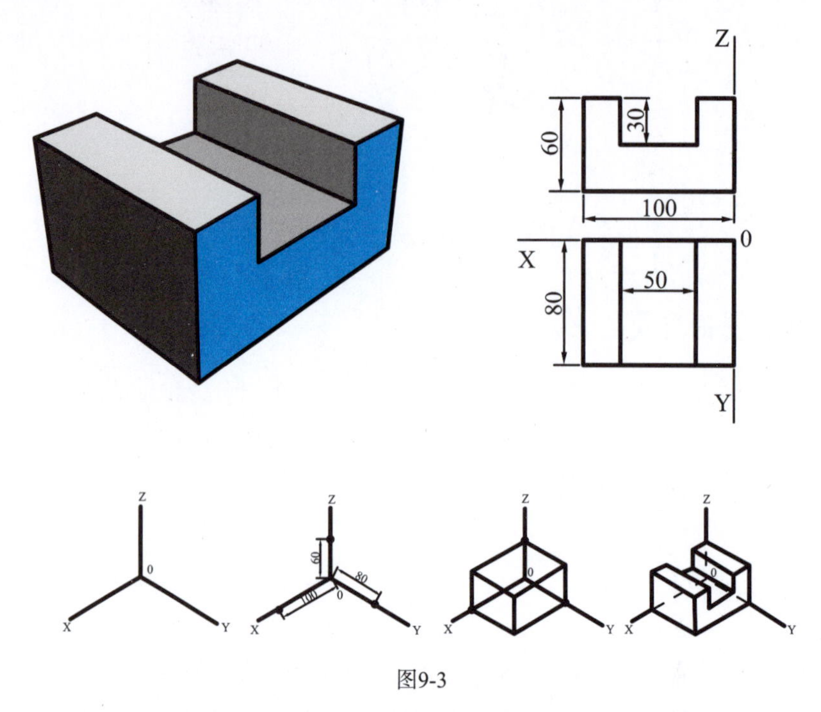

图9-3

在轴测投影图中，OX、OY、OZ三个轴测投影轴在物体上的具体放置位置，将直接决定物体在轴测图中的呈现位置及其方向。一旦这些轴的配置位置发生改变，物体在轴测投影中所展示的面也会随之发生变化，如图9-4所示。

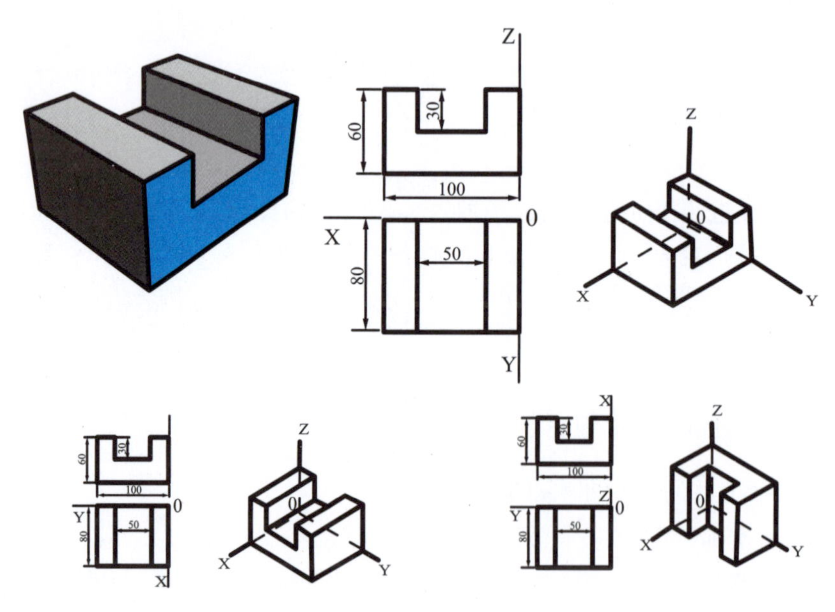

图9-4

【例9-2】依据物体三视图作正等轴测图

依据物体三视图作正等轴测图的过程，与平面立体的正等轴测图的画法基本相同，但该图中包含非轴向线段。由于这些非轴向线段无法直接在轴测轴上进行测量，因此需要先绘制出与轴平行的线段，随后将这些非轴向线段连接起来，以完成整个图形的绘制，如图9-5所示。

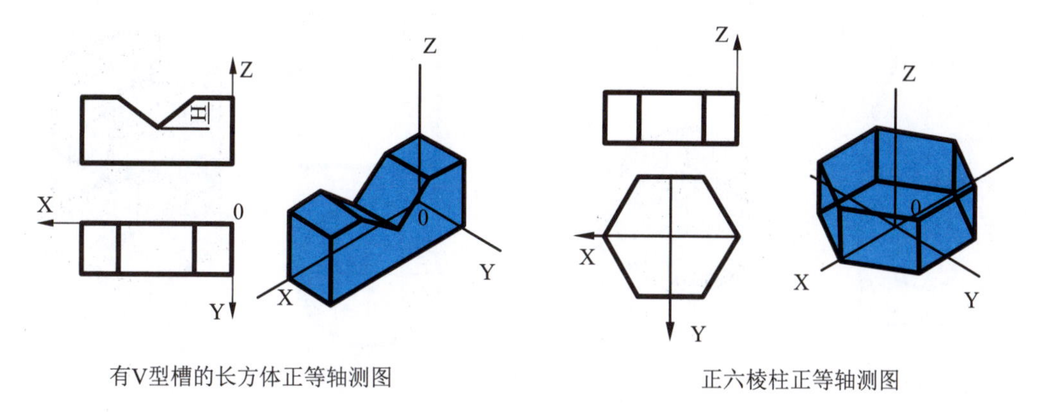

有V型槽的长方体正等轴测图　　　　正六棱柱正等轴测图

图9-5

9.2.3 曲面立体的正等轴测图

【例9-3】圆锥正等轴测图和正等测图中椭圆的近似画法

在绘制圆锥的正等轴测图时，关键在于解决圆锥底部的正等测投影，该投影呈现为一个椭圆形状，如图9-6所示。

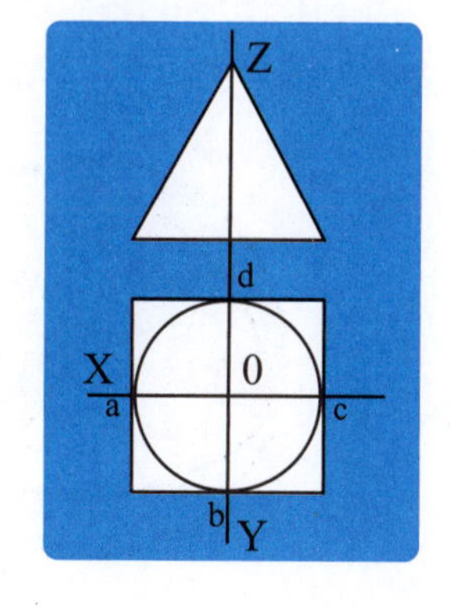

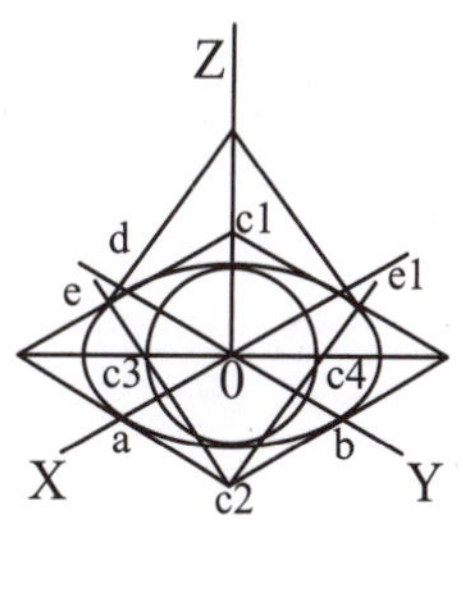

图9-6

以下是椭圆的近似画法步骤：

01 绘制轴测轴OX、OY、OZ，并在正投影图中明确轴的方向。接着，作出圆的外接四边形。

02 在轴测图中，利用这个外接正四边形作出其正轴测投影，形成一个平行四边形，并画出其对角线。

03 分别以C1和C2为圆心，绘制大圆弧，使这些大圆弧与菱形相切。此后，以O为圆心绘制一个圆，确保该圆与大圆弧相切，并与水平对角线相交于点C3和C4。

04 连接C2和C3并延长，使其与大圆弧相交于点e。用同样的方法找到点e1。

05 以C3和C4为圆心，分别以C3到e和C4到e1的距离为半径，绘制小圆弧。这些小圆弧与大圆弧组合起来，就形成了一个近似的椭圆，即圆的正等测投影。

06 在OZ轴上量出圆锥的高度，并从椭圆上作出两条切线。擦去不必要的线条，将可见的线条描粗，即可得到圆锥的正等轴测图。

【例9-4】圆锥台和开槽圆柱体的正等测图的画法

圆锥台与开槽圆柱体的正等轴测图画法，如图9-7所示。依据之前的例子，我们已经掌握了圆锥正等轴测图的绘制技巧。在此基础上，圆锥台的立体正等轴测图是通过从上方的圆锥部分进行减法操作而得到的。同样地，开槽圆柱体则是在圆柱体的基础上，分别沿OX、OY和OZ方向进行形体减法，最终形成的。

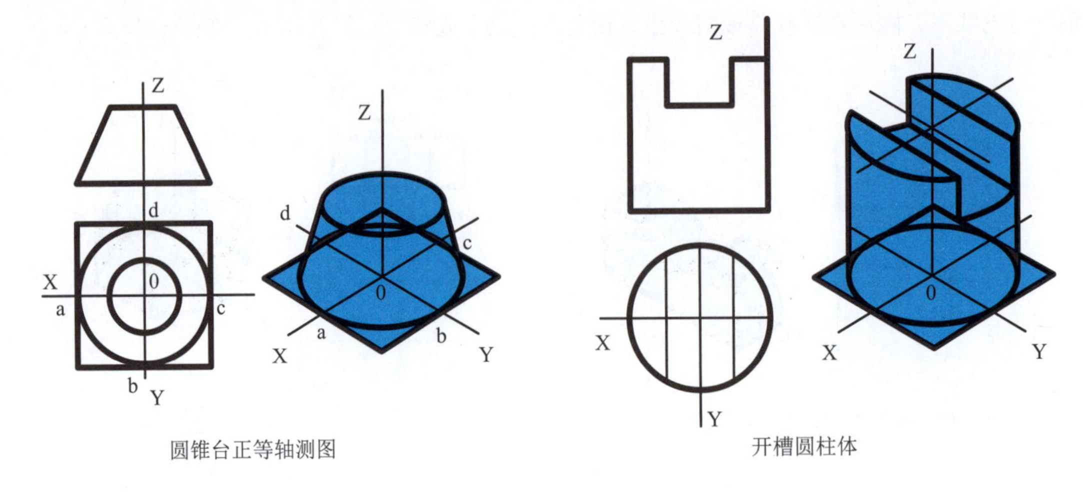

图9-7

【例9-5】球体的正等轴测图

在绘制圆球体的正投影时，其轮廓线呈现为一个圆，且该圆的直径与球体的直径相等。然而，在绘制正等轴测图时，为了简化图形并保持视觉上的准确性，我们采用了一个简化的轴向变形系数。在这个系数下，正等轴测图中圆的直径会被设定为球体直径的1.22倍，如图9-8所示。

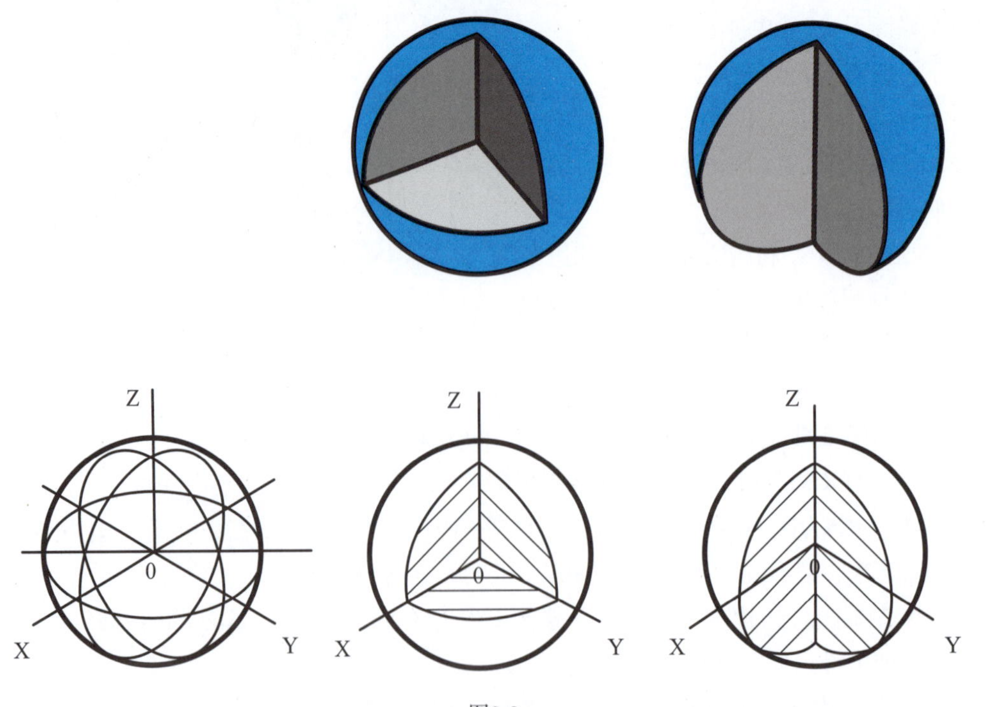

图9-8

我们可以按照以下步骤来绘制球体的正等轴测图：

01 画出球体的整体形态。由于采用了简化的轴向变形系数，因此这里的“圆”实际上是一个在视觉上经过调整的椭圆形状，其长轴为球体直径的1.22倍。

02 为了展示球体的内部结构或剖视效果，可以绘制出剖去八分之一或四分之一的球体正等轴测图。在这些剖视图中，仍然保持上述的轴向变形系数不变，以确保图形的准确性和一致性。

【例9-6】旋转体的正等轴测

在绘制旋转体的正等轴测图时，需结合其几何特性和轴测投影的原理。旋转体是由一条平面曲线，绕某一直线(旋转轴) 旋转一周而形成的立体。在绘制过程中，选择合适的轴方向至关重要，它将决定旋转体在轴测图中的最终形态。圆柱体及其旋转面的正等轴测图，如图9-9所示。

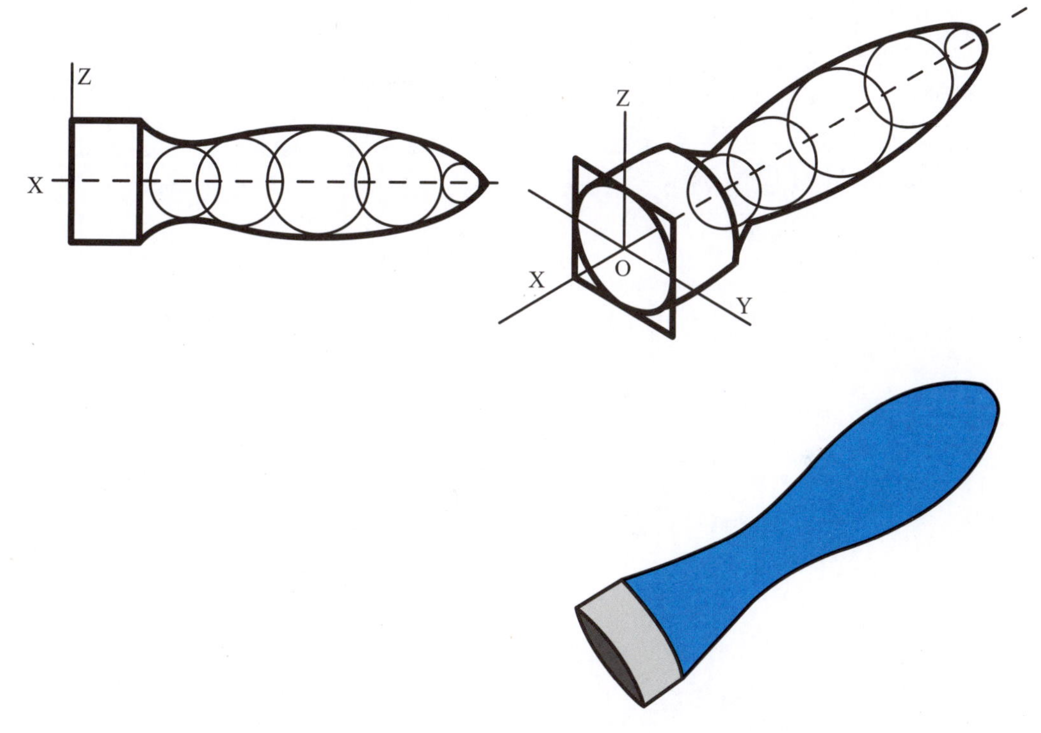

图9-9

绘制圆柱体及其旋转面的正等轴测图的步骤如下：

01 选择圆柱体旋转轴的方向，并据此作出圆柱体的正等轴测图。这一步是绘制旋转体轴测图的基础，它确定了旋转体在轴测图中的整体布局和比例。

02 在正投影图中，画出一系列与旋转面内切的不同直径的圆。这些圆代表了旋转体在不同截面上的形状，它们将帮助我们更准确地描绘出旋转面的轮廓。

03 在轴测图中，沿着X轴(与旋转轴平行) 画出与正投影图中相同的圆。然后连接这些圆上对应的点，形成一条包络线。这条包络线就是旋转面在轴测图中的正等测轮廓线。通过这种方法，得到旋转体在轴测图中的完整形态。

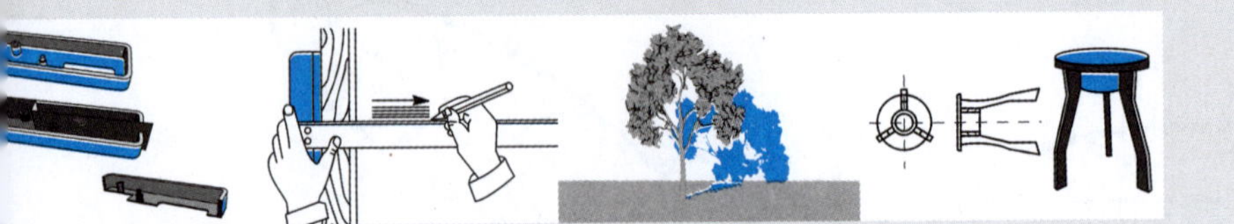

第10章

产品设计的制图表达与案例分析

主要内容：本章通过实际案例，讲解绘制产品设计图的方法，以及绘制产品设计图纸集的基本理论。
教学目标：熟练掌握绘制产品设计图的方法。
学习要点：熟练绘制产品设计的图纸集。

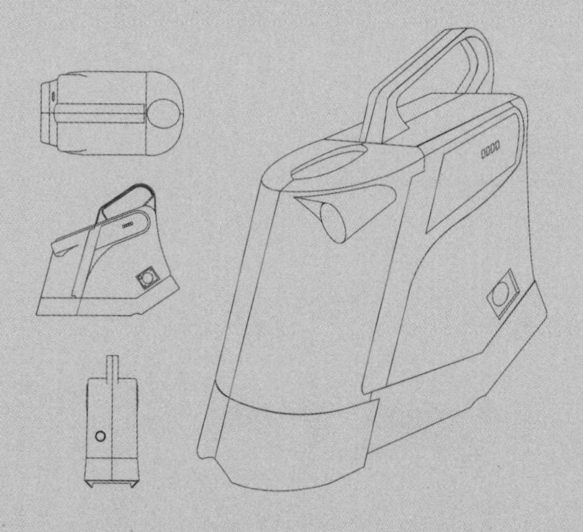

Product Design

正确、清晰、完整且规范的产品制图，是产品设计师与生产制造方之间进行高效沟通的最直接手段。本章以三件产品的设计图纸集为例，紧密结合产品设计制图的规范标准，详细展示在产品设计过程中制图的步骤和方法。

10.1　时尚音箱产品的设计图纸集

时尚音箱产品的设计图纸集详细呈现了该产品的设计细节。音箱主体采用了三棱柱的造型，在底部附近，对垂直侧立面进行了挖切处理，音箱的两侧分布着线性排列的大圆孔，而后部面板则阵列着小圆孔，如图10-1所示。

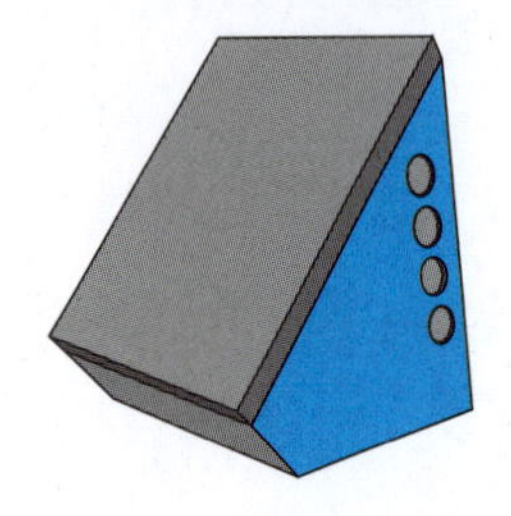
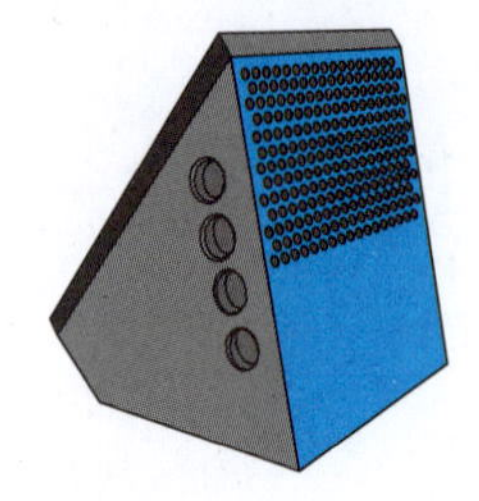

图10-1

此款时尚音箱产品的设计图纸集共包含三张图纸。其中，第一张为装配图，它是该产品装配的总成图纸，详细展示了产品的整体构造，如图10-2所示。时尚音箱的整体外观尺寸，分别为长100mm、宽140mm和高160mm。

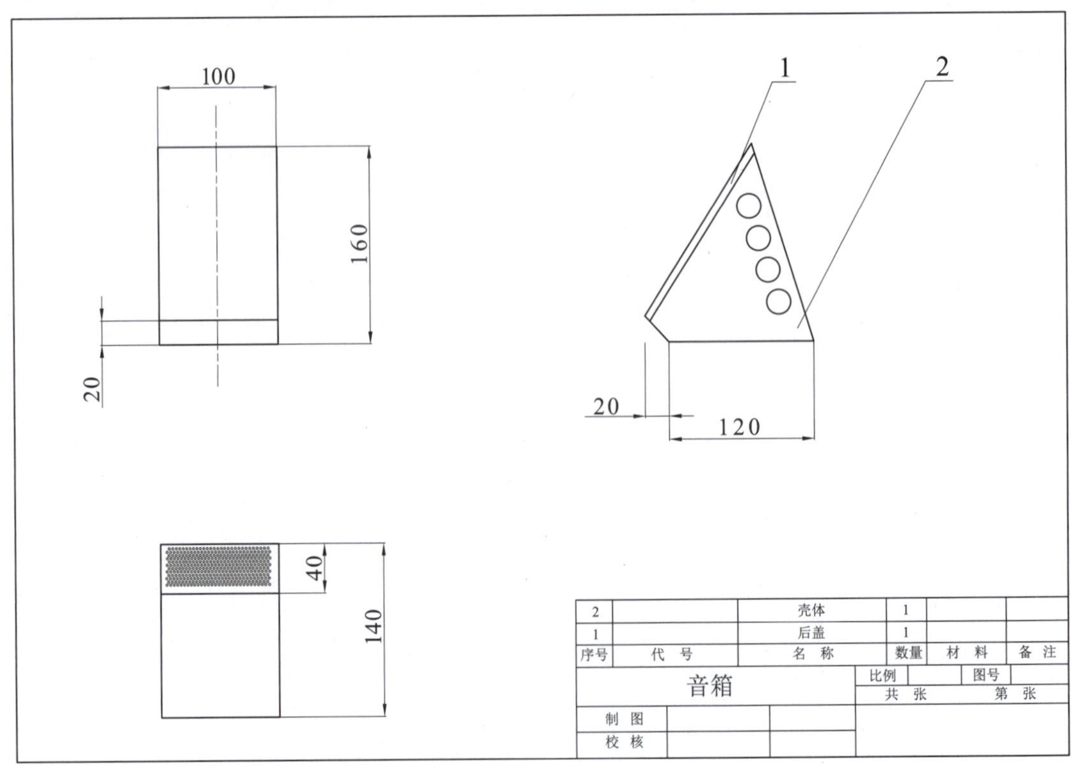

图10-2

时尚音箱的壳体立体图，对于理解壳体零件的造型具有重要的参考价值，如图10-3所示。

在图纸集中，第二张图纸专门展示了壳体的视图，它是严格按照零件图的绘制标准来绘制的，具体如图10-4所示。

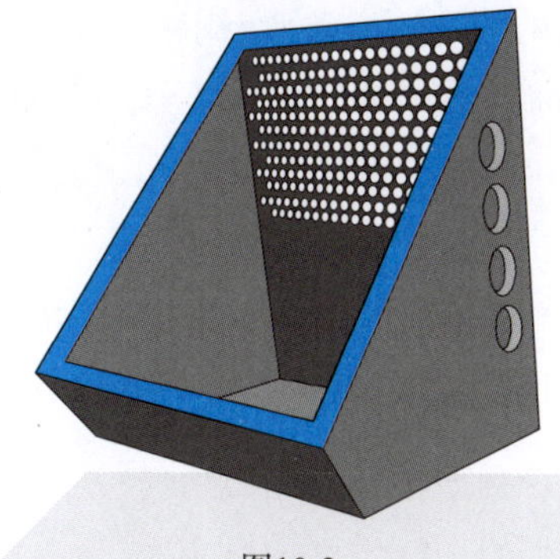

图10-3

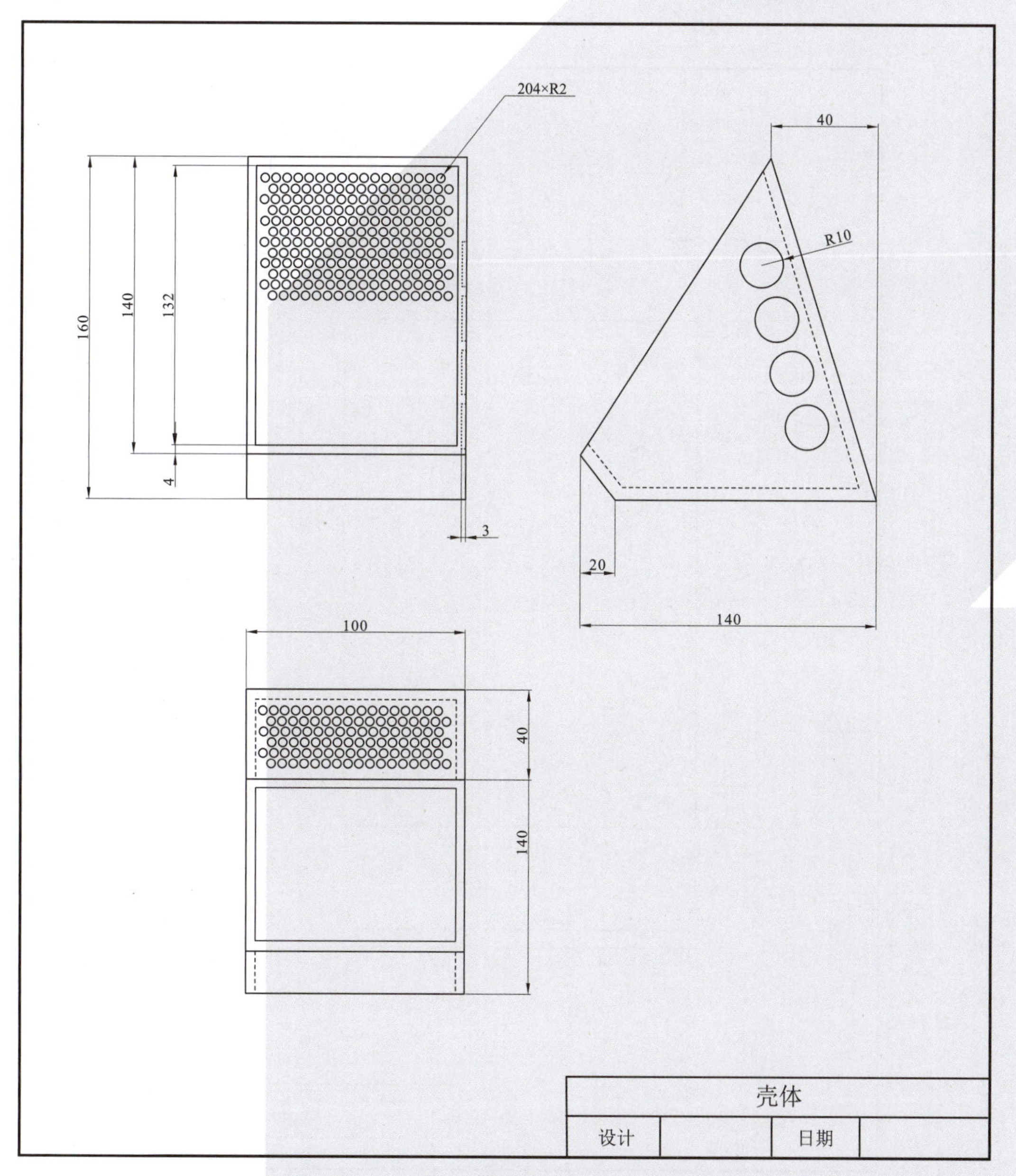

图10-4

时尚音箱的前盖立体图，对于了解前盖零件的造型提供了直观的参考，如图10-5所示。

在图纸集中，第三张图纸即为前盖的视图，它严格遵循了零件图的绘制标准，详细呈现了前盖的结构细节，如图10-6所示。

图10-5

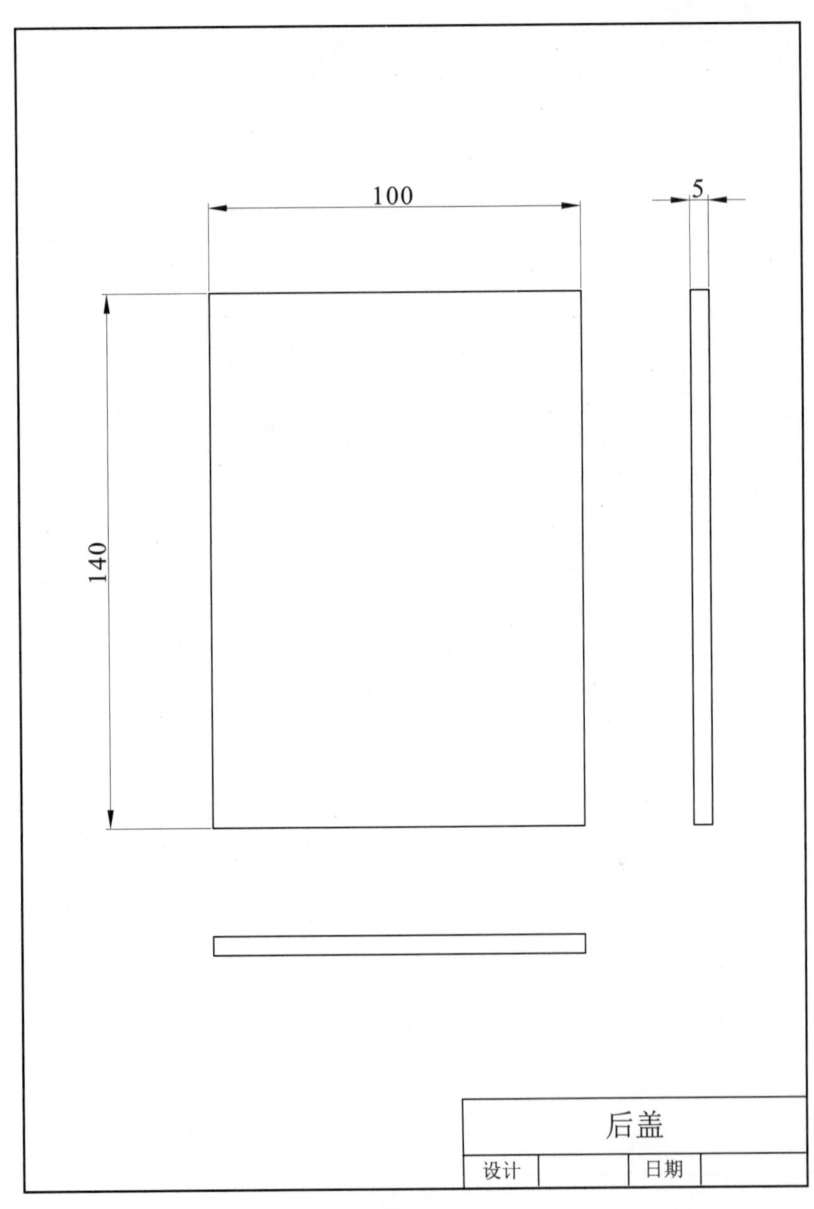

图10-6

10.2　怀旧婴儿床产品的设计图纸集

怀旧婴儿床产品的造型是由多个精心设计的木构件组装而成，整体结构如图10-7所示。推把位于婴儿床的顶部，是整个设计的最高点。床体采用了四周框式结构，每个框内部都线性均匀地分布着竖条围栏，以确保安全。在底部框架上，则均匀地分布着横木板，既稳固又实用。

图10-7

此款怀旧婴儿床的设计图纸集共计十一张图纸。其中，第一张为装配图，详细展示了产品装配完成后的整体效果，如图10-8所示。怀旧婴儿床的整体外观尺寸分别为长1300mm、宽1180mm和高910mm。

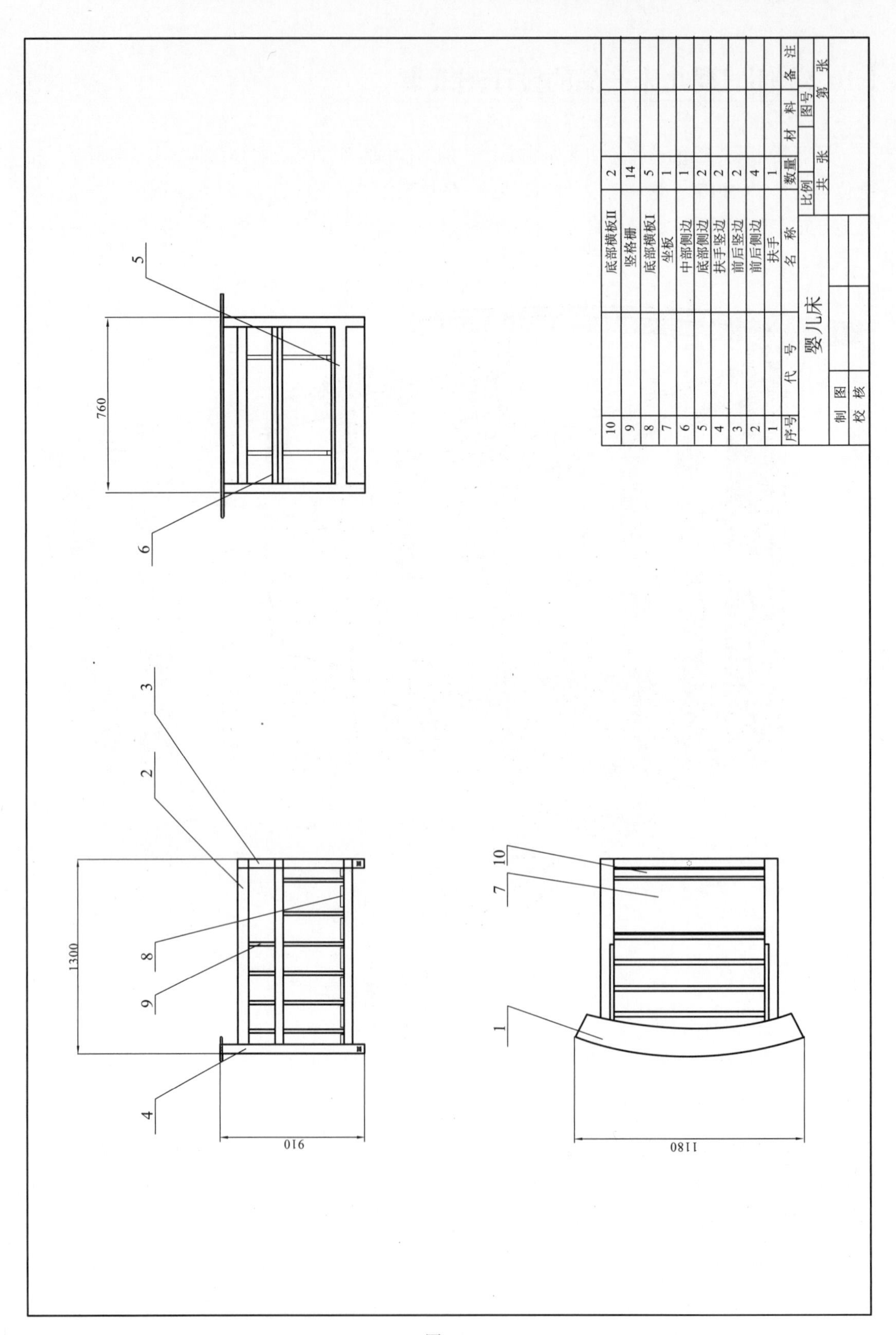
5
760
6
3
2
1300
8
9
4
910
10
7
1
1180
10 底部横板II 2
9 竖格栅 14
8 底部横板I 5
7 坐板 1
6 中部侧边 1
5 底部侧边 2
4 扶手竖边 2
3 前后竖边 2
2 前后侧边 4
1 扶手 1
序号 代号 名称 数量 材料 备注
婴儿床
比例 图号
共 张 第 张
制图
校核

图10-8

怀旧婴儿床左侧顶部的扶手立体图，对于认识和理解婴儿床推把的构件结构具有重要的参考作用，具体如图10-9所示。

在图纸集中，第二张图纸专门展示了顶部扶手的视图，它是严格按照零件图的绘制标准来绘制的，具体细节如图10-10所示。

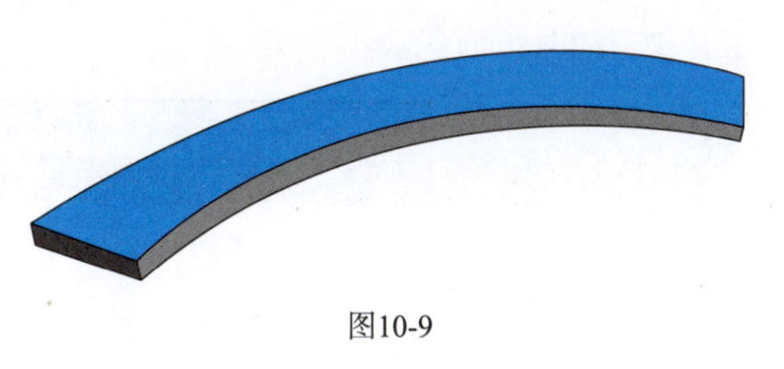

图10-9

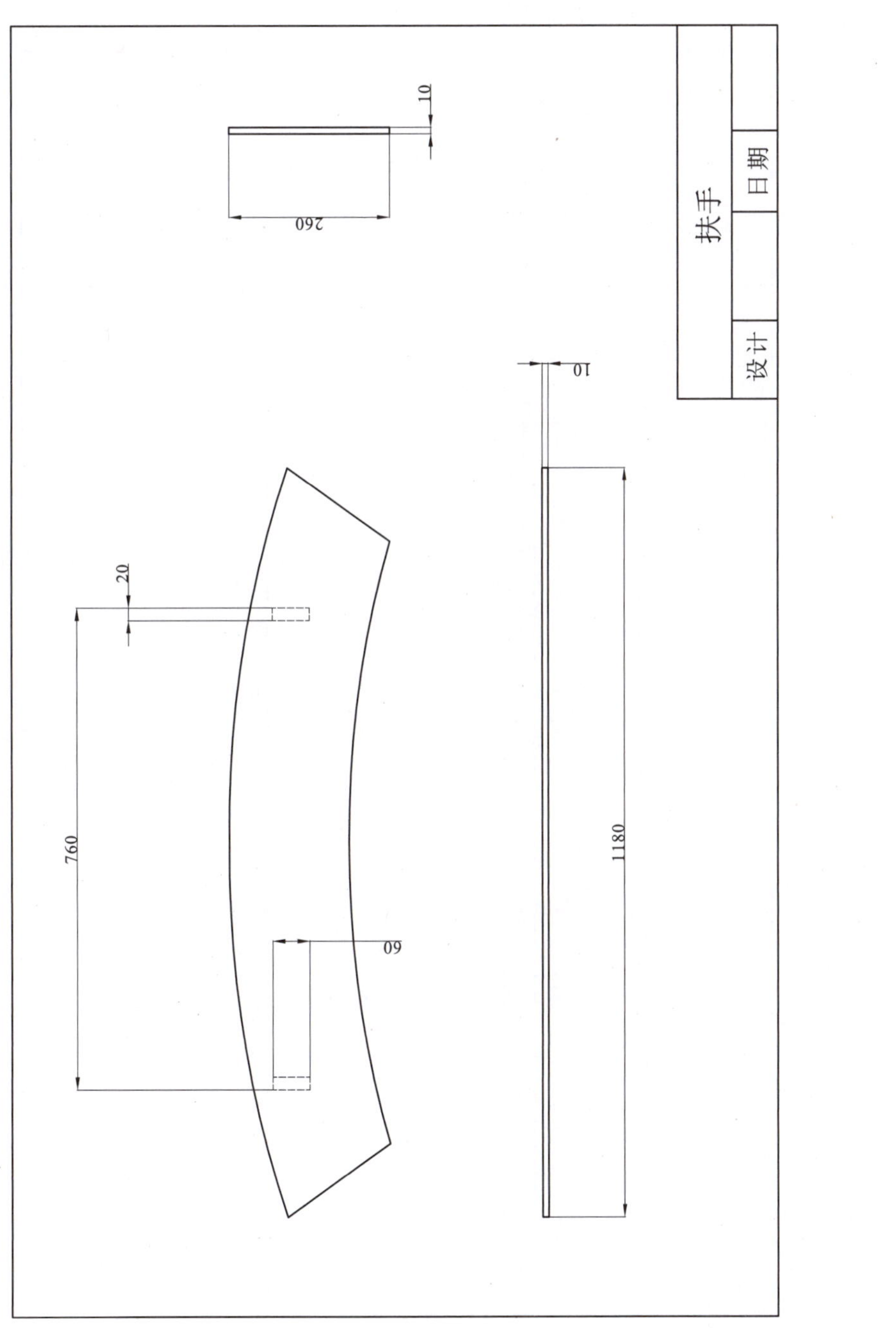

图10-10

怀旧婴儿床的前后侧边立体图，为认识和了解婴儿床的前后侧边结构提供了直观的参考，具体细节如图10-11所示。

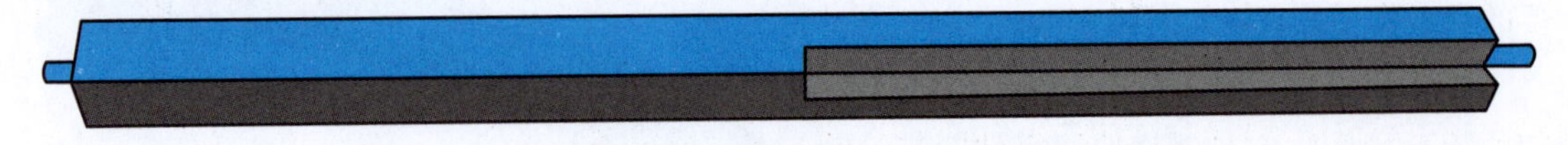

图10-11

在整套设计图纸中，第三张图纸专注于展示前后侧边的视图，该视图严格遵循零件图的绘制标准，精确呈现了前后侧边的构造细节，如图10-12所示。

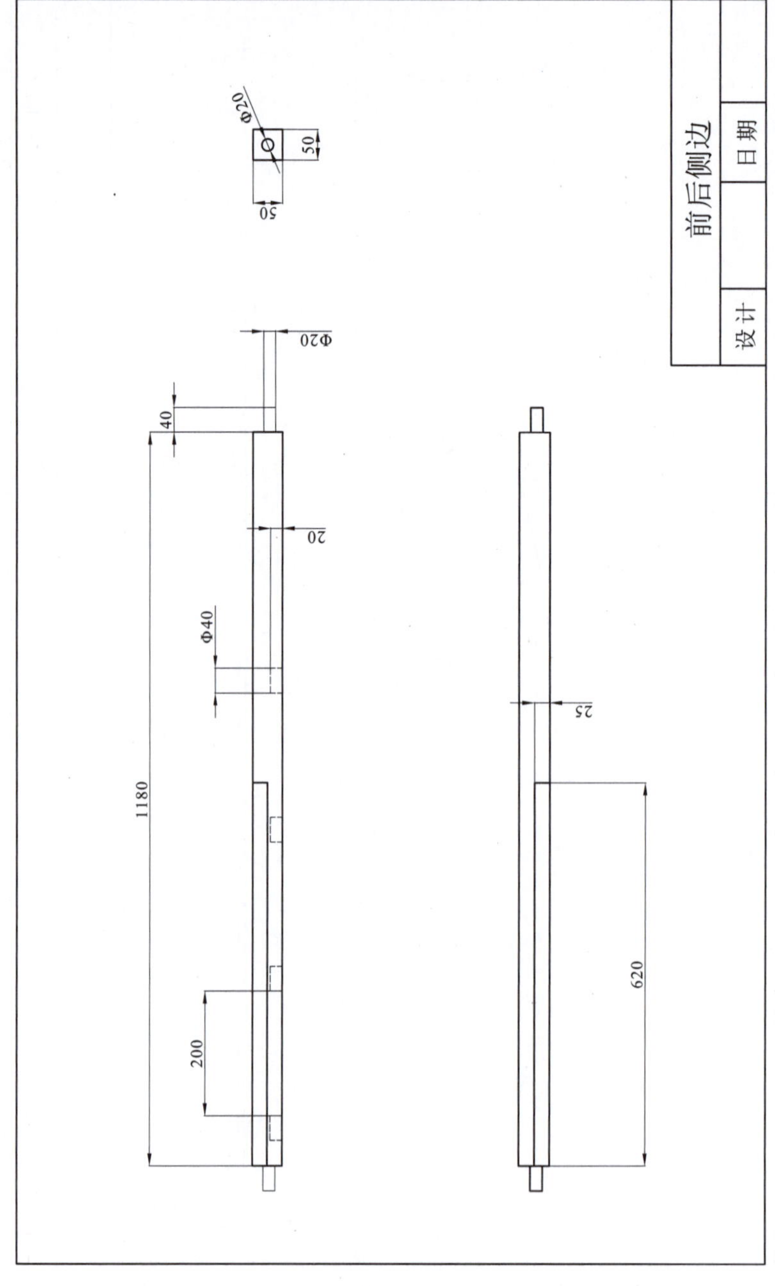

图10-12

怀旧婴儿床的前后竖边立体图，为认识和了解婴儿床前后竖边构件的结构特征提供了有价值的参考，具体细节如图10-13所示。

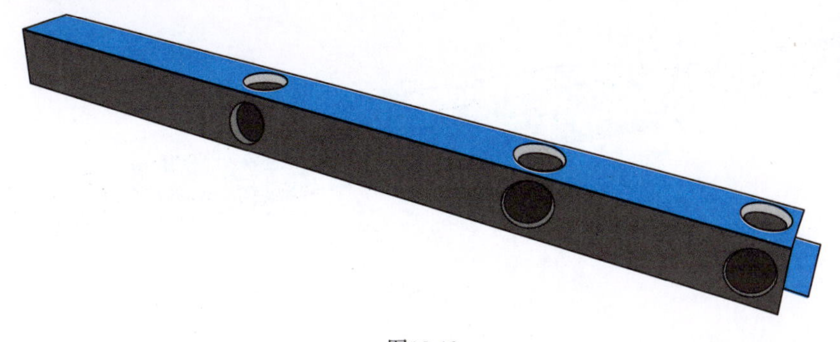

图10-13

在整套设计图纸中，第四张图纸专门展示了前后竖边的视图，该视图严格遵循零件图的绘制标准，详尽地呈现了前后竖边的构造细节，如图10-14所示。

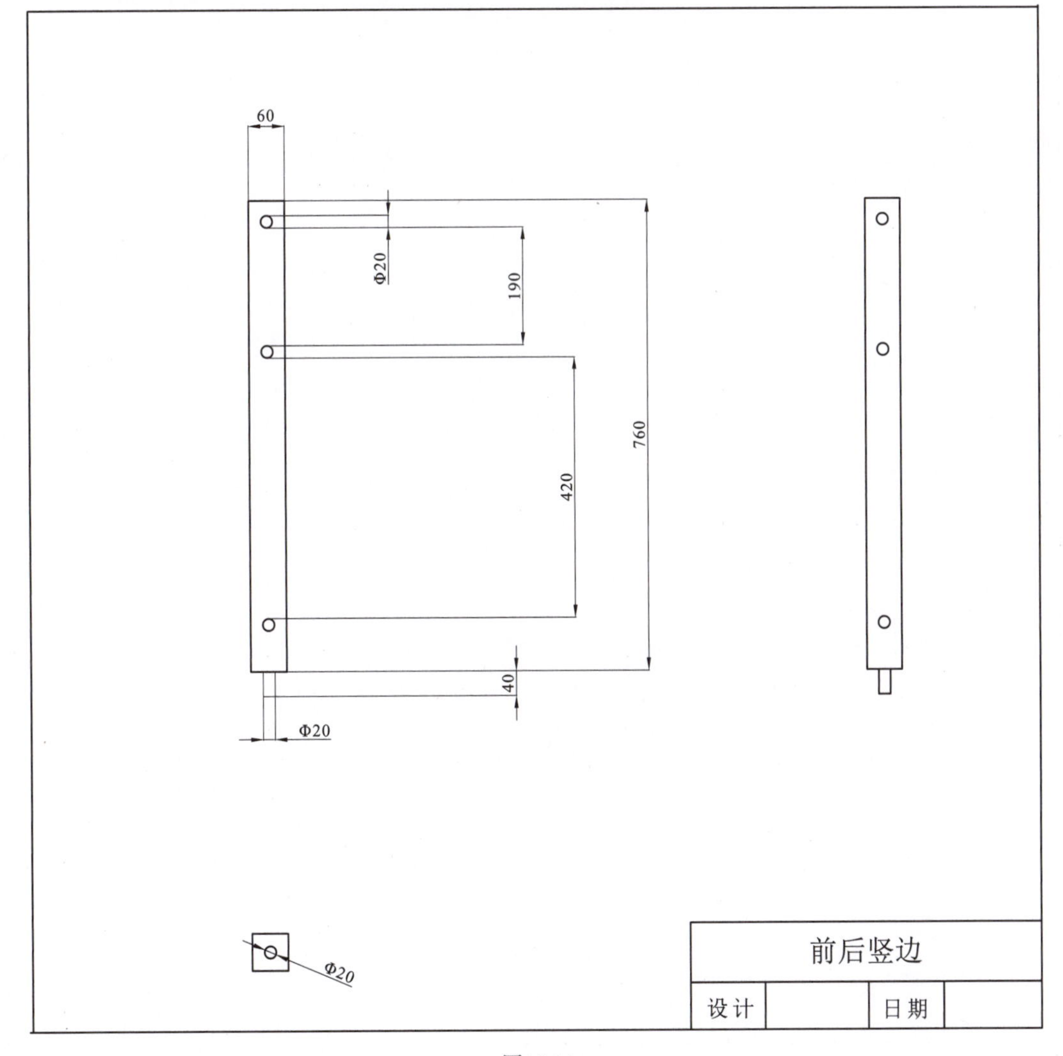

图10-14

怀旧婴儿床的扶手竖边立体图，为深入了解和认识婴儿床扶手竖边构件的具体形态和结构提供了直观的参考依据，具体细节如图10-15所示。

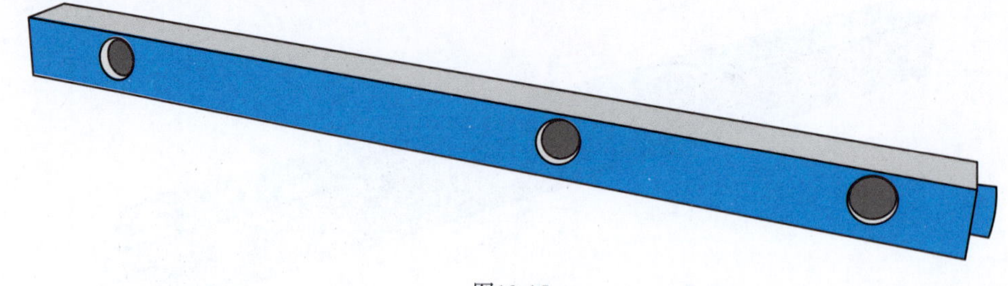

图10-15

在整套设计图纸集中，第五张图纸专门聚焦于扶手竖边的视图展示，该视图严格遵循零件图的绘制标准，精准地描绘了扶手竖边的构造细节，如图10-16所示。

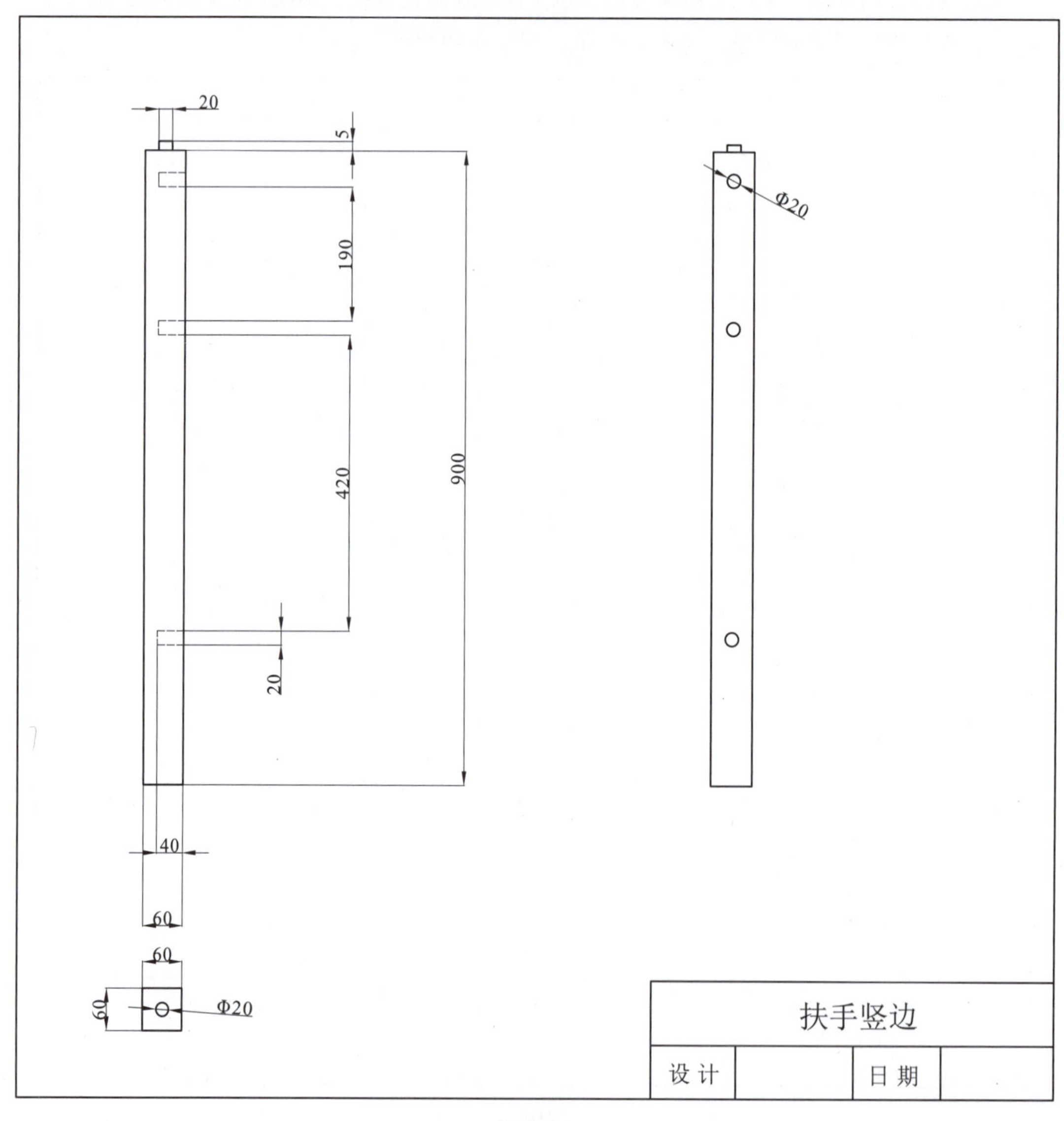

图10-16

怀旧婴儿床底部侧边的立体图，为清晰认识和了解婴儿床底部侧边构件的具体形态和结构特征提供了重要的参考，具体如图10-17所示。

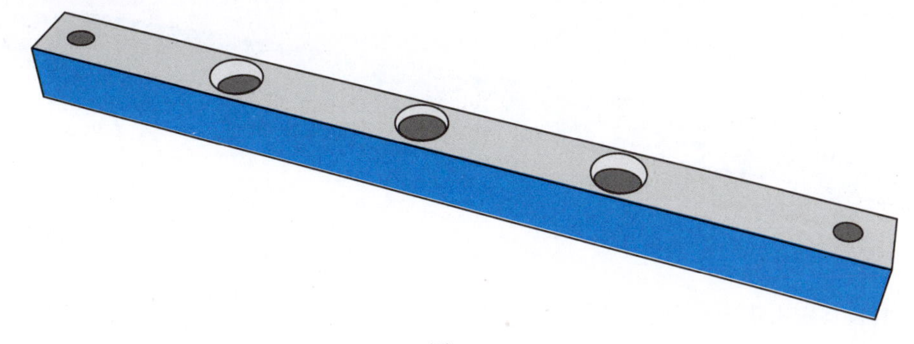

图10-17

在整套设计图纸集中，第六张图纸专门展示了婴儿床底部侧边的视图，该视图严格按照零件图的绘制标准来绘制，详尽地呈现了底部侧边的构造细节，如图10-18所示。

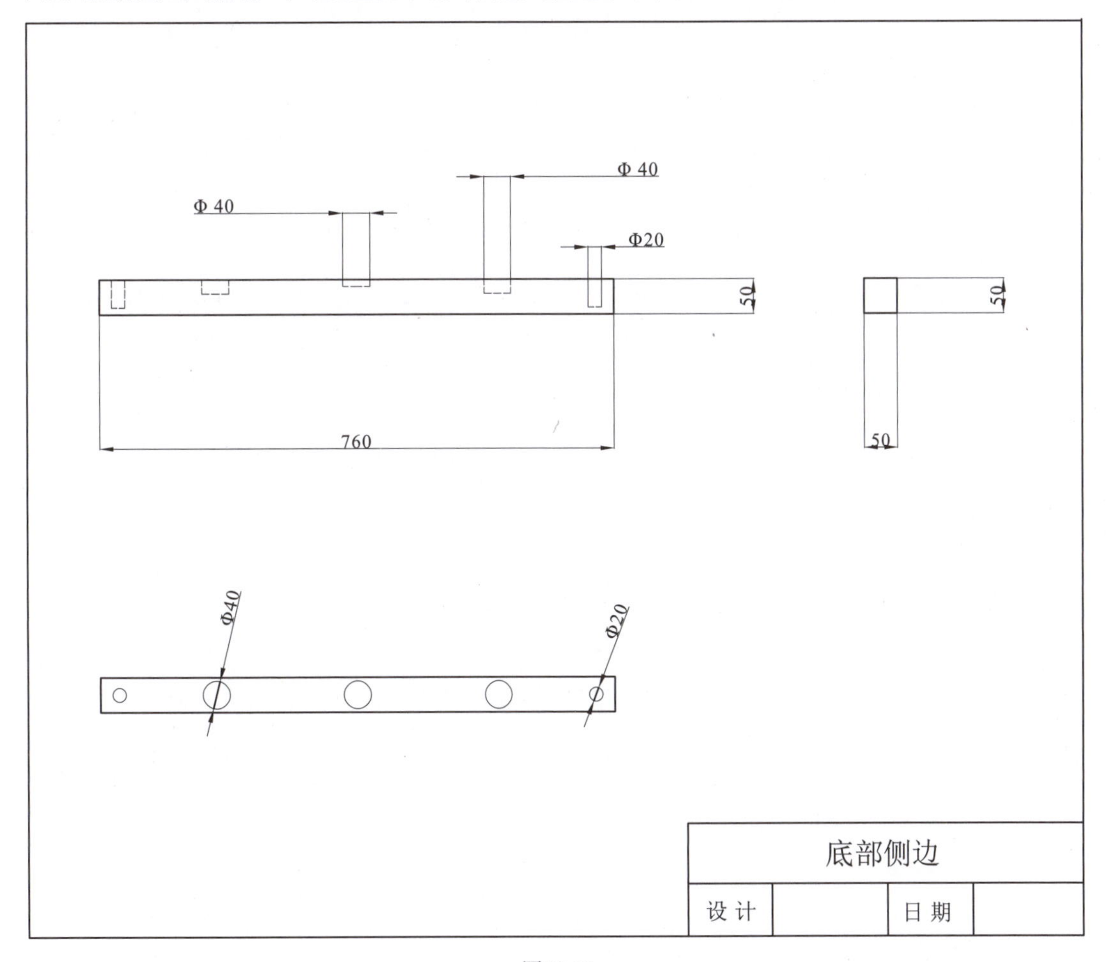

图10-18

怀旧婴儿床中部侧边构件的立体图，为深入了解和认识婴儿床中部侧边构件的具体形态和结构提供了直观的参考，具体细节如图10-19所示。

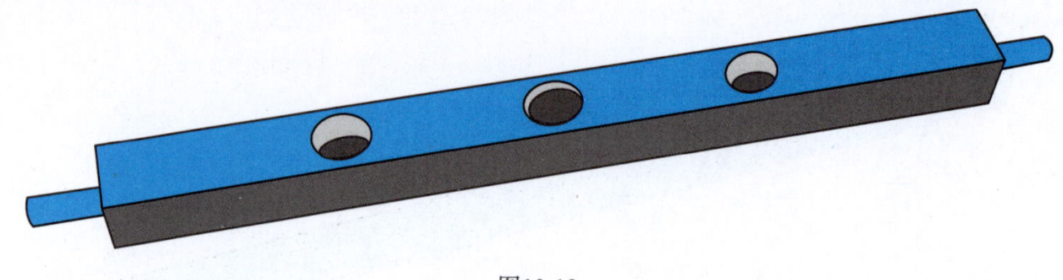

图10-19

在整套设计图纸集中，第七张图纸专门展示了中部侧边构件的视图，该视图严格遵循零件图的绘制标准，精确地呈现了中部侧边构件的构造细节，如图10-20所示。

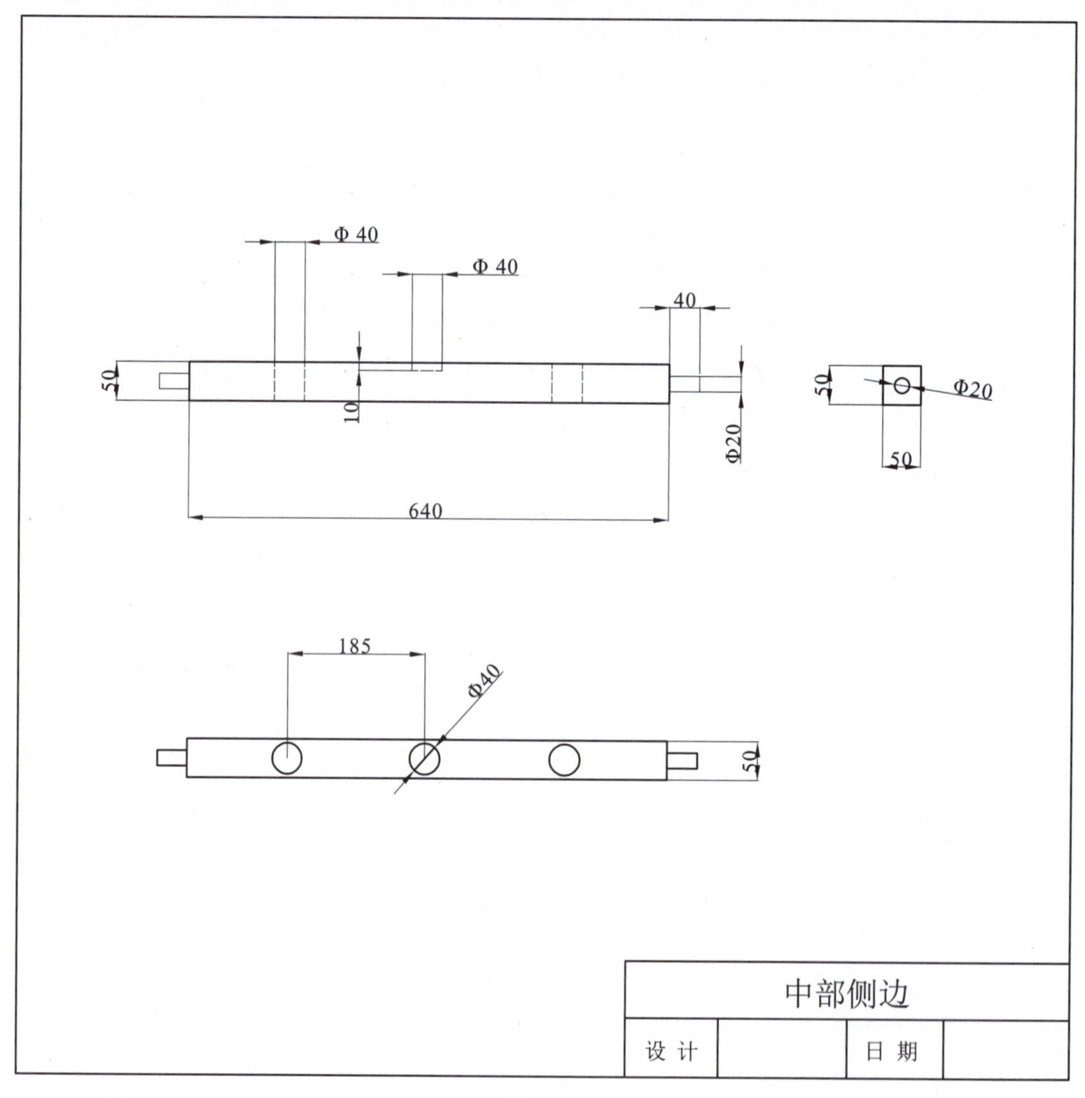

图10-20

怀旧婴儿床中部坐板的立体图，为清晰认识和了解婴儿床中部坐板构件的具体形态和结构提供了直观的参考依据，具体细节如图10-21所示。

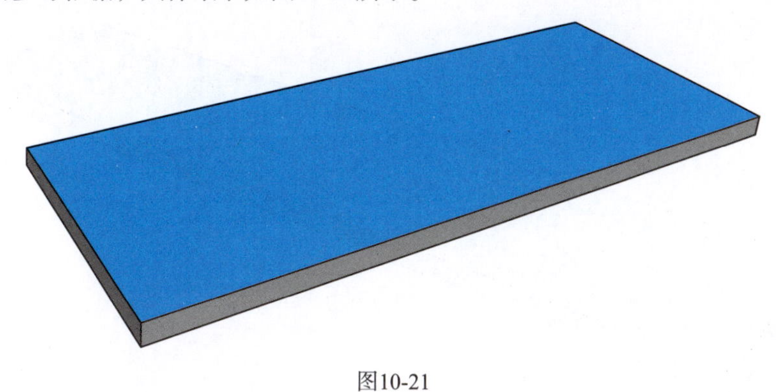

图10-21

在整套设计图纸集中，第八张图纸专门聚焦于中部坐板构件的视图展示，该视图严格遵循零件图的绘制标准，详尽地描绘了中部坐板的构造细节，如图10-22所示。

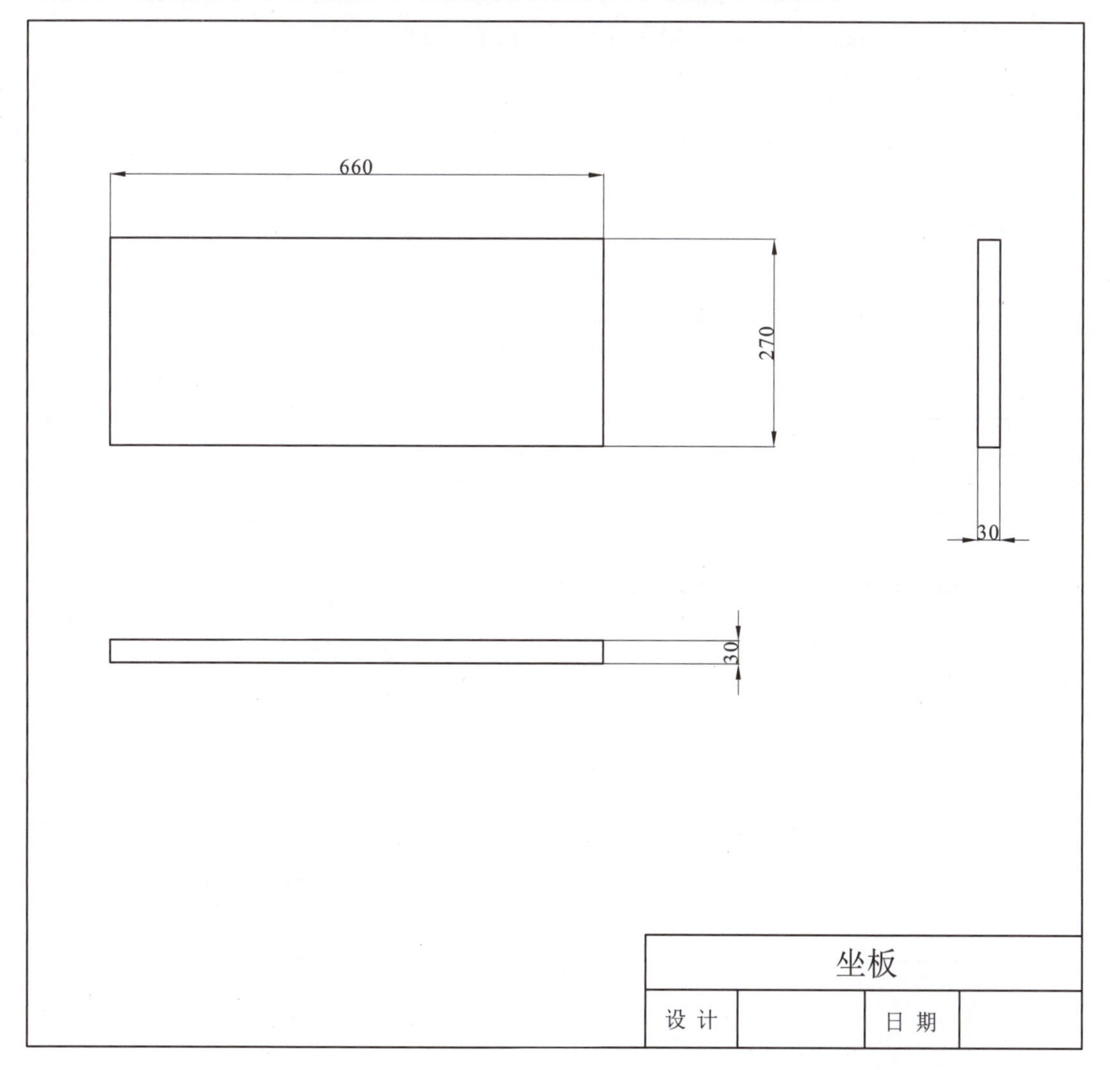

图10-22

怀旧婴儿床底部横板Ⅰ的立体图，为深入了解和认识婴儿床底部横板Ⅰ构件的具体形态和结构特点提供了直观的参考，具体细节如图10-23所示。

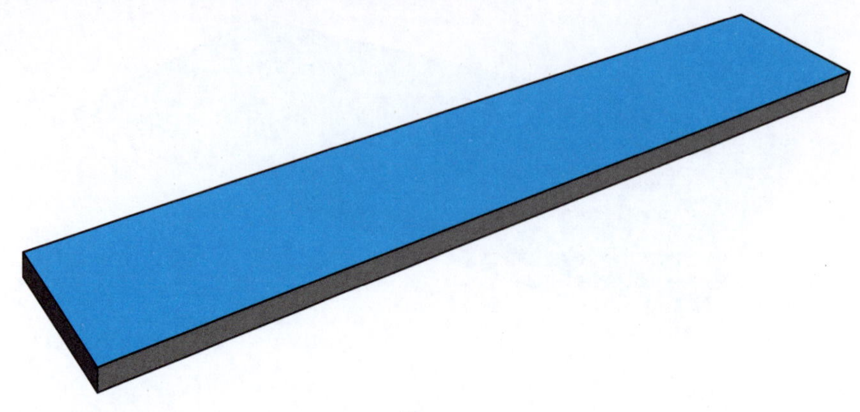

图10-23

在整套设计图纸集中，第九张图纸专门展示了底部横板Ⅰ构件的视图，该视图严格遵循零件图的绘制标准，精确地呈现了底部横板Ⅰ的构造细节，如图10-24所示。

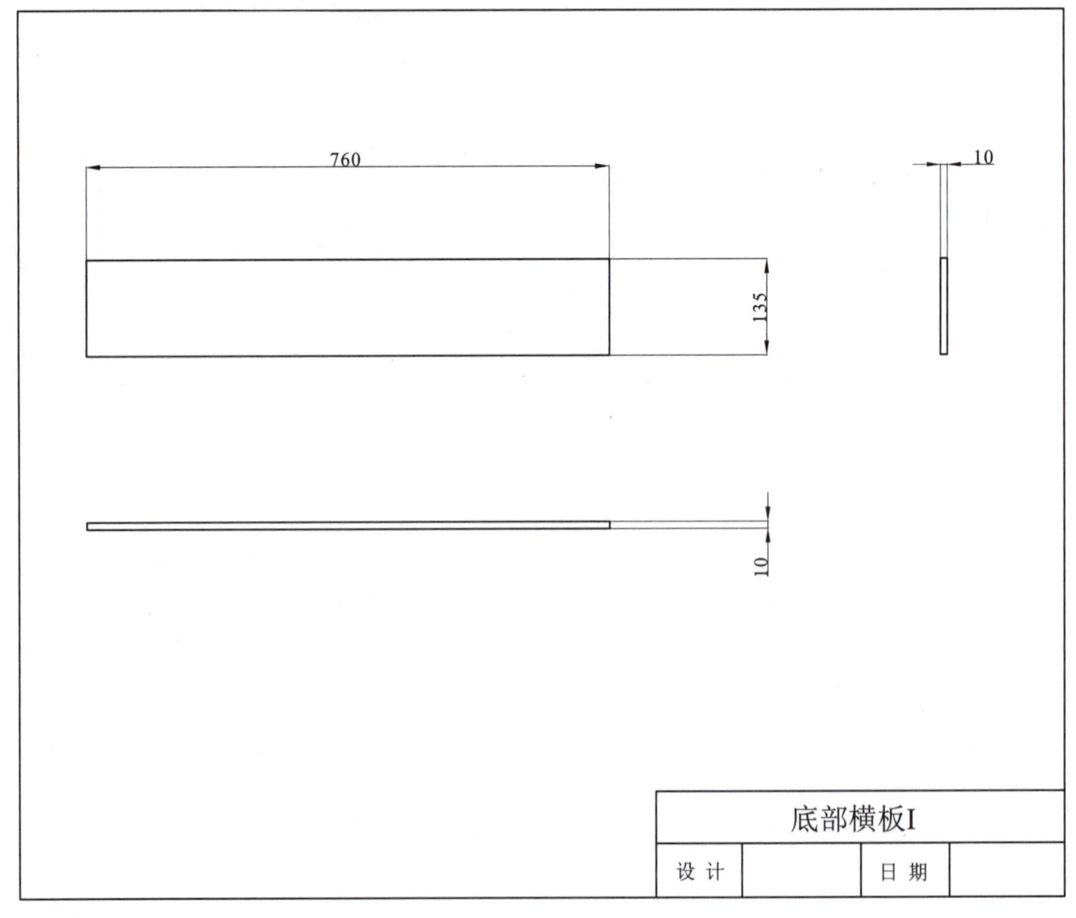

图10-24

怀旧婴儿床围栏竖格栅的立体图，为清晰认识和了解婴儿床围栏竖格栅构件的具体形态和结构布局提供了直观的参考依据，具体细节如图10-25所示。

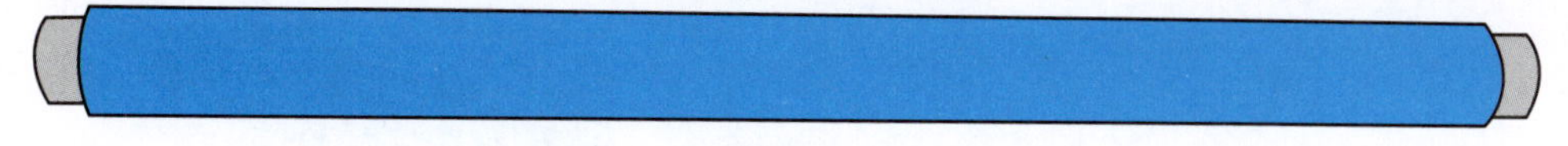

图10-25

在整套设计图纸集中，第十张图纸专门聚焦于围栏竖格栅构件的视图展示，该视图严格遵循零件图的绘制标准，详尽地描绘了围栏竖格栅的构造细节，如图10-26所示。

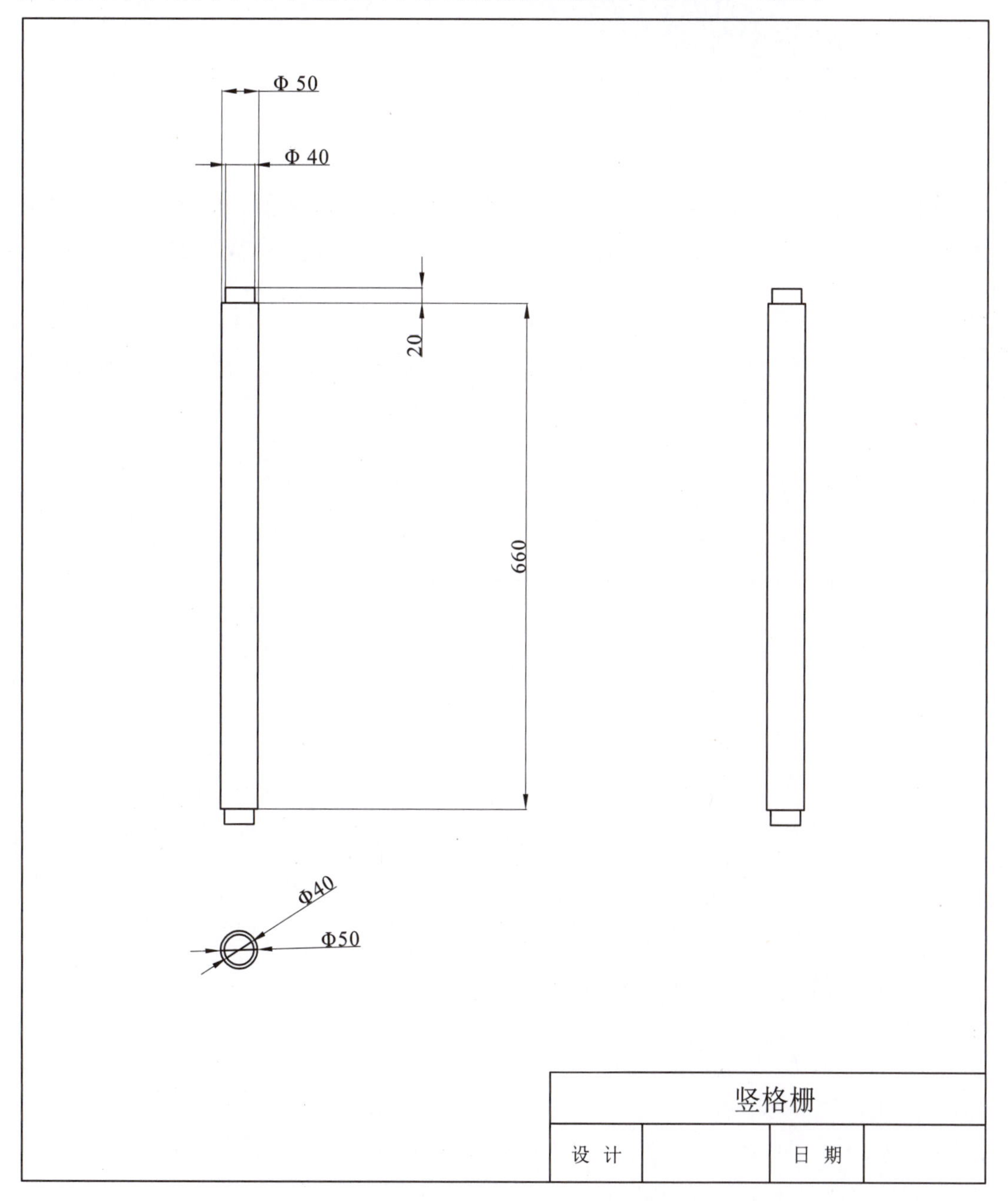

图10-26

怀旧婴儿床靠近两侧的底部横板Ⅱ的立体图，为深入了解和认识这一特定构件的具体形态和结构特点提供了宝贵的参考，具体细节如图10-27所示。

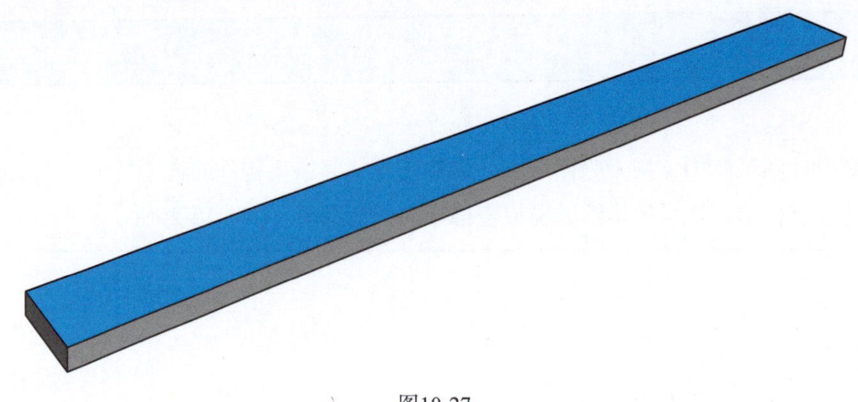

图10-27

在整套设计图纸集的收尾部分，第十一张图纸专门展示了底部横板Ⅱ构件的视图，该视图严格遵循零件图的绘制标准，精确地呈现了靠近两侧底部横板Ⅱ的构造细节，如图10-28所示。

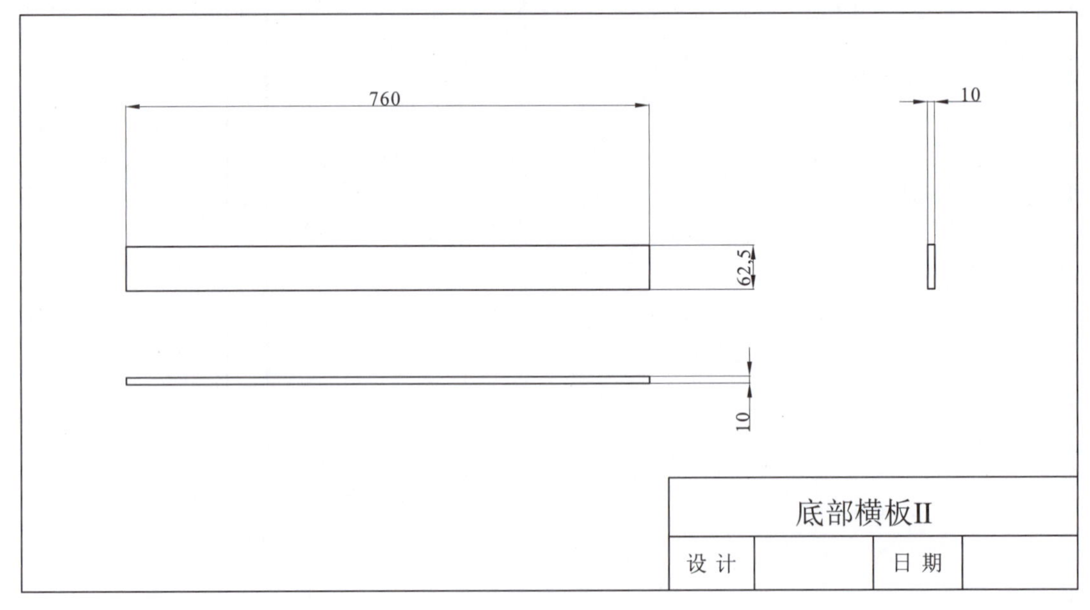

图10-28

10.3 电动自行车动力单元盒图纸集

电动自行车动力单元盒的图纸集详细记录了该部件的设计造型与构造细节。为了满足造型设计和结构强度的需求，我们将电动自行车动力单元盒精心拆分为六个独立的塑料零件。每个零件都配备了详尽的图纸，以便在生产加工过程中能够准确无误地进行制造和组装。具体的设计造型如图10-29所示，它直观地展示了动力单元盒的外观特征。

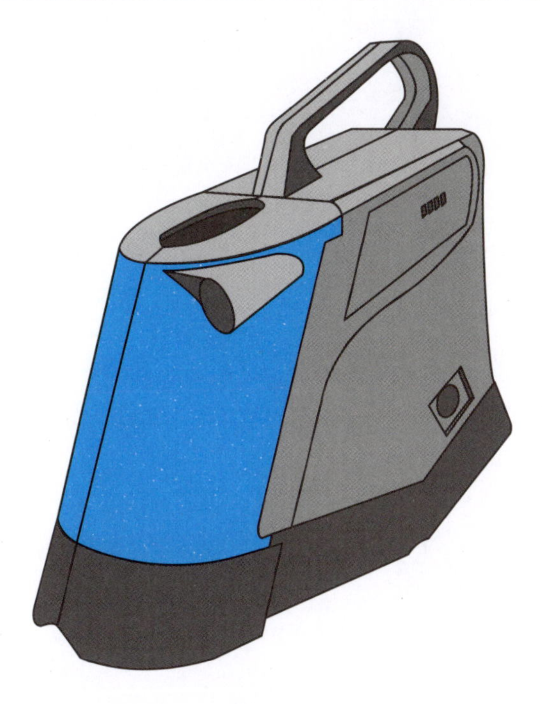

图10-29

此款电动自行车动力单元盒的设计图纸集全面而详尽，共包含七张图纸。

第一张图纸为装配图，它展示了产品装配完成后的总成效果，是理解和指导组装过程的关键图纸，具体细节如图10-30所示。该动力单元盒的尺寸精确设定为长284mm、宽112mm和高270mm，确保了其在电动自行车上的适配性和功能性。

第二张图纸专注于右侧电源盒零件的视图展示，它严格按照零件图的绘制标准来绘制，详细呈现了右侧电源盒的结构特征，如图10-31所示。

第三张图纸则是左侧电源盒零件的视图，同样遵循零件图的绘制规范，精确描绘了左侧电源盒的构造细节，如图10-32所示。

第四张图纸展示了右侧车锁盒零件的视图，该视图不仅符合零件图的绘制标准，还清晰地展示了右侧车锁盒的独特设计，如图10-33所示。

第五张图纸则聚焦于左侧车锁盒零件的视图，它同样按照零件图的绘制要求，详尽地呈现了左侧车锁盒的构造特点，如图10-34所示。

第六张图纸专门展示了右侧支架盒零件的视图，该视图严格遵循零件图的绘制标准，精确地描绘了右侧支架盒的结构形态，如图10-35所示。

第七张图纸则是左侧支架盒零件的视图，它同样按照零件图的绘制规范，完整地呈现了左侧支架盒的构造细节，如图10-36所示。

这一系列图纸共同构成了电动自行车动力单元盒设计的完整记录，为生产和组装提供了准确无误的参考。

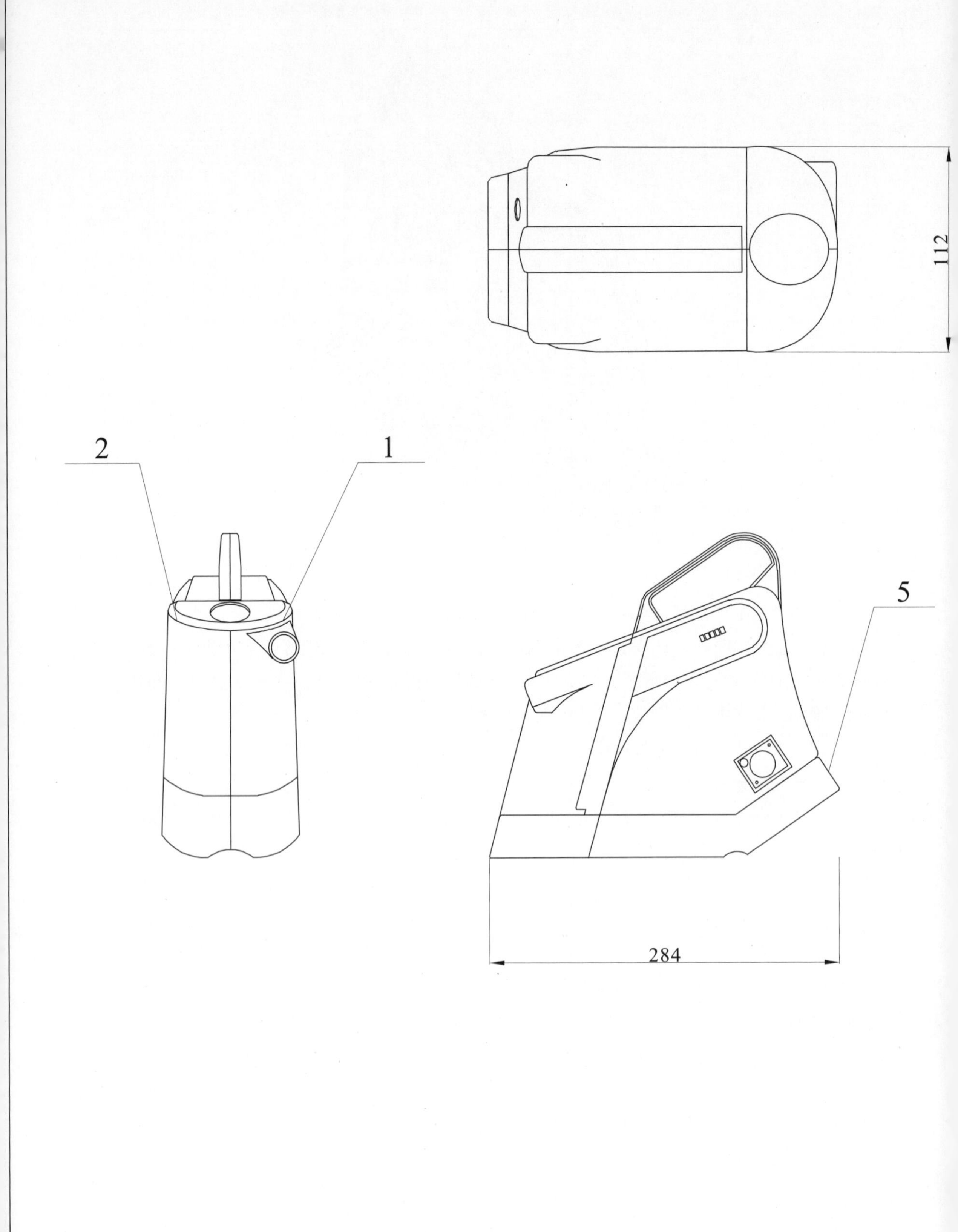
112
2
1
5
284

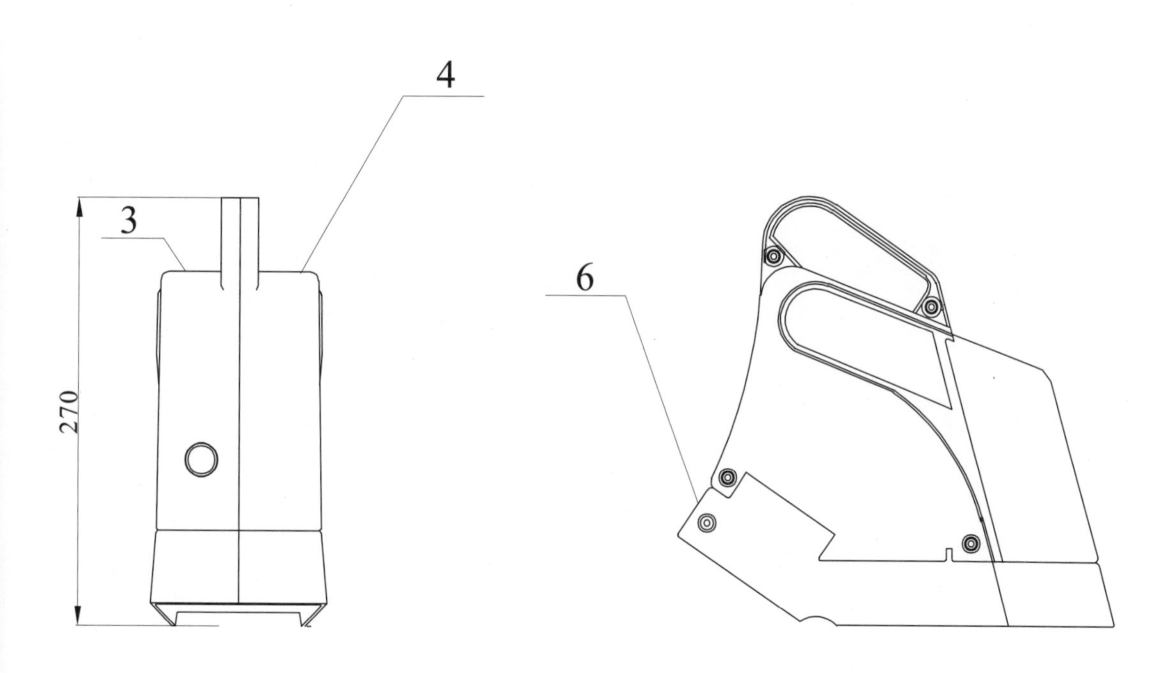

序号	代号	名称	数量	材料	备注
6		左侧支架盒	1		
5		右侧支架盒	1		
4		左侧电源盒	1		
3		右侧电源盒	1		
2		左侧车锁盒	1		
1		右侧车锁盒	1		

电动自行车动力单元盒

设计			标准化		
审核					
工艺			批准		

阶段标记	重量	比例
		1：1

共 7 张 第 1 张

图10-30

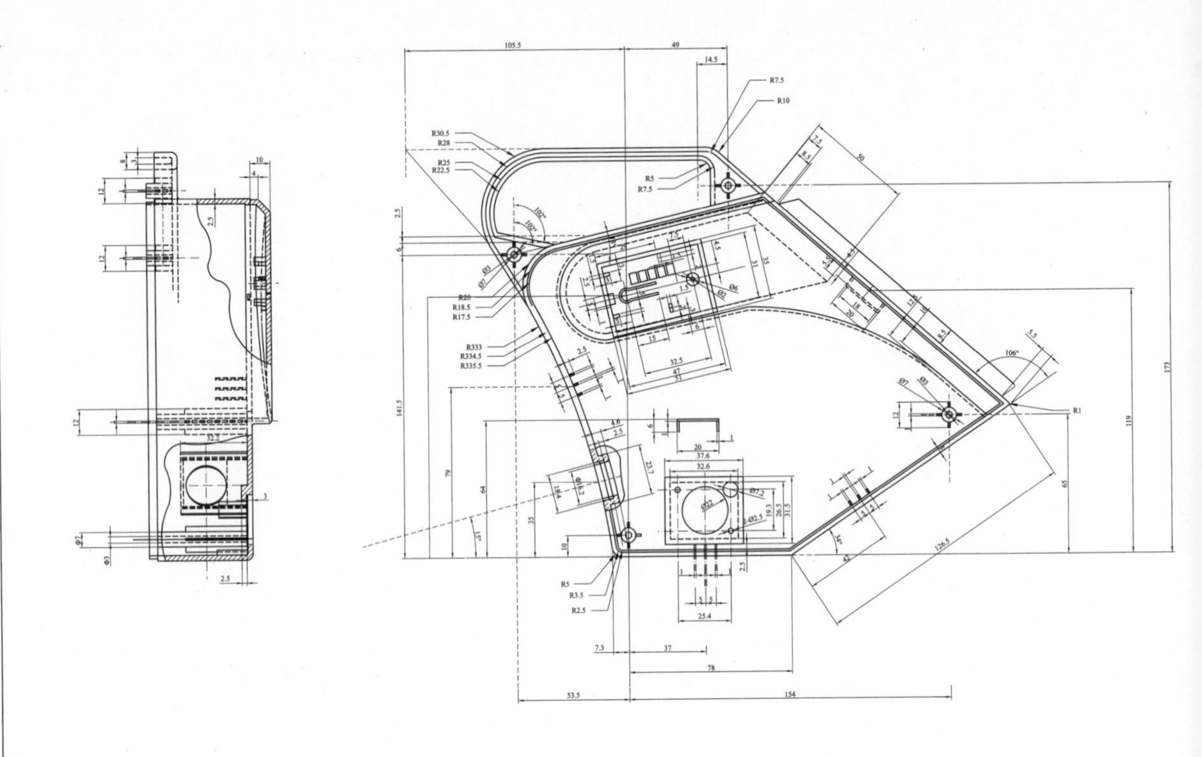

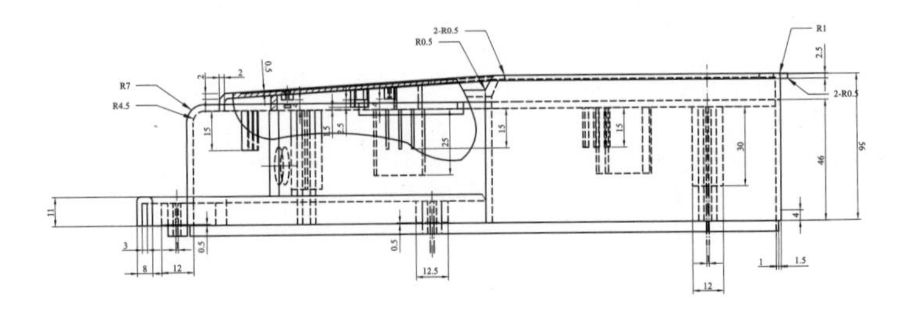

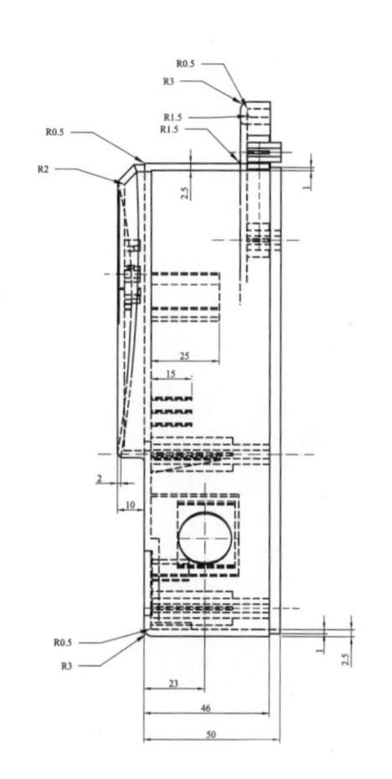

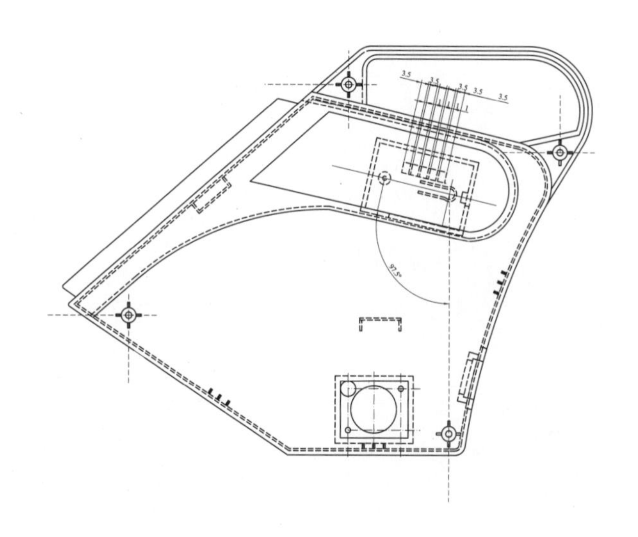

技术要求：

1.脱模率为1.5°～2°。

2.表面光滑，无毛刺、锐边。

3.内部无气泡，无收缩，无开裂、断裂现象。

4.子口配合尺寸可配做。

						右侧电源盒			
标记	处数	分区	更改文件号	签名	年月日				
设计			标准化			阶段标记	重量	比例	
								1：1	
审核									
工艺			批准			共 7 张		第2张	

图10-31

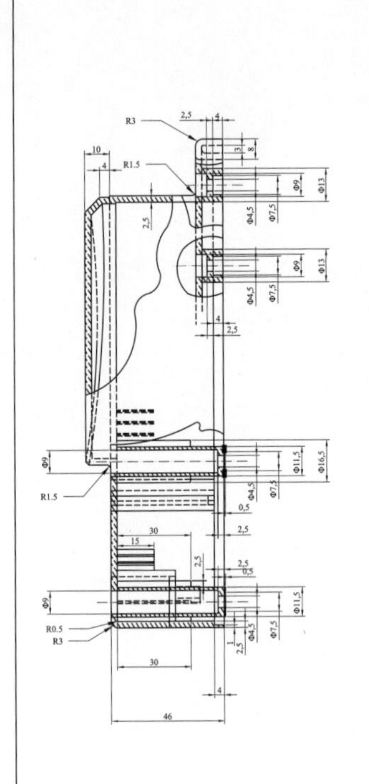

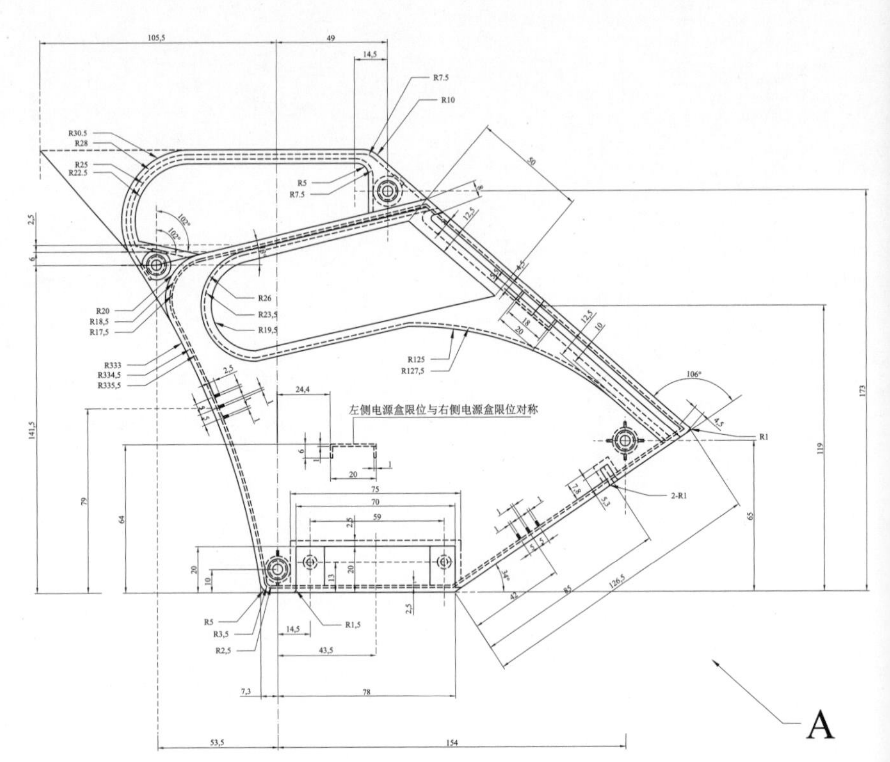

左侧电源盒限位与右侧电源盒限位对称
A

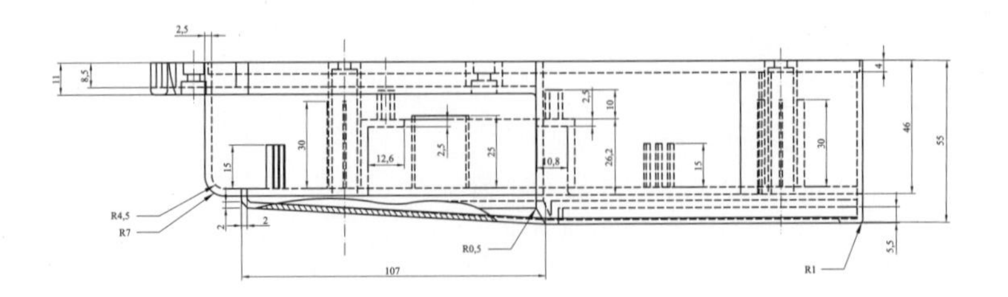

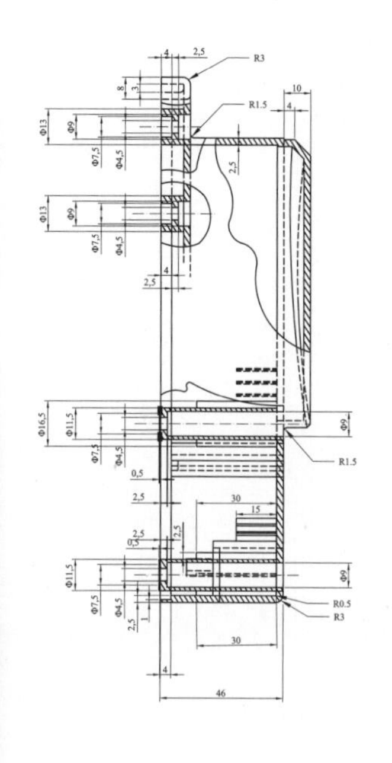

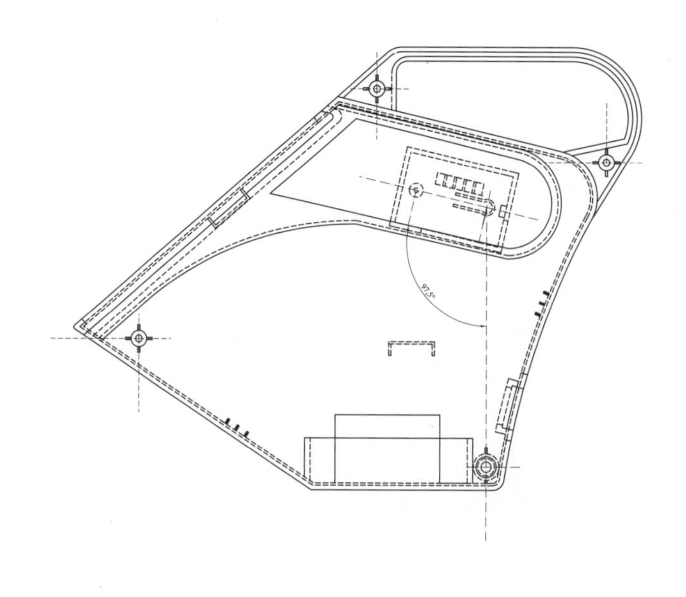

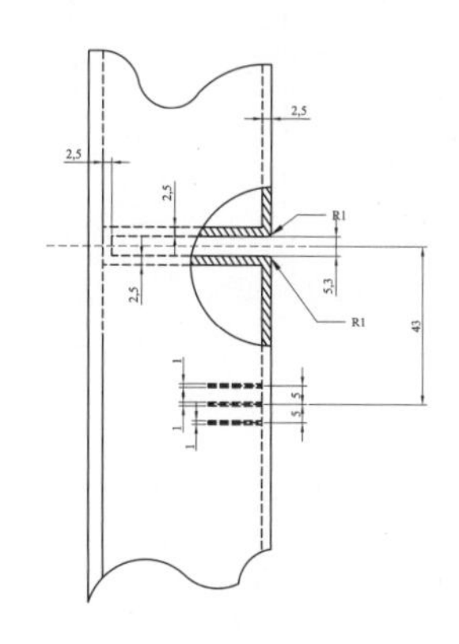

技术要求：

1. 脱模率为1.5°～2°。
2. 表面光滑，无毛刺、锐边。
3. 内部无气泡，无收缩，无开裂、断裂现象。
4. 子口配合尺寸可配做。

A向旋转

						左侧电源盒					
标记	处数	分区	更改文件号	签名	年月日						
设计			标准化			阶段标记			重量	比例	
										1：1	
审核											
工艺			批准			共 7 张			第3张		

图10-32

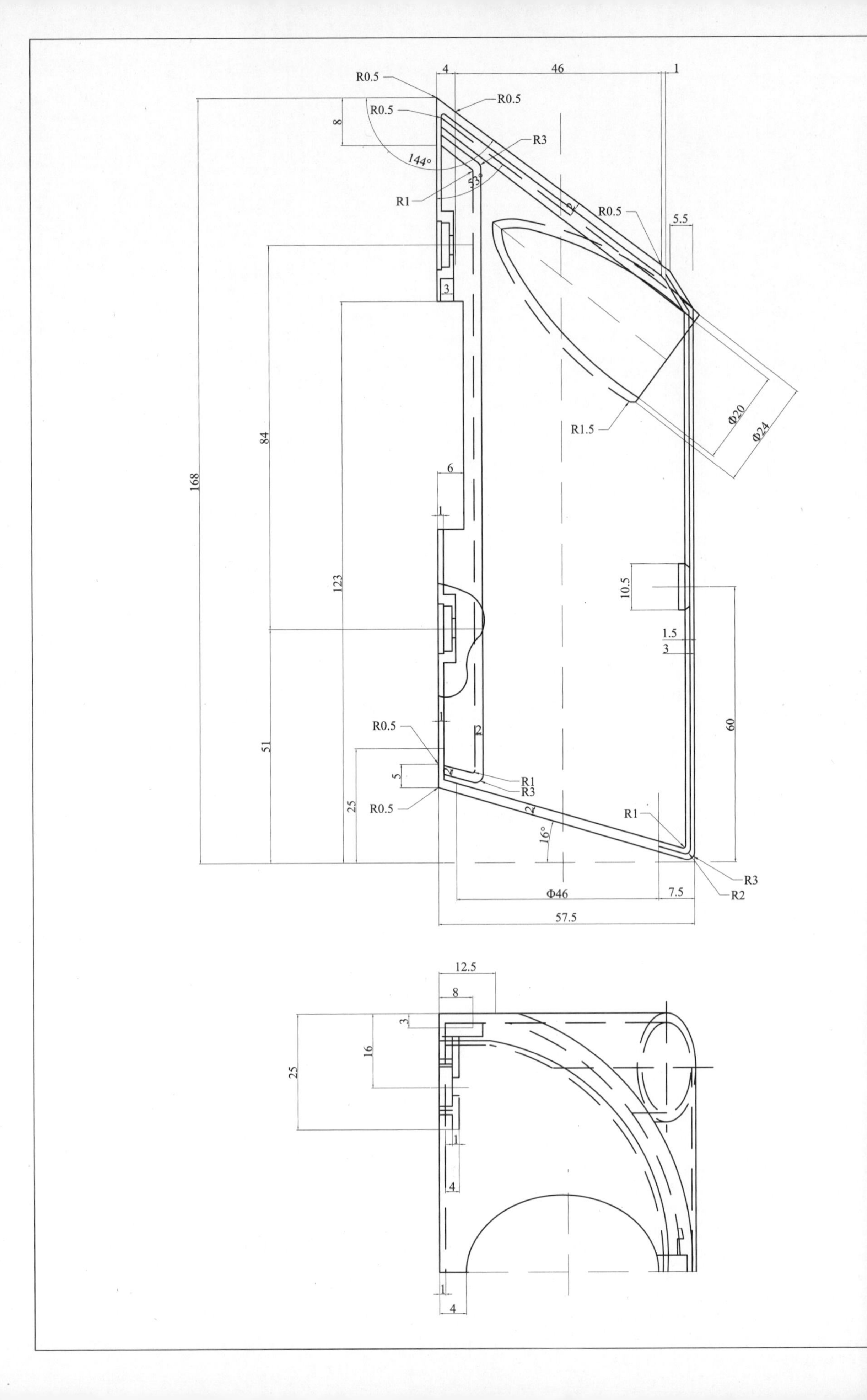

R0.5
4
46
1
R0.5
R0.5
8
R3
144°
53°
R1
2
R0.5
5.5
3
Φ20
Φ24
R1.5
168
84
6
1
123
10.5
1.5
3
60
51
R0.5
1
2
5
R1
R3
25
R0.5
2
R1
16°
R3
R2
Φ46
7.5
57.5
12.5
8
3
16
25
1
4
1
4

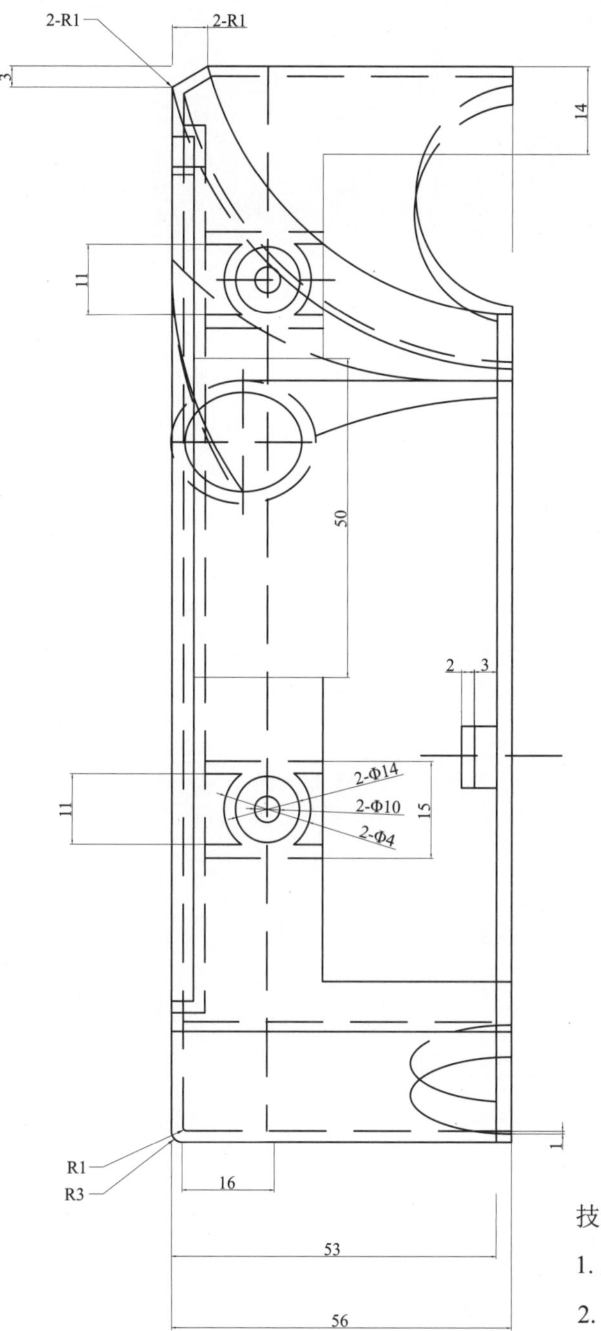

技术要求：

1. 脱模率为1.5°～2°。

2. 表面光滑，无毛刺、锐边。

3. 内部无气泡，无收缩，无开裂、断裂现象。

4. 子口配合尺寸可配做。

						右侧车锁盒			
标记	处数	分区	更改文件号	签名	年月日				
设计			标准化			阶段标记	重量	比例	
								1：1	
审核									
工艺			批准			共 7 张	第4张		

图10-33

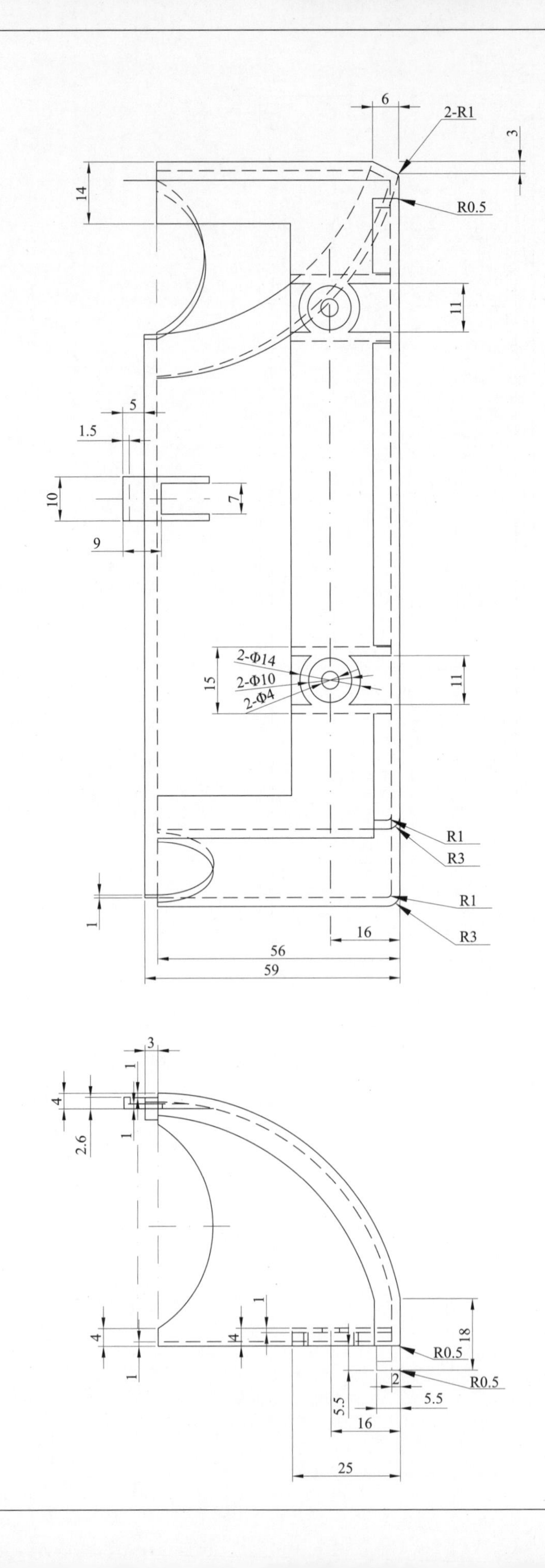

6
2-R1
3
14
R0.5
11
5
1.5
10
7
9
2-Φ14
2-Φ10
2-Φ4
15
11
R1
R3
R1
R3
1
16
56
59
3
1
4
2.6
1
4
1
4
1
18
R0.5
2
R0.5
5.5
5.5
16
25

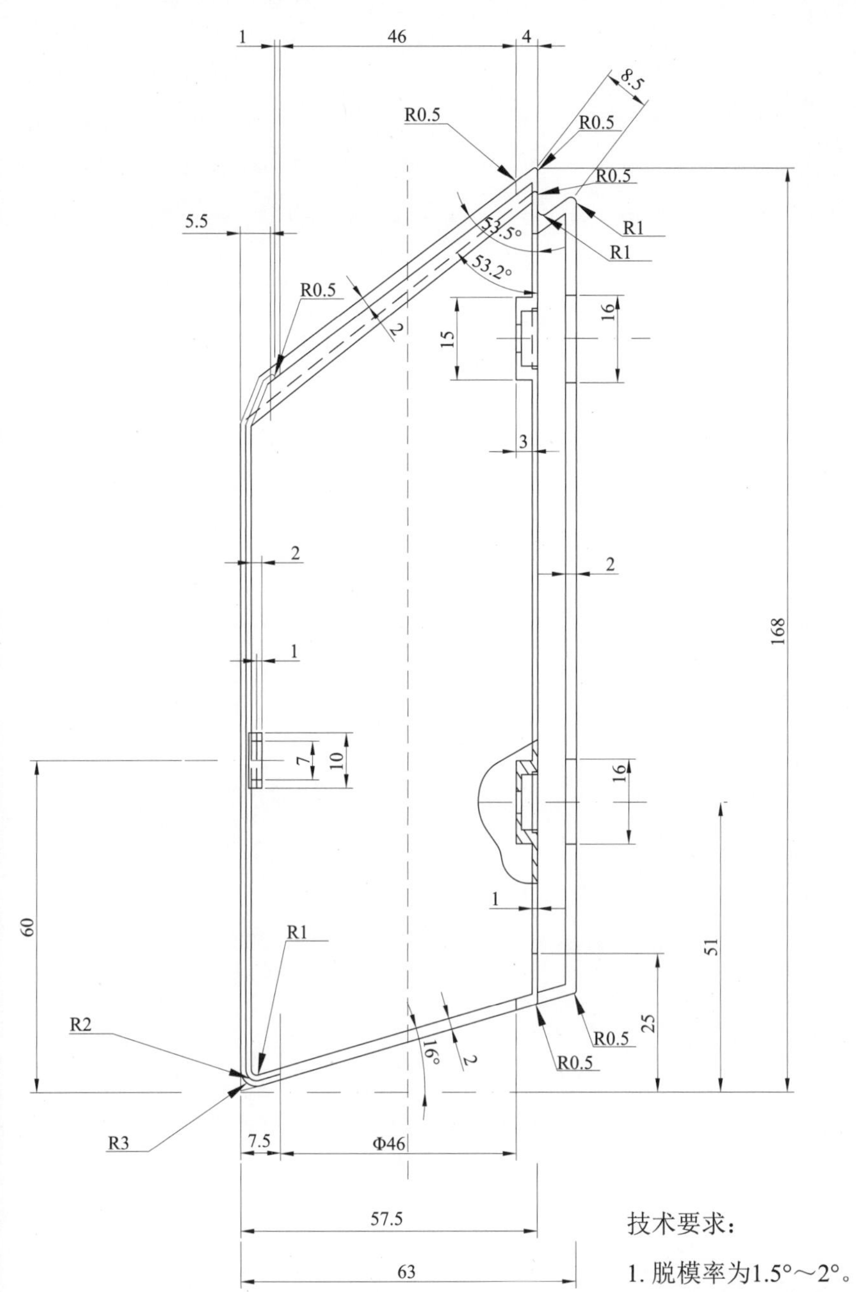

技术要求：

1. 脱模率为1.5°～2°。
2. 表面光滑，无毛刺、锐边。
3. 内部无气泡，无收缩，无开裂、断裂现象。
4. 子口配合尺寸可配做。

						左侧车锁盒			
标记	处数	分区	更改文件号	签名	年月日				
设计			标准化			阶段标记	重量	比例	
								1：1	
审核									
工艺			批准			共 7 张		第5张	

图10-34

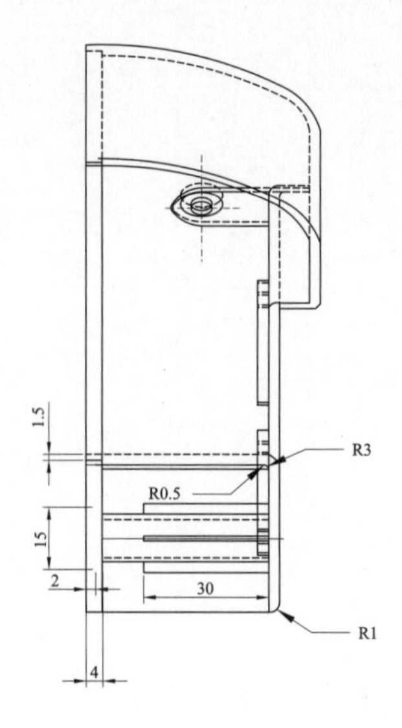

技术要求：

1. 脱模率为1.5°～2°。

2. 表面光滑，无毛刺、锐边。

3. 内部无气泡，无收缩，无开裂、断裂现象。

4. 子口配合尺寸可配做。

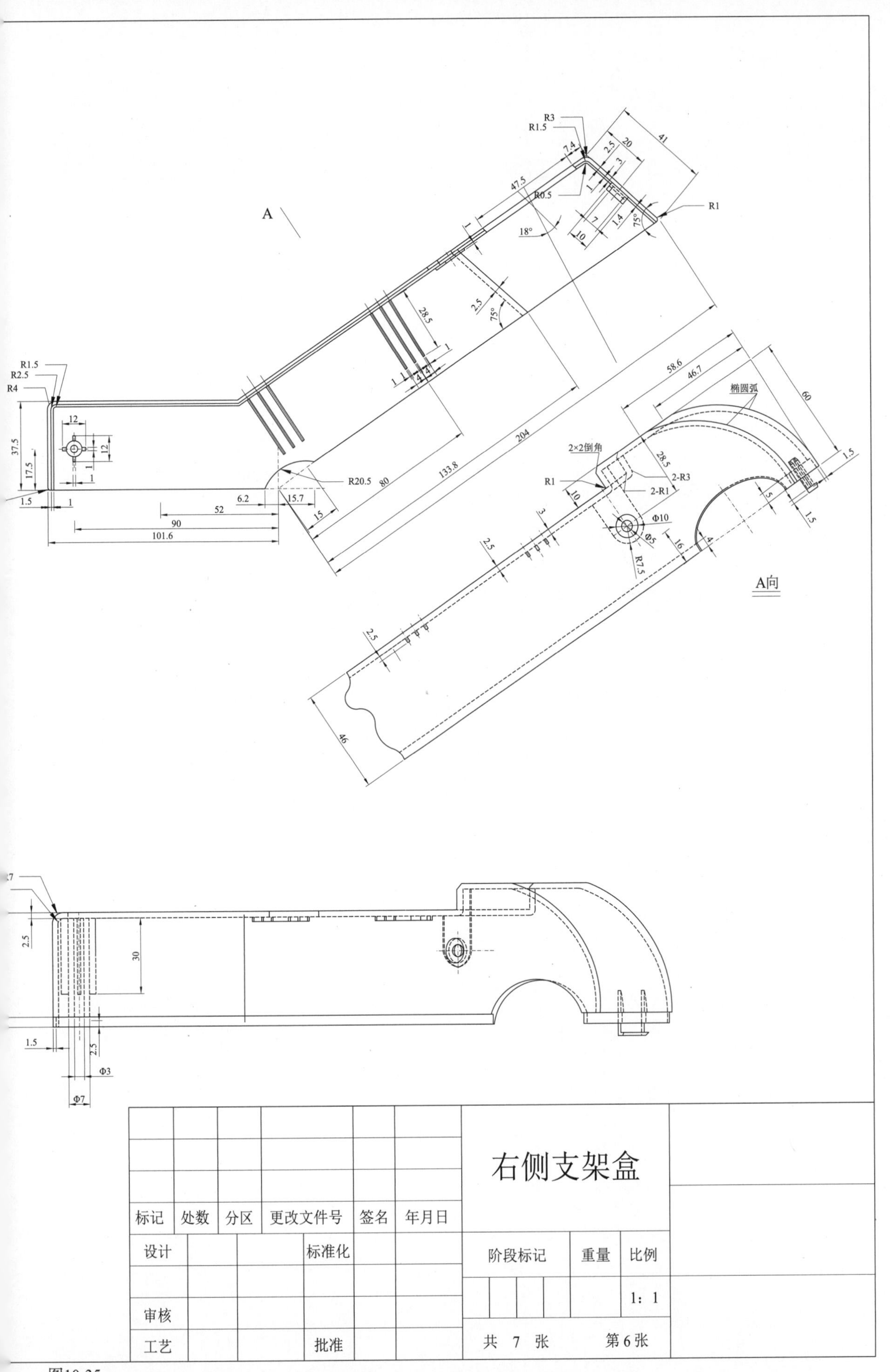

A
A向
R3
R1.5
7.4
2.5
20
41
3
47.5
R0.5
R1
18°
1.4
75°
10
28.5
R1.5
R2.5
R4
12
37.5
17.5
R20.5
80
133.8
204
58.6
46.7
椭圆弧
60
2×2倒角
2-R3
2-R1
Φ10
Φ5
R7.5
16
101.6
90
52
6.2
15.7
15
46
30
Φ3
Φ7
右侧支架盒
标记
处数
分区
更改文件号
签名
年月日
设计
标准化
阶段标记
重量
比例
1：1
审核
工艺
批准
共 7 张
第6张

图10-35

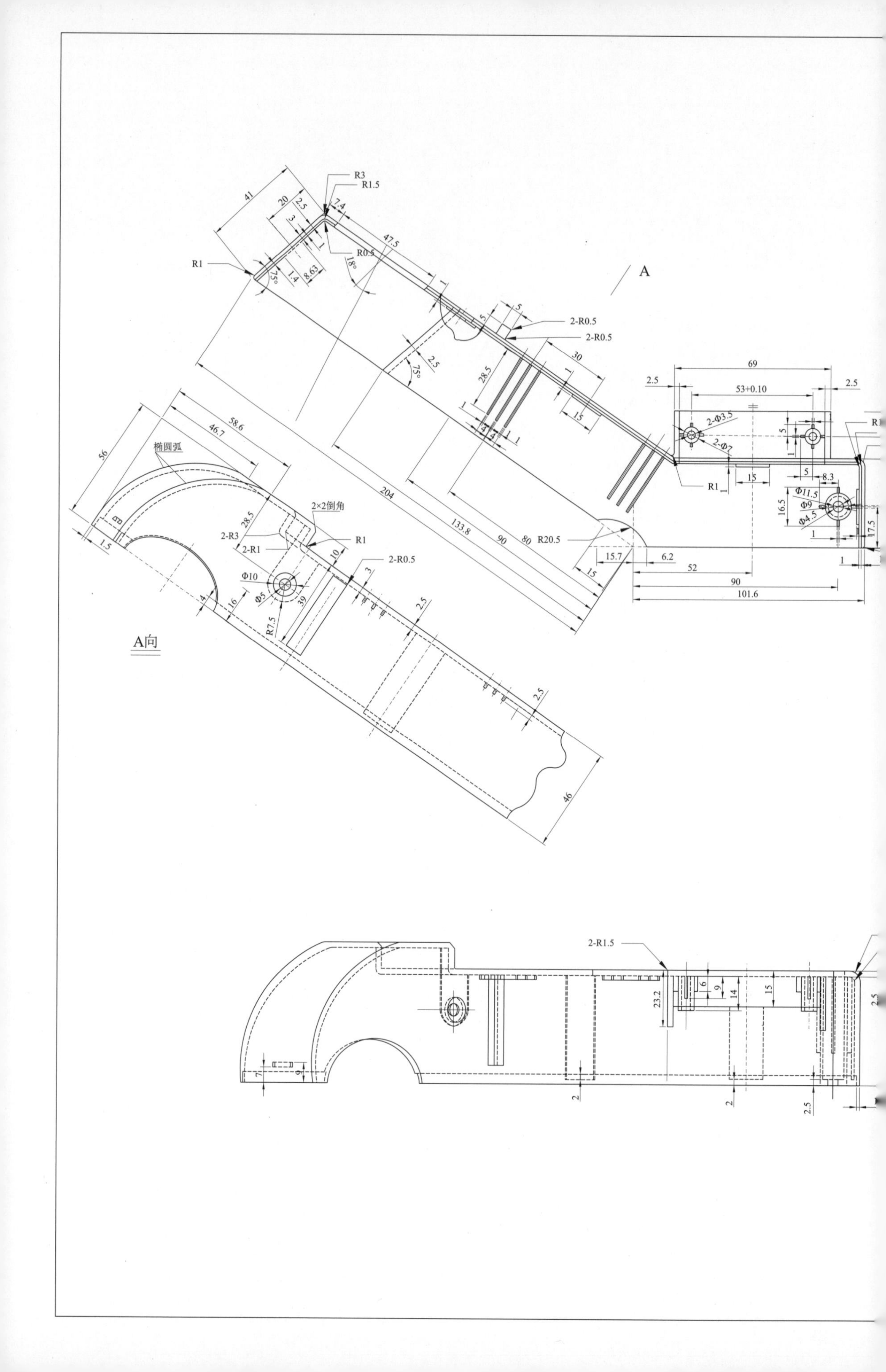
A
A向
椭圆弧
2×2倒角
2-R3
2-R1
2-R0.5
2-R1.5
2-Φ3.5
2-Φ7
53+0.10
R20.5
Φ10
Φ5
R7.5
Φ11.5
Φ9
Φ4.5

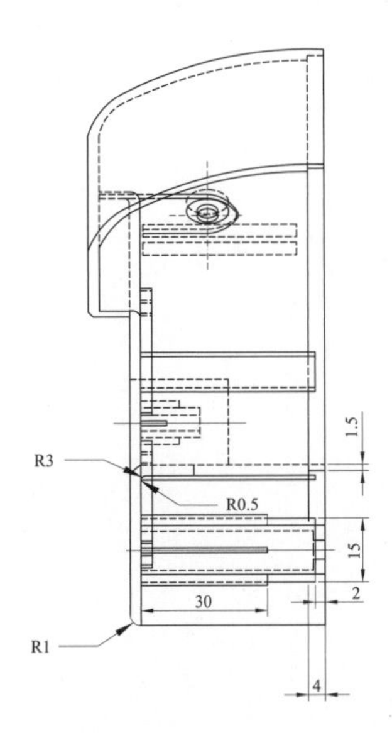

技术要求：

1. 脱模率为1.5°～2°。

2. 表面光滑，无毛刺、锐边。

3. 内部无气泡，无收缩，无开裂、断裂现象。

4. 子口配合尺寸可配做。

						左侧支架盒				
标记	处数	分区	更改文件号	签名	年月日					
设计			标准化			阶段标记			重量	比例
										1：1
审核										
工艺			批准			共 7 张			第7张	

图10-36